वैज्ञानिक भारत

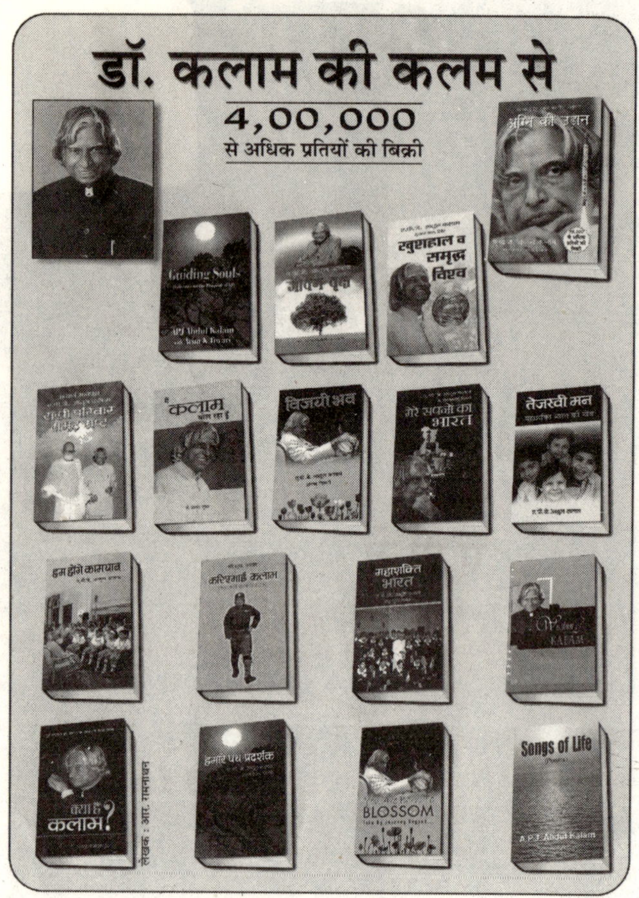

डॉ. कलाम की कलम से
4,00,000
से अधिक प्रतियों की बिक्री
अग्नि की उड़ान
Guiding Souls
खुशहाल व समृद्ध विश्व
कलाम
विजयी भव
मेरे सपनों का भारत
तेजस्वी मन
हम होंगे कामयाब
करिश्माई कलाम
महाशक्ति भारत
हमारे पथ प्रदर्शक
क्या है कलाम?
लेखक : आर. रामनाथन
BLOSSOM
Songs of Life
A.P.J. Abdul Kalam

वैज्ञानिक भारत

ए.पी.जे. अब्दुल कलाम

वाइ. सुंदर राजन

प्रकाशक

प्रभात प्रकाशन प्रा. लि.

4/19 आसफ अली रोड, नई दिल्ली-110002

फोन : 011-23289777 • हेल्पलाइन नं. : 7827007777

इ-मेल : prabhatbooks@gmail.com ❖ वेब ठिकाना : www.prabhatbooks.com

संस्करण

2025

पेपरबैक मूल्य

पाँच सौ रुपए

मुद्रक

नरुला प्रिंटर्स, दिल्ली

VAIGYANIK BHARAT

by Dr. A.P.J. Abdul Kalam & Dr. Y. Sunder Rajan

Published by **PRABHAT PRAKASHAN PVT. LTD.**

4/19 Asaf Ali Road, New Delhi-110002

ISBN 978-93-5048-131-8

₹ **500**.00 (PB)

आभार

यह पुस्तक जीवनपर्यंत सीखते रहने की प्रक्रिया का एक उत्पाद है। यह प्रक्रिया अभी भी अनवरत रूप से जारी है। लेखक कई स्रोतों, जैसे—किताबें, जर्नल, अन्य माध्यमों और व्यक्तियों का शुक्रगुजार है, जिन्होंने उसे आकर्षित किया है तथा प्रेरणा भी प्रदान की है।

वाई.एस. राजन खासतौर से उन लेखकों, प्रकाशकों और संस्थाओं को धन्यवाद देते हैं जिनकी किताबें, प्रकाशनों और वेबसाइटों का जिक्र इस पुस्तक के कई अध्यायों में किया गया है।

साथ ही, वाई.एस. राजन अपनी पत्नी गोमती को भी अपना स्नेह भरा आभार व्यक्त करते हैं, जिन्होंने करीब चार दशकों की उनकी बौद्धिक यात्रा में उनका सहयोग किया। वाई.एस. राजन अपने कई दृष्टिकोणों एवं अंतर्दृष्टि के समालोचनात्मक आकलन का श्रेय अपने दूसरे पुत्र डॉ. विक्रम राजन को देते हैं। पिछले पाँच वर्षों के उनके संरचनात्मक अध्यवसाय में अनुकूल वातावरण प्रदान करने के लिए वे कॉन्फेडरेशन ऑफ इंडियन इंडस्ट्रीज को भी धन्यवाद देते हैं।

विषय-सूची

अंतरिक्ष

अंतरिक्ष : अंतिम सीमांत

यदि आप पूछें कि अंतरिक्ष कहाँ से शुरू होता है, तब इसका ठीक-ठीक उत्तर देना कठिन है। पृथ्वी की सतह से ठीक ऊपर वायुमंडल होता है, जिसके बिना पृथ्वी पर जीवन का अस्तित्व नहीं होगा। वायुमंडल का यह मोटा सा कंबल क्षोभमंडल (ट्रोपोस्फेयर) कहलाता है, जो कि पृथ्वी की सतह से 15 कि.मी. ऊपर तक फैला रहता है और सूर्य की हानिकारक पराबैंगनी किरणों से पृथ्वी के जीवन की सुरक्षा करता है तथा हमें सुंदर इंद्रधनुष का प्रकाशीय प्रतिबिंब भी दिखाता है।

पराबैंगनी किरणें क्या हैं? सूरज की उत्सर्जित प्रकाशीय पट्टी के सातों रंगों (बैंगनी, नीला, आसमानी, हरा, पीला, नारंगी, लाल) से आप परिचित हैं। इन रंगों को आप इंद्रधनुष में देखते हैं, जिसका दृश्य आजकल के ज्यादातर शहरी क्षेत्र में धूल और अत्यधिक प्रदूषण की वजह से दुर्लभ हो गया है; परंतु आप जब एक बालटी में पानी भरकर धूप में रख देते हैं और पानी पर एक पतली परत तेल या किरोसीन की डाल देते हैं तब ठीक वैसे ही रंगों का एक बिखराव आप देख सकते हैं। आप सूर्य की किरणों को प्रिज्म की सहायता से विभाजित करके भी सात रंग देख सकते हैं। हमें दिखाई पड़ते इंद्रधनुषीय रंगों के प्रकाशीय क्षेत्र में लाल रंग की ऊर्जा सबसे कम होती है; लाल से बैंगनी रंग की तरफ बढ़ते हुए ऊर्जा बढ़ती जाती है।

लाल रंग से नीचे ऊर्जा के रूप में इन्फ्रारेड किरणें होती हैं। इन्फ्रारेड किरणें गरम किरणों के समान होती हैं, जिन्हें हम देख नहीं सकते हैं, परंतु हम इन्हें अपनी चमड़ी पर महसूस कर सकते हैं। ऊर्जा के रूप में इन्फ्रारेड के नीचे माइक्रो-वेव किरणें होती हैं, जिनका इस्तेमाल माइक्रोवेव ओवन में खाना पकाने एवं इसे गरम रखने में किया जाता है। इनके नीचे रेडियो तरंगें होती हैं, जो कि टी.वी.और रेडियो प्रसारण का आधार बनती हैं।

ऊर्जा में बैंगनी से अधिक और हमें दिखाई न पड़नेवाली किरणें अल्ट्रावायलेट किरणें हैं। उन्नत-ऊर्जा किरणों के ऊपरी क्षेत्र में आनेवाली किरणें सामान्यतया इलेक्ट्रोमैग्नेटिक किरणें कही जाती हैं—अल्ट्रावायलेट किरणों से ऊपर एक्स किरणें और फिर गामा किरणें होती हैं। नाभिकीय शक्ति केंद्र में नाभिकीय अभिक्रिया या नाभिकीय विस्फोट के दौरान बहुत ही अधिक मात्रा में गामा किरणों का उत्सर्जन होता है। सूर्य भी इनका उत्सर्जन करता है, साथ ही ब्रह्मांड में अन्य तारे भी करते रहते हैं।

सूर्य के उत्सर्जन और पृथ्वी पर पड़नेवाले उनके विभिन्न घटनाक्रमों से इनके संबंध पर वैज्ञानिक अनुसंधानों का एक पूरा समूह है। यह अभी भी एक सक्रिय खोज का क्षेत्र है।

बीसवीं शताब्दी में अधिकतर अनुसंधानों से यह पता चला है कि क्षोभमंडल (ट्रोपोस्फेयर) के ऊपर वायुमंडल के कई स्तर हैं। सन् 1960 के दौरान थुंबा में हुए कुछ पूर्ववर्ती रॉकेट परीक्षणों का उद्देश्य इन स्तरों के अध्ययन के लिए किया गया था, जिसके लिए डॉ. कलाम ने इसरो इंजीनियर के रूप में रॉकेट सेवाएँ प्रदान की थीं। उस समय वाई.एस. राजन भौतिक अनुसंधान प्रयोगशाला, अहमदाबाद में एक शोध छात्र के रूप में कार्यरत थे तथा इन्होंने डॉ. कलाम के साथ इन परीक्षणों पर चर्चा भी की है।

जैसे-जैसे हम पृथ्वी की सतह से ऊपर उठते जाते हैं, वायुमंडल की सघनता कम होती जाती है, क्योंकि वायु के अवयवों (नाइट्रोजन, ऑक्सीजन, कार्बन डाइऑक्साइड, जल वाष्प आदि) के अणुओं की संख्या कम होती जाती है। यहाँ तक कि सतह से 2 कि.मी. ऊपर ही वायुमंडल स्पष्ट रूप से कम सघन हो जाता है। यदि आप लद्दाख या हिमालय के ऊँचे क्षेत्र में जाते हैं, तब वहाँ वायु मैदानी क्षेत्रों की तुलना में कम सघन मिलती है। वहाँ वायु में ऑक्सीजन की मात्रा कम होती है, अतः हमें उसके साथ एक सामंजस्य बनाना पड़ता है। जब आप लेह जाते हैं, जो कि 3,300 मीटर की ऊँचाई पर है, तब वहाँ अपने शरीर को वातावरण की विरल वायु के साथ स्वतः अनुकूल बनने देने के लिए आपको कहीं घूमने से पहले एक दिन के आराम की आवश्यकता पड़ती है। यदि आप और भी ऊँचाई पर जाते हैं, तब आपको बाहरी ऑक्सीजन की सहायता की आवश्यकता पड़ेगी।

जब आप हवाई जहाज से यात्रा करते हैं तब उद्घोषणा सुनते हैं कि जहाज 30,000 फीट की ऊँचाई पर उड़ रहा है, जो कि करीब 9 कि.मी. ऊपर है। यह एक सामान्य ऊँचाई है, जिस पर व्यावसायिक हवाई जहाज उड़ते हैं। सेना के निगरानीवाले और वायु

सेना के जहाज 15 कि.मी. या और भी अधिक ऊँचाई पर उड़ते हैं। पृथ्वी की सतह से 15 कि.मी. ऊपर वायुमंडल बहुत अधिक विरल होता है। वायुमंडल की यह परत समतापमंडल (स्ट्रेटोस्फेयर) कहलाती है। यहाँ बहुत ही कम संख्या में वायु के अणु मिलते हैं, परंतु पूर्णरूपेण शून्यता नहीं है। हवाई जहाज के संतुलन के लिए यहाँ अभी भी वायु के काफी अणु मौजूद हैं। ऐसी ऊँचाइयाँ अभी भी वायु क्षेत्र में आती हैं। एक देश के ऊपर का वायु क्षेत्र उस देश की सरकार के आधिपत्य के अंतर्गत ठीक उसी प्रकार आता है जैसे भूमि और भूमि के नीचे की मिट्टी तथा समुद्र-तट से एक निश्चित सीमा तक के जल विस्तार पर उस देश का अधिकार होता है। इसीलिए संबंधित देश के ऊपर से उड़ान भरने से पूर्व उस देश की अनुमति प्राप्त करना आवश्यक है। नागरिक हवाई जहाजों को विभिन्न देशों के ऊपर के वायु क्षेत्रों में उड़ान भरने के लिए अंतरराष्ट्रीय समझौते हुए हैं। सेना के जहाजों को दूसरे देशों के क्षेत्रों के ऊपर से गुजरने के लिए अनुमति लेनी पड़ती है। यदि कोई जहाज किसी देश के वायु क्षेत्र में बिना अनुमति के प्रवेश करता है तब वह मारा जा सकता है। इसीलिए सेना जब गुप्त कार्यों के लिए बिना अनुमति के वायु क्षेत्र में उड़ान भरती है, तब वह मानव रहित स्वचालित यानों का प्रयोग करती है।

> जैसे ही हम पृथ्वी की सतह से ऊपर उठते हैं, वायुमंडलीय घनत्व क्रमशः घटता जाता है। आप जानते हैं कि ऐसा क्यों है? वायु के अणु पृथ्वी की सतह से जितना ही दूर रहते हैं, पृथ्वी की गुरुत्वाकर्षण शक्ति उन्हें नीचे खींचने में उतनी ही कमजोर होती है। वे सूरज की ऊर्जा भी सोख लेते हैं तथा और भी सक्रिय हो जाते हैं। वे तेजी से गति करते हैं और उनमें से अधिकतर अपना आणविक स्तर खोने लगते हैं। पराबैंगनी किरणों, एक्स किरणों और गामा किरणों के प्रभाव के कारण वायु के अणु न्यूक्लिआई, इलेक्ट्रॉन और आयनों में विभक्त हो जाते हैं।

पृथ्वी की सतह से 30 कि.मी. ऊपर वायु अत्यंत दुर्लभ है, अतः परंपरागत हवाई जहाज या गुब्बारे संचालित करना बहुत ही मुश्किल हो जाता है। वायुमंडल की यह ऊपरी परत, जो कि करीब 50 कि.मी. से शुरू होकर 300 कि.मी. तक जाती है, आयनमंडल का निर्माण करती है। रेडियो प्रसारण की कई फ्रीक्वेंसी आयनमंडल पर निर्भर करती हैं। बीसवीं सदी के अंतिम चौथाई तक रेडियो फ्रीक्वेंसी तरंगों के ये बैंड नागरिकों और सेना के इस्तेमाल के लिए मुश्किल थे। रेडियो का वैश्विक विस्तार ए.एम. (एंप्लीट्यूड मॉडुलेशन) रेडियो स्टेशनों जैसे बी.बी.सी., वॉयस ऑफ अमेरिका, रेडियो मास्को,

रेडियो सीलोन और अन्यों ने किया। इन्होंने हाई फ्रीक्वेंसी (एच.एफ.) और वेरी हाई फ्रीक्वेंसी (वी.एच.एफ.) तरंगों का इस्तेमाल किया। आजकल के बच्चे ए.एम. रेडियो के बारे में अधिक नहीं जानेंगे, क्योंकि अंतरिक्ष संचार (जो कि उपग्रहों पर आधारित है) ने वैश्विक विस्तार कर लिया है और शहरी क्षेत्रों में कम दूरियों के लिए बहुत अधिक फ्रीक्वेंसी काम कर रही है, जैसे—ई.एम.आर. के प्रकाशीय हिस्से के लिए सीधी लाइन, एफ.एम. रेडियो, सेल फोन नेटवर्क आदि का भी इस्तेमाल हुआ है। जैसाकि प्रसारण टावर की ऊँचाई से दिखाई पड़ता है कि ये कार्य सिर्फ क्षितिज तक ही हुए हैं। अंतरिक्ष संचार उपग्रह एक अदृश्य विशालकाय टावर की ही भाँति होते हैं, जिनकी ऊँचाई 36,000 कि.मी. लंबी है। इनके बारे में और अधिक आगे जानेंगे।

आयनमंडल (पृथ्वी की सतह से 300 कि.मी. की ऊँचाई पर) में कुछ अणु, आयन और इलेक्ट्रॉन होते हैं। सूर्य से अपनी अधिक ऊर्जा प्राप्त करने के कारण इनमें बहुत ही तेज गति होती है। साथ ही आयन और इलेक्ट्रॉन पृथ्वी के चुंबकीय क्षेत्र से प्रभावित होते हैं और निश्चित दिशा में काफी गति हासिल कर लेते हैं। इसीलिए जब उपग्रह 300 कि.मी. की ऊँचाई पर परिक्रमा-पथ में स्थापित किए जाते हैं तब वे बहुत से अणुओं, आयनों और इलेक्ट्रॉनों से टकराते हैं, जिससे काफी घर्षण उत्पन्न होता है। ऐसा होने से उपग्रह की गति धीमी हो जाएगी तथा वे गरम भी हो जाएँगे और वे क्रमश: परिक्रमा-पथ में उतर जाएँगे तथा वायुमंडल के निचले स्तर में प्रवेश कर जाएँगे एवं उल्का पिंडों की भाँति जल जाएँगे। प्रभावशाली रूप से काम करने के लिए उपग्रहों को 400 से 500 कि.मी. से अधिक की ऊँचाई पर परिक्रमा-पथ में स्थापित करना पड़ता है। जितनी अधिक ऊँचाई पर वे स्थापित किए जाएँगे, वहाँ उतने ही कम अणु होंगे और घर्षण भी कम होगा तथा परिक्रमा-पथ में उपग्रहों का जीवन उतना ही अधिक होगा।

वायुमंडल से परे अंतरिक्ष में जो अंतरिक्ष की परतें होती हैं, उन्हें क्षोभमंडल (ट्रोपोस्फेयर), समतापमंडल (स्ट्रेटोस्फेयर) और आयनमंडल (आयनोस्फेयर) कहते हैं तथा वे बाह्य अंतरिक्ष भी कहे जाते हैं। हालाँकि, उपग्रह क्षेत्र के कार्यों की योजना और उनके प्रक्षेपण के लिए उन्हें अंतरिक्ष के निचले हिस्सों की तथा पृथ्वी और इसके घूर्णन की भी जानकारी की आवश्यकता होती है।

भारत ने सन् 1980 में देश में ही बने 'रोहिणी' नामक उपग्रह प्रक्षेपण यान एस.एल.वी.-3 के द्वारा बाह्य अंतरिक्ष से अपना अभियान आरंभ किया था। यह भारत के लिए एक गौरवपूर्ण दिन था, जब वह बाह्य अंतरिक्ष के परिक्रमा-पथ में सफलतापूर्वक अपना उपग्रह स्थापित करनेवाले सोवियत संघ, अमेरिका, यू.के., फ्रांस, चीन और जापान के बाद सातवाँ राष्ट्र बना। तब से अब तक इस विशिष्ट समूह में कई देश जुड़ गए हैं, हाल ही के देशों में ईरान और कोरिया हैं।

डॉ. कलाम के जीवन का अधिकतर हिस्सा अंतरिक्ष में प्रक्षेपण से संबंधित क्रियाशीलता में ही बीता है। वे हमेशा अंतरिक्ष के ही परिप्रेक्ष्य में सोचते हैं। वे अपनी आयु की विवेचना भी वर्षों के बजाय सूर्य के चारों तरफ के परिक्रमा-पथों की संख्या के रूप में ही करते हैं। भारत को अंतरिक्ष-संपन्न राष्ट्र बनाने का उनका सपना आसानी से पूरा नहीं हुआ था। जब वे सूर्य के चारों तरफ के 49 परिक्रमा-पथ पूरे करनेवाले थे तब जाकर एस.एल.वी.-3 का उनका प्रथम सफल प्रक्षेपण पूर्ण हुआ। 10 अक्तूबर, 2003 को सतीश धवन अंतरिक्ष केंद्र, श्रीहरिकोटा में इसरो समूह के सदस्यों को संबोधित करते हुए इन्होंने जो कुछ भी कहा वह यहाँ प्रस्तुत है। उस समय इनके बहत्तर परिक्रमा-पथ पूरे होने वाले थे—

"एस.एच.ए.आर. केंद्र का नामकरण प्रो. सतीश धवन के नाम पर होने के बाद यहाँ यह मेरा प्रथम आगमन है। प्रो. धवन हमारे देश के महान् सपूतों में से एक हैं। इस महान् तकनीकी विशेषज्ञ, शिक्षक, स्वप्नद्रष्टा, प्रशासक एवं इन सबसे ऊपर एक अद्‍भुत और उत्कृष्ट मानव के साथ व्यतीत अपने सौभाग्यशाली प्रत्येक पल को मैं अपने हृदय में सँजोए हुए हूँ। एस.एच.ए.आर. मेरे लिए कई चीजों का प्रतीक है। यह स्वप्नदृष्टि के निष्पादन, उन्नत तकनीक एवं बोध, अनुशासन के संगम का प्रतिनिधित्व करता है, साथ ही मानव मस्तिष्क से मिलता भी है। आपने यहाँ से सत्रह प्रक्षेपण यान अंतरिक्ष में भेजे हैं और आज से एक सप्ताह के भीतर ही अठारहवें का प्रयास होगा।

"आज जब मैं यहाँ खड़ा हूँ, बहुत सी घटनाएँ मुझे याद आ रही हैं। यह 9 अक्तूबर, 1971 का दिन था, जब देश प्रथम अनुनादी रॉकेट प्रक्षेपण का साक्षी बना था—125 मि.मी. व्यास का यह रॉकेट एस.एच.ए.आर. से छोड़ा गया था और यह एस.एच.ए.आर. पर प्रक्षेपण केंद्र स्थापित किए जाने के निर्णय लेने के तीन वर्षों के भीतर ही था। प्रक्षेपण मंच और संबंधित सुविधाओं के निर्माण में किए गए उन बहुत से दिलेर साथियों के शुरुआती प्रयासों को मैं याद करता हूँ। शीघ्र ही स्प्रोब (SPROB) ने आकार ले लिया और अन्य सुविधाएँ जैसे स्टेक्स (STEX) भी आ गईं। मैं उन लंबी रातों को भी याद करता हूँ जब मैं और मेरी टीम एस.एल.वी.-3 के लिए मोटर की स्थैतिक जाँच और प्रक्रिया पर चर्चा कर रहे थे। वी.एस.एस.सी. और एस.एच.ए.आर. के सदस्यों के अथक प्रयासों ने यह सुनिश्चित कर दिया कि चार प्रकार की मोटर अपनी गुणवत्ता के साथ स्वीकृत हैं। समानांतर रूप से प्रक्षेपण जटिलता की सुविधाएँ भी स्थापित की गईं। इसके साथ ही मिशन की तैयारी का पुनरावलोकन एवं प्रक्षेपण बोर्ड का शामिल होना और फिर क्रियान्वित होना मिशन की क्रियाविधि में है। प्रक्षेपण अभियान की उत्तेजना, उलटी गिनती का तनाव, प्रक्षेपण के साथ भावनाएँ—यह सब एक इतिहास बन चुका है; परंतु मेरी स्मृति

में यह गहराई से जमा हुआ है। प्रथम प्रक्षेपण की असफलता के समय प्रो. धवन का उदार चरित-व्यवहार एवं अगली उड़ान की सफलता की ओर हमें उनका प्रेरित करना महान् इसरो संस्कृति के मूल आधारों में से एक है।

हर स्तर पर एस.एल.वी.-3 की टीम को कुछ असाधारण साहसी लोगों का आशीर्वाद प्राप्त हुआ। श्री शिवकामीनाथन एस.एल.वी.-3 के समाकलन (दो चीजों को जोड़नेवाला) के लिए त्रिवेंद्रम से सी-बैंड ट्रांसपॉण्डर (प्रेशग्राही) लेकर एस.एच.ए.आर. आ रहे थे। एस.एल.वी.-3 के प्रक्षेपण की समय योजना इस उपकरण के आने और इसके समाकलन पर ही निर्भर थी। मद्रास हवाई अड्डे पर उतरते समय वह एयरक्राफ्ट, जिसमें शिवकामी यात्रा कर रहे थे, फिसला और रनवे से बाहर चला गया। एयरक्राफ्ट घने धुएँ में घिर गया था। प्रत्येक व्यक्ति आकस्मिक द्वार से बाहर कूद पड़ा और अपने आपको बचाने के लिए पूरी तरह से लड़ा—सिवाय शिवकामी के, जो कि एयरक्राफ्ट में तब तक रुके रहे जब तक कि उन्होंने अपने सामान से ट्रांसपॉण्डर को निकाल नहीं लिया। वे उन अंतिम कुछ लोगों में से थे, जो धुएँ से प्रकट हुए और ट्रांसपॉण्डर को उन्होंने अपने सीने से लगा रखा था। इस प्रोजेक्ट के साथ लोगों का समर्पण और लगाव इसी स्तर का था, क्योंकि इसे लोगों ने अपना माना था।

मैं इस श्रेणी की बहुत सी उड़ानों और कुछ एक असफलताओं का भी गवाह रहा हूँ। हमारा पहला मिशन असफल हो गया था, परंतु हमने शीघ्र ही सुधार कर लिया और हम दूसरे मिशन के लिए तैयार हो गए। भारत के संपूर्ण अंतरिक्ष समुदाय के लिए 18 जुलाई, 1980 एक यादगार दिन था। यही वह दिन था जब अंतरिक्ष वैज्ञानिकों ने 40 कि.ग्रा. का एक उपग्रह (रोहिणी) एस.एल.वी.-3 से पृथ्वी के निचले परिक्रमा पथ में स्थापित किया। यह उपग्रह 8.05 बजे छूटा और एक मिनट के भीतर ही अपने परिक्रमा पथ में था। विशेष रूप से 10 अगस्त, 1979 की पहली असफलता के उपरांत यह हमारे वैज्ञानिकों की एक महान् उपलब्धि थी।

चारों तरफ एक उल्लास था। लोग रोमांचित थे। वे चिल्ला रहे थे, आपस में एक-दूसरे से गले मिल रहे थे और उन्हें गोद में ऊपर उठा रहे थे। यहाँ सभी भावनात्मक रूप से आवेशित थे। यही वह वक्त था जब प्रो. धवन मुझे एक कोने में ले गए और बोले, ''हमें एक शांत जगह चलना चाहिए।'' हम दोनों लॉञ्च पैड के पास गए और लॉञ्चर पर ही बैठ गए। हमने उस शांति में बंगाल की खाड़ी की लहरों को देखा। कुछ एक पलों के बाद प्रो. धवन ने मुझसे कहा, ''कलाम, तुम जानते हो, तुम पिछले आठ सालों से कठोर परिश्रम करते चले आ रहे हो। तुम्हारा सामना कई समस्याओं और असफलताओं से हुआ है। तुमने उनका मुकाबला अदम्य साहस, धैर्य और दृढ़ता से किया। जितना भी प्रयास तुमने इसमें किया, आज हमें इसका प्रतिफल मिला है। मैं तुम्हें तुम्हारे इस

असाधारण कार्य के लिए धन्यवाद देना चाहता हूँ। मैं इसे याद रखूँगा और अपने हृदय में सँजोए रखूँगा।'' इतना खूबसूरत दिन मेरी जिंदगी में कभी नहीं आया। पूरे अंतरिक्ष समुदाय के उल्लसित कोलाहल के बीच प्रो. धवन और मैं इस महान् घटना की अंतर्भूत सुंदरता का आनंद ले रहे थे।

□

किसी उपग्रह को परिक्रमा पथ में स्थापित करना इतना कठिन क्यों होता है?

जब आप एक पत्थर को ऊपर उछालते हैं तब वह वापस जमीन पर गिर पड़ता है। ऐसा पृथ्वी के गुरुत्वाकर्षण खिंचाव के कारण होता है। एक हवाई जहाज अपने अंदर बहुत अधिक ऊर्जा समेटे हुए पृथ्वी के गुरुत्वाकर्षण को चुनौती देता है, परंतु ईंधन खत्म होने पर उसे भी नीचे आना ही पड़ता है। यहाँ तक कि ऊपर भेजा गया हवा का गुब्बारा भी अंततः नीचे आ ही जाता है। अंतरिक्ष में भेजे गए शक्तिशाली रॉकेट भी इससे भिन्न नहीं हैं। उन पर भी गुरुत्वाकर्षण लागू होता है। इसीलिए रॉकेट को सिर्फ ऊपर भेजना ही काफी नहीं है। व्यक्ति को यह सुनिश्चित होने के लिए एक ऐसा तरीका खोजना होगा जिसमें उपग्रह पृथ्वी की सतह से 400 कि.मी. और भी अधिक ऊपर जाकर परिक्रमा-पथ में प्रवेश करने के लिए स्वयं में पर्याप्त वेग (दिशा युक्त गति) बनाए रखे। यही एस.एल.वी.-3 का मिशन था—प्रथम सफल उपग्रह प्रक्षेपण यान की परियोजना, जिसका उत्तरदायित्व भारतीय अंतरिक्ष अनुसंधान केंद्र (इसरो) द्वारा लिया गया था।

आइए, प्रक्षेपण यान के कार्यों पर एक दृष्टि डालें। सर्वप्रथम इसे क्षोभमंडल के मोटे कंबल से बाहर निकलना पड़ता है। हालाँकि अपनी अंतिम स्थिति में जब उपग्रह परिक्रमा-पथ में स्थापित किया जाता है तब इसे काफी हद तक पृथ्वी की सतह के समानांतर होना पड़ता है। यदि शुरुआत में प्रक्षेपण यान का प्रक्षेप-पथ झुका रहता है तब इसे क्षोभमंडल में एक लंबा रास्ता तय करना पड़ेगा तथा इसे अत्यधिक घर्षण और ऊष्मा सहनी पड़ेगी। क्षोभमंडल से होकर सबसे छोटा रास्ता बिलकुल सीध में ही है, अतः प्रक्षेपण यान जब तक क्षोभमंडल से बाहर न निकल जाए, इसे सीधा ऊपर चलना पड़ता है।

एक बार जब यह क्षोभमंडल से बाहर निकल जाता है तब यह धीरे-धीरे झुकना आरंभ कर देता है। इसे 'पिचिंग' कहते हैं। चूँकि यान की गति तेज होती है, इसलिए इसे धीरे-धीरे ही किया जाता है। जब प्रक्षेपण यान नियत परिक्रमा-पथ की उचित ऊँचाई पर पहुँचता है तब नियंत्रण प्रणाली उपग्रह को सही दिशा एवं गति प्रदान करती है तथा यह प्रक्षेपण यान से अंतरिक्ष में भेज दिया जाता है।

उपग्रह स्वच्छंद होता है। इसका अपना अपकेंद्रीय बल (सेंट्रीफ्यूगल फोर्स) और पृथ्वी का गुरुत्वाकर्षण खिंचाव आपस में एक-दूसरे को संतुलित किए रहते हैं। उपग्रह पृथ्वी के

चारों ओर परिक्रमा-पथ में ठीक वैसे ही आ जाते हैं जैसे चंद्रमा, जो पृथ्वी से 3,80,000 कि.मी. दूर रहता है और अपनी परिक्रमा पूरी करने में 27 दिन लगाता है। पृथ्वी की सतह से 500 कि.मी. दूर एक उपग्रह पृथ्वी का चक्कर लगाने में डेढ़ घंटे लगाता है।

अपकेंद्रीय बल (सेंट्रीफ्यूगल फोर्स) क्या है? न्यूटन का पहला नियम हमें बताता है कि प्रत्येक वस्तु अपनी स्थिति में स्थिर या निरंतर गतिमान बनी रहती है, जब तक कि इसकी स्थिति में बाहरी बल से परिवर्तन न कर दिया जाए।

यदि आप किसी मोटर या बस में यात्रा कर रहे हों और वह तेज गति से जा रही हो, तभी अचानक उसके मुड़ जाने पर आप उस वृत्त के केंद्र से दूर ढकेले हुए-से महसूस करेंगे, जो कि मुड़नेवाली गाड़ी के वृत्तांश से बनता है। इसका कारण अपकेंद्रीय बल ही है।

आइए, आपको एक मजेदार प्रयोग बताएँ। पानी से आधी भरी एक छोटी सी बालटी ले लें। इसे हत्थे से उठा लें और चक्कर में गोल-गोल घुमाएँ, बस इतना ध्यान रखें कि गति न रुके। आप देखेंगे कि बालटी के बिलकुल उलटा हो जाने पर भी जिसमें पानी जमीन की तरफ हो जाता है, पानी गिरता नहीं है। यहाँ अपकेंद्रीय बल (सेंट्रीफ्यूगल फोर्स) पृथ्वी की गुरुत्वाकर्षण शक्ति के साथ मिल जाता है, इसीलिए पानी नीचे नहीं गिरता है। ठीक ऐसा ही होता है जब एक उपग्रह सही वेग और दिशा के साथ सही परिक्रमा-पथ में स्थापित कर दिया जाता है। पृथ्वी उपग्रह को अपनी तरफ खींचती है, जबकि अपकेंद्रीय बल इसे दूसरी तरफ ढकेलता है, यह ठीक वैसे ही होता है जैसे आप तेज मोड़ पर गाड़ी में खींचे और ढकेले जाते हैं। न्यूटन के नियम के अनुसार दोनों बल आपस में एक-दूसरे को निरस्त कर देते हैं और उपग्रह परिक्रमा-पथ में निरंतर घूमता रहता है।

एस.एल.वी.-3 का प्रक्षेपण डॉ. कलाम और उनकी टीम ने किया था, जिसमें वाई.एस. राजन भी शामिल थे। इसमें पृथ्वी से 400 कि.मी. ऊपर एक परिक्रमा-पथ में 'रोहिणी' को स्थापित किया गया था। एक चीज होती है, जिसे 'रॉकेट समीकरण' कहते हैं, जो यह विवेचित करता है कि कैसे रॉकेट इच्छित परिक्रमा-पथ प्राप्त करने के लिए ऊपर की ओर बढ़ेगा।

एस.एल.वी.-3 में रॉकेटों के चार स्तर होते हैं। क्यों?

एकल स्तर के रॉकेट द्वारा अपेक्षित दिशा और परिक्रमा-पथ को प्राप्त करना बहुत मुश्किल है। एक बहुस्तरीय रॉकेट के कई लाभ हैं। जब रॉकेट का निचला स्तर

प्रज्वलित किया जाता है तब रॉकेट के धीमे जलते ईंधन से जलती गैसों का दबाव नीचे की तरफ आता है और यह एक विपरीत बल उत्पन्न करता है, जिसकी दिशा गुरुत्वाकर्षण के बल के विपरीत सीधे ऊपर की तरफ होती है। यह शुरुआती बल गुरुत्वाकर्षण बल के ठीक ऊपर होता है, इसलिए रॉकेट धीमे से ऊपर उठ जाता है और फिर गति में आ जाता है।

जैसे-जैसे रॉकेट ऊपर उठता जाता है, उसमें अधिक गैसें जलती हैं, जो कि इसको गति प्रदान करती हैं। साथ ही, चूँकि कुछ ईंधन (प्रोपेलेंट) पहले से ही जल चुके होते हैं, इसीलिए रॉकेट का कुछ द्रव्यमान (मास) पहले से कम हो चुका होता है। अत: रॉकेट जब उठा था, उससे अब हलका होता है। गैसों के जलने का बल वही बल रहता है इसीलिए रॉकेट गति पकड़ता है और तेजी बनाए रखता है। एक रॉकेट में स्तरों की जितनी अधिक संख्या होती है, प्रत्येक स्तर के ईंधन के इस्तेमाल के बाद बचे उतने ही खाली आवरण गिराए जा सकते हैं। इस प्रकार रॉकेट के द्वारा आगे हलका-से-हलका द्रव्यमान ले जाया जाता है।

आपने लाल बत्ती चौराहों पर ध्यान दिया होगा कि समान शक्ति की दो गाड़ियों में हलकी गाड़ी के लिए गति बनाना आसान होता है। खड़ी चढ़ाई पर एक रिक्शा चलाने वाला सवारी से अकसर उतरने के लिए कहेगा या स्वयं ही उतरकर रिक्शा खींचेगा। यह भार को कम करके धक्का देने की तरह है। एक रॉकेट भी इसी सिद्धांत पर संचालित होता है।

यह एस.एल.वी.-3 का चौथा स्तर है, जो कि अंतिम वर्द्धक प्रदान करता है, जिसे रॉकेट इंजीनियर डेल्टा भी कहते हैं। यह अतिरिक्त वेग है, जिसकी आवश्यकता उपयुक्त परिक्रमा-पथ की ऊँचाई तक पहुँचने में पड़ती है, जिसे 'रॉकेट समीकरण' द्वारा तय किया गया है। रॉकेट के उचित वेग एवं उचित ऊँचाई पर पहुँचने के बाद प्रक्षेपण यान से उपग्रह को अलग कर दिया जाता है। इस बिंदु पर अपकेंद्रीय बल, जो कि उपग्रह को परिक्रमा-पथ से बाहर ढकेलता है और इसपर पृथ्वी का गुरुत्वाकर्षण खिंचाव बिलकुल संतुलन में होते हैं तथा उपग्रह परिक्रमा-पथ में चला जाता है। इसी सिद्धांत का पालन करते हुए चंद्रमा पृथ्वी का चक्कर लगाता है और भौतिकी के इसी नियम के अनुसार सभी ग्रह सूर्य के चारों ओर अपने परिक्रमा-पथ में घूमते रहते हैं। भू-समक्रमिक उपग्रह जैसे इनसेट का परिक्रमा-पथ पृथ्वी की सतह से इस तरह से तय किया जाता है कि उपग्रह पृथ्वी का चक्कर 24 घंटे में पूरा कर ले। यह ठीक उन्हीं दो रेलगाड़ियों की तरह होता है, जो कि समानांतर पथ पर समान गति से चल रही हों। वे आपस में एक-दूसरे को स्थिर दिखाई पड़ती हैं।

प्रत्येक रॉकेट की रचना इस प्रकार की जाती है कि वह उपग्रह को किसी विशेष द्रव्यमान (वजन) के साथ एक विशेष ऊँचाई और दिशा की तरफ उठाकर ले जा सके।

प्रक्षेपण यान की इस आकार रचना को मिशन योजना के रूप में जाना जाता है।

एस.एल.वी.-3 ही हमारा अग्रणी था, जिसने उपग्रह 'रोहिणी' को परिक्रमा-पथ में स्थापित किया। इसरो के वर्तमान उपग्रह प्रक्षेपण यान पी.एस.एल.वी., जी.एस.एल.वी. आदि हैं। ये यान सिर्फ ईंधन के मामले में ही बहुत भारी, जटिल या परिष्कृत नहीं हैं बल्कि मार्गदर्शन प्रणाली, नियंत्रण, दूरी-मापन व उपकरण आदि के मामले में भी हैं। ये एस.एल.वी.-3 की तुलना में बहुत अधिक स्वचलित हैं। यहाँ तक कि प्रक्षेपण के एक घंटे के बाद ही कंप्यूटर इसे अधिकार में ले लेता है। यह कुछ-कुछ आधुनिक हवाई जहाज के संचालन की ही भाँति है। एक निश्चित ऊँचाई पर पहुँचने के बाद यान का स्वचलित नियंत्रण इसे हस्तचलित नियंत्रण से अपने अधिकार में ले लेता है। इन्हीं स्वचलित मशीनी योग्यताओं की वजह से भारत अब चंद्रयान-1 प्रक्षेपण के जटिल मिशन का उत्तरदायित्व लेने के काबिल बना है।

ध्रुवीय एवं भू-समक्रमिक उपग्रह क्या हैं?

पृथ्वी एक ग्लोब की भाँति है और ऊपर से इसके दोनों हिस्से नारंगी की तरह थोड़े चपटे हैं। यही दोनों ऊपरी छोर ध्रुवीय क्षेत्र कहे जाते हैं—उत्तरी ध्रुव और दक्षिणी ध्रुव। पृथ्वी उत्तर-दक्षिण की अपनी धुरी पर तेज गति (करीब 1,570 कि.मी.प्रतिघंटे) में घूमती रहती है। बिना इस घूर्णन के हम पर दिन और रात का प्रभाव नहीं होगा। हमारा चौबीस घंटे का दिन पृथ्वी का अपनी इसी धुरी पर घूमने का परिणाम है। इसीलिए पृथ्वी पर एक बिंदु चिह्नित करने पर हम सूर्योदय के समय सूर्य को देख सकते हैं और सूर्यास्त के समय इसे अपनी दृष्टि से ओझल पाते हैं।

पृथ्वी का व्यास (करीब 12,750 कि.मी.) पृथ्वी और सूर्य के बीच की दूरी (14,94,76,000 कि.मी. अनुमानित) की तुलना में कम है, परंतु नगण्य नहीं है। भूमध्य रेखा पर पड़नेवाली सूर्य की ऊर्जा की मात्रा ध्रुवों पर पड़नेवाली मात्रा की तुलना में अधिक होती है। ऐसा इसलिए होता है क्योंकि सूर्य की किरणें अलग-अलग अक्षांश पर अलग-अलग पड़ती हैं—भूमध्य रेखा पर अति तीव्रता से तथा उन्नत अक्षांशों पर तेजी से घटती चली जाती हैं। जब हम भूमध्य रेखा से उत्तर या दक्षिण की तरफ बढ़ते हैं तब मौसम हलका होता चला जाता है, इसीलिए कन्याकुमारी कश्मीर से गरम है। इसे अक्षांशीय अंतर कहते हैं।

देशांतर के बारे में एक विलक्षण चीज है कि सूर्य एक ही समय संपूर्ण देशांतर पर चमकता रहता है और इसकी पुनरावृत्ति प्रत्येक 24 घंटे में होती रहती है। अतः उपग्रह का परिक्रमा-पथ देशांतर रेखा के समानांतर दक्षिणी ध्रुव से उत्तरी ध्रुव और फिर पृथ्वी की दूसरी तरफ से वापस दक्षिणी ध्रुव की ओर चलता रहता है तब यह परिक्रमा-पथ सूर्य के साथ समचक्रीय होता है। जब एक उपग्रह को सूर्य के साथ समचक्रीय

परिक्रमा-पथ में देशांतर की भाँति ही ध्रुवों से होकर चलना पड़ता है तब ऐसे उपग्रहों को ध्रुवीय उपग्रह कहते हैं।

हमें ध्रुवीय उपग्रहों की आवश्यकता क्यों पड़ती है? संपूर्ण पृथ्वी की अवलोकन प्रणाली, जैसे—मिट्टी, जंगल, पानी, बादल आदि का मूल्यांकन सूर्य के प्रकाश के परिवर्तन या इसके बिखराव की तुलना पर निर्भर होता है। इसीलिए समान प्रकाश की स्थितियों में ही छवि लेना आवश्यक है। यदि आपके बगीचे की फोटो शाम की रोशनी में ली जाए और दूसरी दोपहर में, तब आप उन दोनों की दृश्य-तुलना वास्तविक रूप से नहीं कर सकते हैं; क्योंकि एक अति चमकीला होगा और दूसरा अति श्यामल होगा। इसीलिए सूर्य समक्रमीय उपग्रह अति महत्त्वपूर्ण हो गए हैं।*

भारतीय दूर संवेदी उपग्रह (आई.आर.एस.) सूर्य का समक्रमीय उपग्रह है। इसरो द्वारा विशेष रूप से विकसित ध्रुवीय उपग्रह प्रक्षेपण यान (पी.एस.एल.वी.) का विकास आई.आर.एस. उपग्रहों के प्रक्षेपण के लिए हुआ था। एस.एल.वी.-3 की तुलना में पी.एस.एल.वी. अधिक बड़े और भारी रॉकेट हैं। ऊपर उठते समय पी.एस.एल.वी. का कुल वजन करीब 295 टन (2,95,000 कि.ग्रा.) होता है, जबकि एस.एल.वी.-3 का उठते समय कुल वजन करीब 17 टन (17,000 कि.ग्रा.) ही होता है। वह रॉकेट, जिसने चंद्रयान 1 को प्रक्षेपित किया था वह पी.एस.एल.वी. का ही एक बृहत् रूप है।

इंडियन नेशनल सैटेलाइट (इनसेट) के पास उपग्रहों की एक श्रृंखला है, जो कि बहुत सी संचार जरूरतों, जैसे—फोन, दूरदर्शन, प्रसारण, अत्यधिक आँकड़ों का हस्तांतरण आदि को पूरा करता है। ये उपग्रह भू-समक्रमिक या भू-स्थैतिक उपग्रह कहलाते हैं।

सन् 1983 में जब पहला इनसेट उपग्रह संचालित किया गया था, (इनसेट-1 ए असफल हो चुका था और यह उसी श्रृंखला का दूसरा इनसेट-1बी था, जो कि प्रथम भू-स्थैतिक उपग्रह था और जिसने भारत को अपनी सेवाएँ प्रदान की थीं), तब इसने डेढ़ साल के भीतर ही हमारी संचार क्षमता को दुगुना कर दिया था। उपग्रह संचार की गति इसी प्रकार की होती है। ऐसा इसीलिए संभव हुआ, क्योंकि एक उपग्रह एक साथ ही कई जमीनी अभिग्राही केंद्रों (रिसीविंग स्टेशन) से संपर्क बना सकता है तथा इसमें किसी मध्यवर्ती केबल संयोजन की आवश्यकता नहीं होती है। यह दूरस्थ इलाकों में भी आसानी से पहुँच सकता है।

आपने पहले से ही अंदाजा लगा लिया होगा कि भू-स्थैतिक उपग्रह ध्रुवीय उपग्रह नहीं हो सकते हैं। पृथ्वी पश्चिम से पूर्व की ओर घूमती है (इसीलिए सूर्य पूर्व में उगता

---

* हमने यहाँ एक सरल सावधारणात्मक प्रस्तुत किया है। वास्तव में इसमें बहुत ही जटिल गणनाएँ शामिल हैं, जहाँ धरती के निरीक्षण उपग्रह ध्रुवीय दिशा के लिए महत्त्वपूर्ण हैं, वहीं पर सारे ध्रुवीय चक्र सूर्य से तालमेल नहीं रखता।

है और पश्चिम में अस्त होता है)। यदि कोई चीज उत्तर-दक्षिण मार्ग पर घूमे तब यह पृथ्वी के संदर्भ में स्थिर नहीं रह सकती है। यह पृथ्वी के संदर्भ में केवल तभी स्थिर रह पाएगी जब यह पृथ्वी की गति के समान ही भूमध्य रेखा के समानांतर चक्कर लगाए, यानी 24 घंटे में एक चक्कर पूरा कर ले। आपको याद होगा कि जब उपग्रह परिक्रमा-पथ में स्थापित किया जाता है तब अपकेंद्रीय बल उपग्रह पर सक्रिय हो जाता है तथा गुरुत्वाकर्षण के खिंचाव से इसे संतुलित करता है। चौबीस घंटे के परिक्रमा-पथ के लिए पृथ्वी की सतह से करीब 36,000 कि.मी. ऊपर की ऊँचाई के परिक्रमा-पथ की आवश्यकता होती है। यदि आप भू-समक्रमिक उपग्रह में बैठेंगे तब देखेंगे कि पृथ्वी स्थिर है।

इतनी ऊँचाई पर उपग्रह स्थापित करने का क्या लाभ है? यदि आपने भू-स्थैतिक परिक्रमा-पथ में एक उपग्रह स्थापित कर दिया है तब यह ठीक वैसा ही है जैसा कि 36,000 कि.मी. की ऊँचाई का एक अदृश्य टावर खड़ा कर दिया गया है। हम जानते हैं कि संचार टावर जितना ऊँचा होगा, उसका विस्तार क्षेत्र उतना ही अधिक होगा। भू-स्थैतिक उपग्रह हमें यह क्षमता प्रदान करता है। यदि हम उपग्रह में एक मौसम विज्ञान संबंधी कैमरा लगा दें तब यह इस बड़ी ऊँचाई से चौबीस घंटे मौसम की निगरानी का कार्य कर सकता है। तूफान की आकस्मिकता में आप तूफान के आने के कुछ दिनों पूर्व ही समुद्र के ऊपर इसका दबाव एवं इसकी गति का मार्ग इनसेट के छायाचित्र में देख सकते हैं। यह जीवन रक्षा सूचना में भी परिवर्तित हो सकता है।

भू-स्थैतिक उपग्रहों के प्रक्षेपण में पृथ्वी के पास के उपग्रहों की तुलना में अधिक ऊर्जा की आवश्यकता होती है, क्योंकि उपग्रह को 36,000 कि.मी. ऊँचे परिक्रमा-पथ में स्थापित करना पड़ता है। इसीलिए भू-समक्रमिक उपग्रह (जियोसिंक्रोनुअस सैटेलाइट लॉञ्च व्हीकल, जी.एस.-एल.वी.) पृथ्वी के पास के प्रक्षेपित पी.एस.एल.वी. का वजन लॉञ्च पैड पर करीब 450 टन (4,50,000 कि.ग्रा.) होता है। इसमें एक शक्तिशाली निम्न तापीय इंजन (क्रायोजेनिक इंजन) लगा रहता है, जो कि तरल हाइड्रोजन एवं तरल ऑक्सीजन को ईंधन के रूप में प्रयोग करता है। अत्यधिक ऊर्जावाले बंडल पारंपरिक ठोस या तरल ईंधनवालों से आयतन में कम एवं वजन में हलके होते हैं।

उद्दीपक (प्रोपेलेंट्स) क्या हैं?

मूल रूप से उद्दीपक (प्रोपेलेंट्स) वह वस्तु है, जो गरम गैस को बाहर निकालने के लिए आसानी से जलाई जा सके तथा इससे रॉकेट को शक्ति प्रदान करने के लिए आवश्यक बल मिलता है। ज्वलनशीलता के लिए ज्वलनशील तत्त्व एवं ऑक्सीजन की आपूर्ति (जो कि जलने के लिए आवश्यक है) दोनों का ही उद्दीपक (प्रोपेलेंट्स) मिश्रण में मौजूद रहना आवश्यक है। यह भी महत्त्वपूर्ण है कि उद्दीपक

मिश्रण में किसी भी तरह का अनावश्यक तत्त्व, जिसका संबंध ज्वलनशीलता से न हो, नहीं रहना चाहिए। उद्दीपक का निर्माण करने में बहुत ही उन्नत रसायन विज्ञान व केमिकल अभियांत्रिकी शामिल होती है और साथ ही इसमें बहुत अधिक सुरक्षा अभियांत्रिकी भी रहती है।

सारी दुनिया में उद्दीपक अपनी वास्तविक स्थिति में या तो ठोस या तरल रूप में रहते हैं। उद्दीपक मिश्रण में तरल उद्दीपक कम वजन के साथ अधिक शक्ति की पोटली के रूप में रहते हैं। जेट एयरक्राफ्ट में उद्दीपक (परिष्कृत केरोसीन) वातावरण से ऑक्सीजन प्राप्त करके जलाया जाता है; परंतु सभी प्रक्षेपण यान एवं मिसाइल उद्दीपक के साथ ईंधन जलाने के लिए आवश्यक ऑक्सीजन प्रदान करने हेतु ऑक्सीकारक रखते हैं।

कार्बोक्सी टर्मिनेटेड पॉली ब्यूटाडाइन (सी.टी.पी.बी.) और हाईड्रॉक्सी टर्मिनेटेड पॉली ब्यूटाडाइन (एच.टी.पी.बी.) उद्दीपन (प्रोपेलेंट) के काम में आनेवाले आम ठोस उद्दीपक हैं। ये अमोनियम परक्लोरेट से ऑक्सीजन को जलने के लिए प्रेरित करते हैं तथा जब वे रॉकेट की मोटर में डाले जाते हैं तब यह उनमें मिश्रित रहता है। यह उद्दीपक एवं अमोनियम परक्लोरेट भारत में ही निर्मित हैं तथा इनको इसरो की तकनीक से ही विकसित किया गया है। इसरो के इंजीनियरों ने सी.टी.बी.टी. एवं एच.टी.पी.बी. के समान ही अरंडी के तेल पर आधारित ठोस उद्दीपक विकसित किया है। सन् 1960-70 के दशक में जब विकसित देशों से यह भय था कि वे मानक ठोस उद्दीपकों के कुछ संघटक (कंपोनेंट्स) देने हमें बंद कर देंगे तब इनका प्रयास विकल्प की स्थिति में किया गया था।

तरल रॉकेटों का निर्माण किसी भी समय किया जा सकता है, यानी आप रॉकेट के इंजन में उद्दीपक डालिए और उन्हें प्रक्षेपण के लिए तैयार कर दीजिए। पूर्व में एनीलीन और केरोसीन ही प्रचलित तरल उद्दीपक थे। इनके लिए इस्तेमाल किया जाने वाला ऑक्सीकारक (रेड फ्युमिंग नाइट्रिक एसिड) एक अलग टंकी में रखा जाता था।

अनसिमेट्रिकल डाईमेथाइल मोनो हाइड्राजाइन (यू.डी.एम.एच.) और मोनो मेथाइल हाइड्राजाइन (एम.एम.एच.) पृथ्वी पर संचित किए जानेवाले उन्नत तरल उद्दीपक हैं। ये दोनों नाइट्रोजन टेट्रॉक्साइड (N_2O_4) को ऑक्सीकारक के रूप में इस्तेमाल करते हैं तथा इन्हें एक अलग टंकी में रखा जाता है। यू.डी.एम.एच. एवं एम.एम.एच. दोनों का ही निर्माण भारत में होता है। ये दोनों पी.एस.एल.वी. और जी.एस.एल.वी. की तरल स्थिति में प्रयुक्त होते हैं।

एक अति उन्नत तरल इंजन अर्ध क्रायोजेनिक भी है। पहले बताए गए सभी इंजन उद्दीपक व ऑक्सीकारक का प्रयोग सामान्य तापमान पर करते हैं, जबकि अर्ध क्रायोजेनिक इंजन उद्दीपक (आर.पी. या विशेष केरोसीन) का प्रयोग सामान्य तापमान पर करते हैं

तथा ऑक्सीकारक (एल.ओ.एक्स., तरल ऑक्सीजन) बहुत ही ठंडे स्तर पर रहता है।

क्रायोजेनिक इंजन ईंधन के रूप में तरल हाइड्रोजन और ऑक्सीकारक के रूप में तरल ऑक्सीजन का इस्तेमाल करता है। दोनों बहुत ही ठंडी स्थिति में रहते हैं। विशेष रूप से अति ठंडा होने के कारण इनके संग्रह के लिए टंकियों, नलिकाओं एवं वाल्व हेतु अत्याधुनिक तकनीक की आवश्यकता पड़ती है तथा इनकी सामग्री एवं रख-रखाव भी विशेष है।

भविष्य में रॉकेट के उद्दीपन के लिए नाभिकीय तत्त्वों का प्रयोग हो सकता है।

उद्दीपक अति महत्त्वपूर्ण हैं, फिर भी उन्हें प्रज्वलित करना मात्र ही रॉकेट का उड़ना नहीं है। एक प्रक्षेपण यान के कार्य करने के लिए इन तत्त्वों को प्रभावशाली ढंग से प्रज्वलित करने में बहुत ही अधिक विज्ञान और तकनीक शामिल होती है। यहाँ तक कि एक साधारण पटाखा भी जितना अधिक शक्तिशाली होगा उतनी ही जटिल इसकी बँधाई (पैकिंग) होगी।

एक जेट एयरक्राफ्ट और रॉकेट इंजन में काफी समानता है। फिर भी, उद्दीपन के क्षेत्र में विकास का एक महत्त्वपूर्ण इतिहास है, जिसने प्रक्षेपण यानों व मिसाइलों की परिष्कृत रूपरेखा के लिए प्रेरित किया है। उद्दीपन सिर्फ यही नहीं बताते हैं कि उद्दीपकों को कैसे प्रज्वलित किया जाए, बल्कि वे यह भी नियंत्रित करते हैं कि रॉकेट के निचले हिस्से की टोंटी (नोजल) द्वारा यह कैसे बाहर निकले। चूँकि इन प्रज्वलन एवं गैसों में तीव्र रासायनिक क्रिया एवं उच्च तापमान होता है, अत: उद्दीपन में एक महत्त्वपूर्ण सामग्रीय विज्ञान और तकनीक शामिल रहती है। निष्क्रिय तत्त्वों के वजन (बिना जले हुए तत्त्व) को भी कम-से-कम रखने की आवश्यकता है। इसीलिए एक उत्कृष्ट उद्दीपन के लिए विज्ञान, अभियांत्रिकी और तकनीक के एक संपूर्ण समूह की आवश्यकता पड़ती है।

भारतीय इंजीनियरों ने सन् 1960 के अंत में इन तकनीकों में प्रवीणता हासिल कर ली थी। उन्होंने रॉकेट पर इनका प्रयास किया और फिर एस.एल.वी.-3 पर किया, साथ-ही-साथ तरल इंजन जिसे विकास (वी.आई.के.ए.एस.) कहा जाता है, के विकास पर सुधार करते हुए इनका प्रयोग पी.एस.एल.वी. में भी किया। इंजीनियरों ने इन रॉकेट इंजनों के जमीनी परीक्षणों की भी योग्यता हासिल कर ली थी। ये परीक्षण सुविधाएँ श्रीहरिकोटा (जो अब 'सतीश धवन अंतरिक्ष केंद्र' के नाम से जाना जाता है) और तमिलनाडु के महेंद्र गिरि में स्थित है।

रॉकेट कोई कैसे नियंत्रित करता है?

प्रक्षेपण यान के निर्देशन के लिए उसकी 'मानसिक ताकत' यानी यान को झुकाना, इसे उचित परिक्रमा-पथ के लिए ऊपर उठाना, प्रक्षेपण यान के इस्तेमाल किए हुए हिस्सों को उससे अलग करना (भार कम करने के लिए बाहर फेंकना), अनुमानित पूर्व योजना के मार्ग के विचलन से उसे सही करना आदि प्रक्षेपण मिशन के बहुत ही महत्त्वपूर्ण अवयव हैं। इन कार्यों को करने के लिए प्रक्षेपण यानों में बहुत सी प्रणालियाँ एवं उप-प्रणालियाँ

होती हैं। इनमें से प्रत्येक अपने आप में काफी जटिल होती हैं और प्रक्षेपण यान के अभिकल्पकों (डिजाइनरों) के द्वारा बने महत्त्वपूर्ण विकल्प भी इनमें शामिल होते हैं।

रॉकेट के नियंत्रण एवं मार्गदर्शन में आनेवाली समस्याओं के बारे में एक क्षण के लिए सोचिए कि कैसे वह एक उपग्रह को उसके परिक्रमा-पथ में ठीक-ठीक स्थापित करता है। जब हम सड़क पर गाड़ी चलाते हैं तब हमारे मार्गदर्शन के लिए सड़क के किनारे निशान लगे होते हैं, जो हमारे मार्ग के पहचान चिह्न भी हैं। उड़ान के समय हवाई जहाज में हवाई यातायात नियंत्रक (ए.टी.सी.) जहाज में बहुत सी मार्गदर्शक प्रणालियों के साथ पायलट का मार्गदर्शन करता रहता है, जो कि पायलट अपने दृश्य के अधिकार क्षेत्र में रखता है।

एक रॉकेट, जो कि अंतरिक्ष के शून्य में उड़ता है, वहाँ उसका कोई भी मार्ग-चिह्न नहीं है। यह सच है कि जमीनी रडार रॉकेट को देख सकते हैं, परंतु वे अंतरिक्ष में इसे सिर्फ एक बिंदु के रूप में ही देखते हैं। वे यह नहीं देख सकते कि यह कैसे झुक रहा है, जो कि उपग्रह की अंतिम स्थिति के लिए अति महत्त्वपूर्ण है। एक हवाई ज़हाज करीब 800 कि.मी. प्रति घंटे की गति से उड़ता है, जबकि रॉकेट शीघ्र ही 1 कि.मी. प्रति सेकंड की रफ्तार पकड़ लेता है, जो कि करीब 3,600 कि.मी. प्रति घंटे की होती है। छोड़े जाते समय एक उपग्रह की गति 7.5 कि.मी. प्रति सेकंड की होती है। इसलिए रॉकेट का मार्गदर्शन उतना ही तेज होना चाहिए। इसके आवश्यक परिवर्तनों जैसे रॉकेट के झुकने का परिवर्तन या इस्तेमाल हो चुके हिस्सों को फेंक देने के आदेश को प्रभावित करनेवाली नियंत्रण प्रणाली पर कार्य करने लायक इसे होना चाहिए। मिशन की अंतिम स्थिति में इसे यह समझ लेना होगा कि यह उचित वेग प्राप्त कर चुका है या नहीं और उपग्रह के लिए आवश्यक उचित आँकड़े डेल्टा V का परिकलन हो चुका है तथा किस कोण पर अंतिम अंत:क्षेपण होना है।

इसका अर्थ यह हुआ कि इसकी मार्गदर्शन प्रणाली को लगातार तेज गति के साथ तीन आयामों के रॉकेट के कोण एवं इसके निरंतर परिवर्तन मापन तथा इसके अनुरूप आवश्यक समन्वय बनाने के योग्य होना चाहिए।

अपने हाथ में एक पेंसिल लीजिए। इसे लंबवत् पकड़िए और फिर धीरे-धीरे अपने से दूर झुकाइए। इसे **पिचिंग** कहते हैं। यह एक ऐसी क्रिया है, जो कि लंबवत् स्थिति के कोण को दूर करते हुए परिवर्तित करती है। अब पेंसिल को धीरे से घुमाइए। इसे **रोलिंग** कहते हैं। पेंसिल को एक छोटे से कोण पर बाएँ से दाएँ और फिर दाएँ से बाएँ घुमाएँ। इसे **यॉ** कहते हैं। यह संचालन उस सही मार्ग की विवेचना करते हैं, जिसमें रॉकेट को स्थित किया गया है।

रॉकेट के यॉ, पिच और रोल को मापनेवाले संवेदकों में से एक विशेष संवेदक जड़त्वीय संवेदक (इनर्शियल सेंसर) है। इसका मूल सिद्धांत फिरकी या लट्टू से समझा जा सकता है। जब फिरकी बहुत तेजी से घूमती है तब यह स्वत: ही लंबवत् हो जाती है। इसे धीरे से झुकाने की कोशिश कीजिए, यह वापस अपनी लंबवत् स्थिति में आ जाएगी, परंतु अपनी झुकी हुई स्थिति में भी यह स्थिर और दृढ़ रहेगी। तीनों आयामों के संवेदकों के द्वारा इसी सिद्धांत से रॉकेट का यॉ, पिच एवं रोल का मापन किया जाता है। स्पिनिंग टॉप का निर्माण बेरिलियम नामक परिष्कृत धातु से होता है। विकसित देश इसे बेचते नहीं हैं, क्योंकि इनका नाभिकीय एवं सैन्य क्षेत्र में बहुत अधिक सामरिक उपयोग होता है। भारत ने अपने जड़त्वीय संवेदकों (इनर्शियल सेंसर) की माँग पूर्ति के लिए अपना स्वयं का बेरीलियम बना लिया है। यह इसरो और भाभा आणविक अनुसंधान केंद्र (बी.ए.आर.सी.) का संयुक्त उद्यम है।

बेरिलियम का निर्माण एवं इसकी यांत्रिकी (यह अति विषाक्त होता है तथा इसकी सुरक्षा में काफी सावधानी की आवश्यकता होती है) ही जड़त्वीय संवेदक (गायरोस्कोप या गायरो) को प्राप्त करने के लिए काफी नहीं है। इनमें बहुत सी गणना की आवश्यकता पड़ती है तथा इनमें से कई में भौतिकी और गणित भी शामिल हैं। जड़त्वीय गायरो का भारत में विकास एस.एल.वी.-3 परियोजना के साथ आरंभ हुआ था। हालाँकि शुरू की अंतरिक्ष उड़ानों ने फ्रांस निर्मित इनर्शियल मेजरमेंट यूनिट्स (आई.एम.यू.) का प्रयोग किया था, परंतु बाद में इन्होंने भारत-निर्मित गायरो प्रयोग किए।

जड़त्वीय संवेदक (इनर्शियल सेंसर) लेसर से भी बनाए जा सकते हैं। इन्हें 'लेसर गायरो' कहते हैं। भारत के पास अब इनके भी निर्माण की क्षमता है।

रॉकेट के कोणों और स्थितियों के बारे में जानना ही काफी नहीं है, व्यक्ति को इसे इच्छित दिशा की तरफ नियंत्रित करने लायक भी होना चाहिए। संपूर्ण उड़ान में उपग्रह के सही अंत:क्षेपण तक छोटे परिवर्तनों को निरंतर प्रभावित करते रहने की आवश्यकता पड़ती है। यह नाजुक नियंत्रण कई माइक्रोथ्रस्टरों की सहायता से किया जाता है। यह प्रक्षेपण यान के कई स्तरों की सुविचारित स्थितियों में उचित रूप से लगे रहते हैं। गैसों की लपट को सीधे मोड़ने के लिए टोंटी (नोजल) में भी कुछ माइक्रोथ्रस्टर लगे रहते हैं। आपको आश्चर्य होगा कि ऐसी निष्क्रिय गैसों का छोटा सा धक्का (सिगरेट के कश जितना) एक शक्तिशाली अति वेगवान् रॉकेट की दिशा को अनिवार्य तरीकों से परिवर्तित कर सकता है। ध्यान रखें, सभी रॉकेट मिशन का परिकलन अनुप्रयुक्त भौतिकी (अप्लाइड फिजिक्स) पर निर्भर करता है। चूँकि गति प्रकाश की गति के समीप नहीं है और पदार्थ अपने स्थूल स्तर, जैसे—ठोस, द्रव एवं गैसों से व्यवहार करता है, अत: यहाँ किसी सापेक्षता, किसी क्वांटम गणित की जरूरत

नहीं है। रॉकेट के दबाव की गणना एवं माइक्रोथ्रस्टर को नियंत्रित करने के लिए एक अति स्तरीय ऊष्मा गतिकी एवं तरल गतिकी लागू की जाती है। रॉकेट के बाहरी रूपरेखा की रचना इस ढंग से की गई है कि जिसमें एयरोडायनेमिक्स के कई सिद्धांत लागू किए गए हैं, ताकि रॉकेट की उड़ान का नियंत्रण सरलतापूर्वक हो सके। कुछ रॉकेटों में यॉ, पिच, रोल का नियंत्रण रॉकेट के पंखों के हलके से संचालन से भी होता है। (ये पंखे सजावट के लिए नहीं होते हैं।)

मानवीय दृष्टिकोण

जब आप रॉकेट की रूपरेखा में विस्तार से जाना शुरू कर देते हैं तब यह महसूस करते हैं कि एक सामान्य उद्देश्य यानी प्रक्षेपण मिशन में कितनी तरह से गणित, भौतिकी, केमिकल इंजीनियरिंग, इलेक्ट्रॉनिक्स, मेकैनिकल इंजीनियरिंग, धातु विज्ञान आदि के मूल आपस में अन्योन्य क्रिया करते हैं। चंद्रयान-1 जैसे मिशन में ग्रहों की गति के विज्ञान और गणित भी महत्त्वपूर्ण रूप से समीकरण में आए।

रॉकेट के निर्माण में आनेवाली जानकारी और योग्यता की मात्रा की कल्पना करना कठिन है। साथ ही, उपग्रह की रूपरेखा बनाने में जानकारी की अपनी एक अलग ही दुनिया है; परंतु अंतरिक्ष मिशन में आवश्यक वैज्ञानिक और तकनीकी ज्ञान, परिकलन व गणना तथा इन सबको साथ रखना ही मात्र नहीं है। शायद मिशन में शामिल व्यक्तियों की भावनाएँ एवं अंतर्दृष्टि का पहलू अधिक महत्त्वपूर्ण है।

यहाँ एक प्रसंग है, जिसका वर्णन डॉ. कलाम ने अक्तूबर 2003 में सतीश धवन अंतरिक्ष केंद्र में अपने व्याख्यान में किया है—

''एस.एल.वी.-3 के तीसरे प्रक्षेपण के दौरान हुई एक घटना मुझे याद है। उलटी गिनती का क्रम सरलतापूर्वक चल रहा था। इसमें लॉन्चर पर दो कार्यक्रम चलाए जाने थे—पहला अंतरिक्ष यान को नाभिवत् (अमबिलिकल) छोड़ना और दूसरा यान को थामी हुई भुजाओं से मुक्त करना था। ये दोनों वायवीय संचालन प्रणालियाँ ब्लॉक हाउस से रिमोट द्वारा संचालित थीं। अनुमान के अनुसार, भुजाएँ मुक्त हो गईं, परंतु अंतरिक्ष यान नाभिवत् छूटने की प्रणाली, आदेश के प्रत्युत्तर में असफल हो गई। इसने उलटी गिनती को स्वत: ही रोक दिया। इस समस्या से कैसे निकला जाए, इसमें संदेह था तथा लॉन्च प्रबंधक इसके समाधान के लिए आपस में गुँथे हुए थे। श्री एम.आर. कुरुप और मैं स्वेच्छा से एक सीढ़ी के सहारे नाभिवत् तंत्र (अमबिलिकल सिस्टम) के पास इसे अपने हाथों से मुक्त कराने पहुँच गए। इस परिस्थिति को देखकर एस.एच.ए.आर. का एक युवा ट्रेडमैन श्री पपैया स्वेच्छा से लॉन्चर पर चढ़ गया और मशीन को हाथों से संचालित करके मुक्त कर दिया। संबंधित लोगों द्वारा अनुमति मिलने पर उसने यह अद्भुत साहसिक कार्य पूरा कर दिया और यान उसी दिन प्रक्षेपित हुआ।

मैं ऐसे समर्पित लोगों को कभी नहीं भूल सकता, जो कि इसरो के मेरुदंड रहे हैं।''

□

ऐसी प्रतिबद्धता का प्रदर्शन सिर्फ रॉकेट प्रक्षेपण के दौरान ही नहीं था, यह वाकई प्रत्येक व्यक्ति को उत्तेजना का चरम प्रदान करती है। यह प्रतिबद्धता तो प्रथम विचार से मिशन की रूपरेखा तक, प्रयोगों से सुधार तक और फिर अंतिम कार्यान्वयन तक सारे समय ही बनी रहती है। विचारों का मंथन, प्रगति पर ध्यान, समस्याओं का अनुमान, संभावित असफलताओं और समस्याओं के रूप, कार्यक्रम सारिणी एवं बजट नियंत्रण—यही वे चीजें हैं जिनमें इस मिशन के प्रत्येक वैज्ञानिक, इंजीनियरिंग, तकनीकी, प्रबंधकीय और वित्तीय व्यक्तियों का निरंतर संबंध बना रहता है। यह इसरो के संपूर्ण स्तर पर कार्यान्वयन में परियोजना प्रबंधन एवं कार्यक्रम प्रबंधन में एक महान् मानवीय प्रयास है।

जहाँ लोगों का एक बड़ा समूह होता है वहाँ हमेशा सकारात्मक और नकारात्मक दोनों ही तरह की मानवीय भावनाएँ रहती हैं। इसरो मिशन ने द्वंद्वों के अपने हिस्से, क्षुद्र ईर्ष्या और अन्य मानवीय असफलताएँ भी देखी हैं। मानवीय तरीके से इन मानवीय जटिल दुविधाओं को सँभालते हुए अपने मस्तिष्क में संपूर्ण लक्ष्य को बनाए रखना इसरो की महत्त्वपूर्ण उपलब्धियों में से एक रही है। इसरो के वैयक्तिक और इनके सहयोगियों (छोटे और बड़े उद्यम या संस्थाएँ, राज्य और केंद्रीय सरकार साथ ही महत्त्वपूर्ण व्यक्तियों) ने केवल भारत को अंतरिक्ष में प्रक्षेपित ही नहीं किया है बल्कि एक मानवीय ढाँचे का भी निर्माण किया है, जो एक बहुत ही चुनौती भरे मिशन की ओर सामूहिक रूप से जटिल बहुआयामी जानकारियों एवं कुशलता पर केंद्रित करता है।

कई स्तरों पर ऐसी प्रतिबद्धता और प्रबंधकीय एवं नेतृत्ववाली क्षमताएँ अन्य विभिन्न निरुत्साहित करनेवाले कार्यों के लिए निर्णायक होंगी, जो भारत के आगे आने वाली हैं।

□

अंतरिक्ष खोजों का भविष्य

पिछले अध्याय में हमने रॉकेटों की सहायता से बाह्य अंतरिक्ष में पहुँचने एवं उपग्रहों को परिक्रमा-पथ में स्थापित करने की सविस्तार चर्चा की है; परंतु हमने यह चर्चा नहीं की कि उपग्रहों की रूपरेखा कैसी है और वे कैसे बनाए जाते हैं तथा अनेक कार्यों में उनका इस्तेमाल कैसे होता है? उपग्रहों का निर्माण कई उद्‍देश्यों के लिए किया जाता है, जैसे—पृथ्वी के नजदीक के वैज्ञानिक उद्‍देश्यों, ग्रहीय उद्‍देश्यों, दूर-संवेदी उपयोग, संचार व सेना संबंधी उपयोग एवं वैश्विक स्थिति की स्थिति का पता लगाने आदि के लिए। इन उद्‍देश्यों की पूर्ति के लिए निर्मित उपग्रहों में कई सिद्धांत समान हैं, फिर भी प्रत्येक की अपनी विशिष्ट रचना की तकनीकी चुनौतियाँ एवं अपनी स्वयं की खूबसूरती होती है। यही वह कारण है कि अंतरिक्ष के कार्यक्रम सारी दुनिया के सर्वोत्तम मस्तिष्कों में से कुछ एक को निरंतर आकर्षित करते रहते हैं।

अंतरिक्ष में मानव की उपस्थिति सन् 1960 में यूरी गागरिन के साथ आरंभ हुई तथा इसने बड़ी चुनौतियों वाले एक अलग क्षेत्र में इसे बाँट दिया। हालाँकि पिछले 50 वर्षों में काफी कुछ प्राप्त किया जा चुका है, फिर भी यह सच है, कि अपने ग्रहिक (प्लेनेटरी) और अंतरग्रहिक (इंटर-प्लेनेटरी) मिशन में हमने मुश्किल से ही संभावनाओं की सतह ही खुरची है।

हम शीघ्र ही इन क्षेत्रों को कुछ विस्तार से देखेंगे; परंतु आइए, पहले अंतरिक्ष अनुसंधान के भविष्य को विस्तृत रूप से देखें कि अगले दो-तीन दशकों में क्या परिदृश्य होने की संभावना है। इसमें भविष्य की योजना का संबंध है और जिसमें सैनिक व असैनिक अनुप्रयोग अपरिहार्य रूप से गुँथे हुए होंगे, जैसे कि वे मानवीय प्रयासों के अन्य क्षेत्रों में हैं। यदि हम संपूर्ण विश्व के भविष्य के अंतरिक्ष कार्यक्रमों को लेने की कोशिश करेंगे तब इसमें कई खंड लग जाएँगे। इस अध्याय में हम सिर्फ भारत के अंतरिक्ष कार्यक्रमों के प्रक्षेपणों पर ही केंद्रित रहेंगे।

28 जुलाई, 2005 को तिरुअनंतपुरम में भारतीय अंतरिक्ष कार्यक्रम के भविष्य पर हुई एक विचार-गोष्ठी 'प्रक्षेपण यान : अतीत, वर्तमान एवं सुदूर भविष्य' में डॉ. कलाम ने अपने विचार व्यक्त किए। इस विचार-गोष्ठी का आयोजन एस.एल.वी.-3 के सफल प्रक्षेपण की पचीसवीं वर्षगाँठ के अवसर पर हुआ था।

> हम विश्व की जनसंख्या का छठा हिस्सा हैं और आज कम-से-कम विश्व की जनसंख्या का दो-तिहाई भाग एक ही तरह के संकट और अशांति से गुजर रहा है। भोजन, ऊर्जा, जल, शिक्षा और रोजगार की संभावना लोगों की समृद्धिपूर्वक रहने की महत्त्वपूर्ण आवश्यकताएँ हैं। इन आवश्यकताओं की पूर्ति के लिए विश्व को तकनीकी निवेश की आवश्यकता है। इसमें अंतरिक्ष तकनीक एक भूमिका अदा कर सकती है। इसीलिए मैं अंतरिक्ष मिशन की भविष्य दृष्टि पर आपसे चर्चा करने जा रहा हूँ, जिसका उद्‌देश्य अंतरिक्ष तकनीक के प्रयोग से इन आवश्यकताओं का समाधान प्राप्त करना है।

भारत में अंतरिक्ष संबंधी प्रणालियाँ (एयरोस्पेस सिस्टम)

पिछले चार दशकों में भारत के अंतरिक्ष, प्रक्षेपणास्त्र (मिसाइल) और वैमानिकी (एयरोनॉटिक्स) के कार्यक्रमों ने कई सफल मिशन और उपलब्धियाँ हासिल की हैं। आज भारत अंतरिक्ष तकनीक में आत्मनिर्भर है। इसने पी.एस.एल.वी. और जी.एस.एल.वी. का संचालन विकसित कर लिया है, जिससे यह प्रतिस्पर्धात्मक प्रक्षेपण सेवाएँ प्रदान कर सकती हैं। मिसाइल कार्यक्रम में कई संस्थानों की हिस्सेदारी से क्रांतिकारी विवेचित तकनीकों के प्रयोग द्वारा, जो स्वदेशी प्रयासों से ही विकसित हुई हैं, भारत के पास अपनी रणनीतिक संचालन प्रणालियाँ हैं। हाल की ही विजय ब्रह्मोस रही है। यह अपनी तरह की दुनिया की श्रेष्ठ पराध्वनिक परिभ्रमण प्रक्षेपणास्त्र (सुपर सोनिक क्रूज मिसाइल) है, जो बड़े स्तर के आयात को भी आकर्षित करती है।

डॉ. विक्रम साराभाई और प्रो. सतीश धवन की (सन् 1970-80 एवं 1980-95) अंतरिक्ष की क्रमशः दो रूपरेखाओं की स्वप्न-दृष्टि ही इसका खाका थी और वह स्वप्न-दृष्टि आज वास्तविकता बन चुकी है। अपने स्वप्नद्रष्टा नेताओं की इन अंतरिक्ष रूपरेखाओं एवं राष्ट्र की एकीकृत तकनीकी शक्ति के साथ हम नए मिशन को पूर्ण करने की दृष्टि की ओर आगे बढ़ सकते हैं।

उपग्रहों के उपयोग

हालाँकि हम चंद्रयान मिशन पर बहुत ही उत्साहित हैं। यह यान चंद्रमा पर

अनुसंधान के लिए उतरा था या यह मिशन जिसने एक मानव को अंतरिक्ष में पहुँचा दिया, परंतु हमें यह याद रखना चाहिए कि अंतरिक्ष के कार्यक्रम केवल इस उत्तेजना के पलों के लिए ही नहीं किए जाते हैं। अंतरिक्ष कार्यक्रमों को जारी रखने का एक महत्त्वपूर्ण कारण इससे जीवन के विभिन्न क्षेत्रों में लिए जानेवाले विपुल लाभ का है। वाकई, डॉ. विक्रम साराभाई मुख्य रूप से नागरिक हितों के लिए ही अंतरिक्ष कार्यक्रमों के विकास की ओर आकर्षित हुए। जैसा कि हम संक्षेप में पहले से ही जान चुके हैं कि एक भू-स्थैतिक उपग्रह, जैसे—इनसेट, संपूर्ण भारत में कश्मीर से कन्याकुमारी तथा अंडमान और निकोबार द्वीप समूह से लेकर लक्षद्वीप तक समान आच्छादन (कवरेज) के साथ पहुँच सकता है। इसीलिए दूरसंचार एवं दूरदर्शन प्रसारण इन सभी क्षेत्रों में पहुँचता है। आपदा की घड़ी में जब भूमिगत लाइन या मोबाइल टावर नष्ट हो जाते हैं अथवा पानी में डूब जाते हैं तब बचाव कार्यों के लिए संकटकालीन संचारों के इस्तेमाल हेतु परिवहनीय उपग्रह टर्मिनल का प्रयोग किया जा सकता है।

मिट्टी, वन क्षेत्र, भूमि, जल आदि में दूरसंवेदी (रिमोट सेंसिंग) प्राकृतिक संसाधनों को सुरक्षित बनाए रखने के लिए एवं उनके बेहतर इस्तेमाल की योजना में सहायक होते हैं। समुद्री दूर संवेदी सहायता मछुआरों को उन क्षेत्रों में जाने में सहायता प्रदान करते हैं जहाँ विपुल मात्रा में मछलियों के होने की संभावना होती है। दूर संवेदी, प्रकाशीय प्रतिबिंब (ऑप्टिकल स्पेक्ट्रम) की परावर्ती और बिखरी हुई किरणों पर आधारित होते हैं तथा यह इन्फ्रारेड व माइक्रोवेव किरणों पर भी आधारित होते हैं। विभिन्न लक्ष्यों की परावर्तित या बिखरी हुई किरणें भिन्न-भिन्न होती हैं और ऐसा करने में उनके अपने विलक्षण 'संकेत' होते हैं। अतः गेहूँ का संकेत एक तरह का होगा और चावल का दूसरे तरह का। यह अंतर कैमरे में एक महीन छनना (फिल्टर) (लाल, नीला, हरा, इंफ्रारेड आदि) के लिए लगाकर पहचाना एवं निर्धारित किया जा सकता है, जिसे विशेषज्ञ तरंग दैर्घ्य क्षेत्र (वेवलेंथ रीजन) कहते हैं। इन आँकड़ों की तब अंकीय संकेतों (डिजिटल सिग्नल) द्वारा जमीनी पुनःरचना की जाती है। इसे छवि प्रक्रिया (इमेज प्रोसेसिंग) कहते हैं।

इन अलग-अलग विलक्षण संकेतों की विषमता एवं तुलना करने पर उपग्रह के कैमरे के द्वारा लिए गए पृथ्वी पर लक्ष्यों के छायाचित्र वर्गीकृत किए जा सकते हैं। यदि कुछ चावल के क्षेत्र जल की कमी या कीड़ों से ग्रस्त हैं तब वे स्वस्थ फसल से भिन्न दिखाई देंगे। खराब मिट्टी और स्वस्थ मिट्टी का भी वर्गीकरण किया जा सकता है, ताकि उन्हें बेहतर बनाने के लिए प्रभावशाली उपाय किए जा सकें। इसी प्रकार प्रदूषित एवं स्वच्छ जल समूह पहचाने जा सकते हैं तथा प्रदूषण के फैलने का

भी नक्शा बनाया जा सकता है। इसी तरह के और भी कई उपयोग हैं। दूरस्थ संवेदी उपयोग में भारत एक नेतृत्व के रूप में जाना जा रहा है। भारत के करीब प्रत्येक राज्य में एक दूरस्थ संवेदी केंद्र स्थापित है, साथ ही भारत की लगभग सभी परंपरागत एजेंसियों ने दूरस्थ संवेदी विधियों की तकनीक को अपना लिया है, चाहे वे कृषि, वानिकी, जल-स्रोत या प्राणि-विज्ञान हों।*

वाई.एस. राजन भारत में दूरस्थ संवेदी उपयोगों के विस्तार के शुरुआती लोगों में से एक हैं। भारत में दूरस्थ संवेदी के संस्थापक स्वर्गीय प्रो. पी.आर. पिशार्ती और प्रो. पी.डी. भवशार थे। अपने-अपने प्रयोगों के क्षेत्र और बहुत से महत्त्वपूर्ण व्यक्ति थे तथा इन्होंने नई तरह की छायाचित्र प्रक्रिया (इमेज प्रोसेसिंग) तकनीकें विकसित की थीं। डी.एस. कामत ने इसरो में छायाचित्र प्रक्रिया की तथा डॉ. जॉर्ज जोसेफ ने उपग्रह के साथ दूरस्थ संवेदी कैमरे बनाने की नींव रखी थी।

भविष्य की कल्पना-दृष्टि के लिए उनके वक्तव्य में डॉ. कलाम ने भारतीय अंतरिक्ष से प्राप्त लाभों की संक्षिप्त विवेचना से सही ही आरंभ किया था—

डॉ. कलाम के अभिभाषण से उद्धृत-

दूरस्थ संवेदी उपग्रह

कई तरह के जमीनी संसाधनों, जैसे—जल, खनिज, कृषि, शहरी योजना, तटीय क्षेत्र, वानिकी, भू-विज्ञान अभियांत्रिकी एवं खनिज खोज आदि के मानचित्र बनाने के लिए दूरस्थ संवेदी उपग्रह एक प्राण शक्ति है। हमारे देश के कई राज्य/क्षेत्र एवं बहुत से गाँव उपग्रहों से प्राप्त होनेवाले आँकड़ों से लाभ प्राप्त कर रहे हैं। इन वृहद् संभावनाओं का निश्चय ही इस्तेमाल होना चाहिए।

---

* नेशनल रिमोट सेंसिंग सेंटर (एन.आर.एस.सी.) ने अपने पोर्टल पर भारत में प्राकृतिक संसाधनों के स्तर पर पूरी सूचना दे दी है। आप इसकी वेबसाइट पर भी देख सकते हैं—www.irs-nrsc.gov.in और http://application.nrsc.gov.in/15001/Bhoosampada

रिमोट सेंसिंग उपयोगों के अन्य उपयोगी नेटवर्क हैं—

http:www.irs-nrsc.gov.in/index.php, http://www.ibin.co.in (इंडियन बायोरिसोर्स इन्फॉमेशन नेटवर्क), http://www.bisindia.org (बायोडायवर्सिटी इन्फॉर्मेशन सिस्टम), www.sac.gov.in और http://www.nosdac.gov.in

(मेट्रोलॉजिकल एंड ओशनोग्राफी सैटेलाइट डाटा एनालिसिस सेंटर) आप अपनी रुचि के अनुसार सविस्तार से जानने के लिए जिला, तहसील या गाँव में संपर्क कर सकते हैं। यह दूरस्थ संवेदी उपग्रह जिसके साथ भौगोलिक सूचना प्रणाली (जियोग्राफिक इन्फॉर्मेशन सिस्टम, जी.आई.एस.) भी जुड़ चुका है, की शक्ति है जो आपको आगे बढ़ने का सहयोग देता है।

आपदा प्रबंधन

अपने ग्रह के बहुत से स्थानों पर हमने भयानक आपदाओं जैसे—भूकंप, सुनामी, तूफान आदि का अनुभव किया है, जिनकी वजह से जीवन और संपत्ति का नुकसान हुआ है। कुछ स्थितियों में तो एक देश की दशकों में की गई प्रगति एवं उसकी मूल्यवान् नागरिक धरोहर को ये प्राकृतिक आपदाएँ नष्ट कर देती हैं। भारत के कुछ निश्चित क्षेत्रों में समय-समय पर भूकंप आने की समस्या है। अमेरिका, जापान, तुर्की, ईरान एवं और भी बहुत से देश भूकंप की आपदा से कष्ट पाते हैं।

भूकंप और सुनामी भूमिगत घटनाक्रम हैं। अंतरिक्ष के अवलोकन से इनका अनुमान एक बड़ी चुनौती है। बहुत से राष्ट्रों के अंतरिक्ष वैज्ञानिकों को इस दृढ़ निश्चय के साथ कार्य करना चाहिए कि उपग्रहों द्वारा काफी गहराई में लिए छायाचित्रों का इस्तेमाल भूकंप एवं प्रघाती तरंगों (शॉक वेव) के पूर्वानुमान लगाने के लिए हो। अन्य संभावनाएँ चट्टान खिसकने से पूर्व और अंतिम टूट-फूट के पहले के विद्युत् चुंबकीय (इलेक्ट्रोमैग्नेटिक) घटनाक्रम की पहचान के लिए उपग्रह द्वारा तनाव संचयन (स्ट्रेन एकुमुलेशन) के ठीक-ठीक भू-गतिक (जियोडायनेमिक) मापन की हैं।

यह आशा की जाती है कि सु-प्रबंधित विद्युत् चुंबकीय अनुश्रवण (मॉनीटरिंग) चट्टान खिसकने से पहले (प्री-स्लिप) विलक्षण अवलोकन सूचनाएँ प्रदान कर सकता है। वायुमंडलीय/आयनमंडलीय असमानता अभी भी अनुत्तरित बनी हुई है। भूकंप आपदा के बाद का समुत्थान (रिकवरी), संचार एवं नुकसान का मूल्यांकन भी वे क्षेत्र हैं, जहाँ आंतरिक तकनीक शीघ्रता से अपना प्रभाव डाल सकती है। हमें आनेवाले भूकंपों एवं सुनामियों के प्रभावों का पता करने के लिए एक सुव्यवस्थित विधि तंत्र विकसित करने के अनुसंधान कार्यक्रम शुरू करने चाहिए। अंतरिक्ष तकनीक का प्रयोग ज्वालामुखी फटने, भू-स्खलन, हिम-स्खलन, आकस्मिक बाढ़, तूफानी लहरें, तूफान एवं बवंडर की भविष्यवाणियों के लिए हो सकता है। हमें नेशनल अथॉरिटी फॉर डिजास्टर मैनेजमेंट के साथ विभिन्न प्रयासों का समाकलन भी करना चाहिए।

संचार सूत्रजाल (नेटवर्क)

संचार सूत्रजाल उपग्रह ने दूरस्थ शिक्षा एवं दूरस्थ चिकित्सा के रूप में शिक्षा व स्वास्थ्य सेवाएँ प्रदान करने में भारत की सहायता की है। ई.डी.यू.एस.ए.टी. कार्यक्रम का प्रमुख उद्देश्य जमीनी स्तर से कम लागत के साथ भारत के कोने-कोने में शिक्षा का सहयोग प्रदान करना है तथा बिना पहुँचवाले लोगों के पास पहुँचना है। ई.डी.यू.एस.ए.टी. भारत के विभिन्न क्षेत्रों को आच्छादित करता हुआ विशेष रूप से कई प्रकाश-पुंजों को आकार प्रदान करता है। ई.डी.यू.एस.ए.टी. संचार आच्छादन से

पाँच क्षेत्रीय प्रकाश-पुंज और एक राष्ट्रीय प्रकाशपुंज प्रदान करता है। यह प्रणाली मुख्यतः स्कूल, कॉलेज और शिक्षा के उच्च स्तर के लिए है; फिर भी यह गैर-परंपरागत शिक्षा का भी सहयोग करती है। ई.डी.यू.एस.टी. से यह आशा है कि यह अपनी पूरी क्षमता के साथ 1,50,000 जमीनी टर्मिनल प्रदान करेगी।

सुदूर गाँवों तक आधुनिक स्वास्थ्य सुरक्षा पहुँचाने में दूरस्थ शिक्षा एवं दूरस्थ चिकित्सा एक बड़े तरीके से सहायक हो सकती है। मुझे इस बात की प्रसन्नता है कि इसरो ने उपग्रह जालक्रम का इस्तेमाल सुदूर गाँवों से बड़े अस्पतालों को जोड़ने में किया है, जहाँ मरीज की स्थिति की जाँच विशेषज्ञ चिकित्सक के द्वारा की जाती है और उसके परामर्श संचार माध्यमों के द्वारा बताए जाते हैं।

ये संपर्क हमारे गाँवों के लिए जानकारी के लिए संसार की खिड़की होंगे और हमारे ई-प्रशासन, दूरस्थ-शिक्षा, दूरस्थ-चिकित्सा, ई-वाणिज्य एवं ई-न्यायिक प्रयासों के लाभ प्राप्त करेंगे। मैं ग्रामीणों को जानकारी के साथ शक्ति-संपन्न बनाने के लिए सभी पंचायतों में ग्रामीण जानकारी केंद्र की स्थापना एवं ग्रामीणों को जानकारी से जोड़ने के लिए एक अभिकरण केंद्र (नोडल सेंटर) के रूप में उनके कार्य करने की कल्पना करता हूँ। जानकारी के केंद्र ग्रामीणों को कृषि, कुटीर उद्योग, मछली-पालन एवं उनके क्षेत्र के अन्य ग्रामीण उद्योगों की बिक्री हेतु वास्तविक सूचनाएँ प्रदान करेंगे। यह करीब 10 लाख लोगों से अधिक को सीधे गुणवत्तावाले रोजगार भी प्रदान करेगा, जो कि हमारे ग्रामीण क्षेत्र में उच्च स्तर की समृद्धि की वृद्धि में सहायक होगा।

अब तक के बने हुए तकनीकी आधार

भविष्य की तरफ बढ़ने से पहले व्यक्ति को अपनी क्षमताएँ, शक्ति और कमजोरियों का पता रहना चाहिए। जब सन् 1960 के दौरान भारतीय अंतरिक्ष कार्यक्रम योजना के बारे में सोचा गया था, तब सोवियत संघ और अमेरिका नागरिक एवं सैन्य क्षेत्रों में अपने स्वयं के बृहत् स्पर्धायुक्त अंतरिक्ष कार्यक्रमों में व्यस्त थे। मानव सहित अंतरिक्ष मिशन पहले ही एक वास्तविकता बन चुके थे। हालाँकि अपनी अल्प विकसित स्थिति में ही भू-समक्रमिक उपग्रह प्रक्षेपित हो चुका था और इसके उपयोगों का भी प्रदर्शन किया जा चुका था। चंद्रमा पर मानव सहित मिशन की घोषणा अमेरिका द्वारा की जा चुकी थी और 'अपोलो' शृंखला पर काम शुरू हो गया था। भारतीय वैज्ञानिक और इंजीनियर इन विकासों से पूरी तरह से परिचित थे। हालाँकि भारत ने अभी जी.एस.एल.वी. परियोजना शुरू नहीं की थी।

यदि कोई सन् 1960 की भारतीय तकनीकी क्षमता का आकलन करे, जिसमें विश्वविद्यालय, राष्ट्रीय प्रयोगशालाएँ (इनमें इसरो और बी.ए.आर.सी. भी शामिल हैं) तथा निजी एवं सार्वजनिक क्षेत्रों के उद्योग भी हैं, तब हम सिर्फ मेकैनिकल, इलेक्ट्रिकल,

केमिकल, मेटेलर्जिकल और इलेक्ट्रॉनिक्स इंजीनियरिंग की उन्नति की शुरुआत कर रहे थे। हम सोवियत संघ या अमेरिका या विकसित यूरोपीय देशों के पास भी नहीं थे। अतः भारत द्वारा चुनी गई तीन बड़ी परियोजनाएँ, जिनमें प्रथम अंतरिक्ष कार्यक्रम काफी महत्त्वाकांक्षी था, हालाँकि वे सोवियत संघ और अमेरिका के उस समय के स्तर से काफी साधारण थीं।

निम्नांकित तीन परियोजनाओं के साथ भारतीय अंतरिक्ष कार्यक्रम आरंभ हुआ।

1. भारत में सैटेलाइट इंस्ट्रक्शनल एक्सपेरिमेंट (एस.आई.टी.ई.) के संचालन हेतु एक अमेरिकी उपग्रह, जिसे अप्लिकेशन टेक्नोलॉजी सैटेलाइट (ए.टी.एस.-6) कहा गया, का प्रयोग हुआ। भारत की प्रमुख भूमिका जमीनी प्रणाली विकसित करना था, जिसमें गाँवों में कई अभिग्राही केंद्र (रिसीविंग स्टेशन) भी शामिल थे तथा जिन्हें निर्देशात्मक सामग्रियाँ प्रस्तुत करना था।
2. प्रथम निर्मित भारतीय उपग्रह 'आर्यभट्ट' का प्रक्षेपण सोवियत प्रक्षेपण यान 'इंटरकॉसमास' द्वारा सोवियत संघ से होना था। हालाँकि 'आर्यभट्ट' की संरचना भारतीय सदस्यों द्वारा की गई थी, फिर भी संरचना के कुछ घटक, जैसे—बैटरी, सोलर विन्यास सोवियत संघ से मुफ्त में प्राप्त किए गए थे। उपग्रह के मार्ग पर रखने की जमीनी प्रणाली भारतीय सदस्यों द्वारा बनाई गई थी। सोवियत संघ में मास्को के पास भी एक की स्थापना भारतीय इंजीनियरों द्वारा की गई थी।
3. भारत में निर्मित उपग्रह प्रक्षेपण यान की संरचना से पृथ्वी के पास के उपग्रह परिक्रमा-पथ में 50 कि.ग्रा. का प्रक्षेपण हुआ। तकनीकी रूप से यह तीसरी परियोजना बहुत ही चुनौतीपूर्ण थी। एस.आई.टी.ई. प्रयोग सन् 1975-76 में हुआ था और 'आर्यभट्ट' का प्रक्षेपण 1975 में किया गया था, परंतु एस.एल.वी. परियोजना ने बहुत अधिक समय लिया। एस.एल.वी.-3 के साथ 'रोहिणी' को परिक्रमा-पथ में स्थापित करते हुए भारत का प्रथम सफल प्रक्षेपण सन् 1980 में हुआ।

साथ ही, उसी समय इसरो ने अंतरिक्ष और जमीनी प्रणालियों के कई क्षेत्रों में तकनीकी एवं उपयोगी सुदृढ़ता बनाना आरंभ कर दिया था। दूरस्थ संवेदी ने हवाई निरीक्षण शुरू कर दिया था और अमेरिका के लैंडसेट उपग्रह से दूरस्थ संवेदी छायाचित्र (छायाचित्र आँकड़े) भी प्राप्त करना शुरू कर दिया था। बहुत से बड़े जमीनी प्रयोगों की सुविधाएँ भी निर्मित कर दी गई थीं। बिना एस.एल.वी.-3 प्रक्षेपण का इंतजार किए ही सन् 1970 में फ्रांस के सहयोग से एक सुदृढ़ तरल इंजन का कार्यक्रम संपन्न हुआ।

इन सभी क्षेत्रों में शुरुआत उपलब्ध एवं अनुमानित शक्तियों के आकलन के

उपरांत की गई थी। यह अब सिद्ध हो चुका है कि उस समय के चुने गए विकल्प अच्छे थे और इन्होंने भारत को अंतरिक्ष विज्ञान, तकनीकी एवं अनुप्रयोग में प्रगति के मजबूत मार्ग पर रख दिया था।

जब भारत के अंतरिक्ष कार्यक्रम के लिए आगे बढ़ने की योजना बनना था, तब कैसे वर्तमान शक्ति का आकलन करना आवश्यक था। पूर्व की भाँति ही आइए, इस विषय में डॉ. कलाम के विचारों पर दृष्टि डालें।

☐

वायु अंतरिक्ष (एयरोस्पेस) तकनीकी शक्ति

विभिन्न वायु अंतरिक्ष कार्यक्रमों की वजह से कई अत्याधुनिक तकनीकें विकसित की गईं। संगणकीय तरल गतिकी (कंप्यूटेशनल फ्लुइड डायनेमिक्स) का उदय भारत की एक मूल शक्ति के रूप में सॉफ्टवेयर कोड और सुपर संगणकीय (कंप्यूटिंग) क्षमता के साथ निर्देशित प्रक्षेपास्त्रों, एल.सी.ए. और प्रक्षेपण यानों के लिए उनकी उत्तम स्थिति के संरूपण (कॉनफिग्रेशन) हेतु हुआ है। सी.ए.डी./सी.एम. वायु अंतरिक्ष प्रणालियों के लिए आम बन चुके हैं तथा प्रतीयमान वास्तविक प्रणालियाँ (वर्चुअल रियलिटी सिस्टम) विकसित हो चुकी हैं, जिन्होंने रूपरेखा एवं उत्पाद उपलब्धि समय (प्रोडक्ट रियलाइजेशन टाइम) को करीब 40 प्रतिशत कम कर दिया है। भारत ने प्रकाशीय-तंतु (फाइबर-ऑप्टिक) और रिंग लेजर गेरास बेहतर विशुद्धता के साथ विकसित कर लिया है तथा भारत को आत्म-निर्भर बनाने के लिए सूक्ष्म संसाधक (माइक्रोप्रोसेसर), सूक्ष्म तरंग अवयव (माइक्रोवेव कंपोनेंट्स) व यंत्र, अवस्था परिवर्तक (फेज शिफ्टर), यान स्थित कंप्यूटर एवं बी.एल.एस.आई. व एम.एम.आई.सी. घटकों को बनाने की भट्ठियाँ भी स्थापित कर ली गई हैं। उद्दीपन (प्रोपल्शन) के क्षेत्र में इसरो का बृहत् ठोस उद्दीपन वर्द्धक (सॉलिड प्रोपल्शन बूस्टर) 500 टन का प्रतिबल (थ्रस्ट) देता है तथा डी.आर.डी.ओ. और इसरो में तरल उद्दीपन एवं क्रायोजेनिक इंजनों के विकासात्मक प्रयास ने उद्दीपन तकनीक में एक समर्थ आधार स्थापित किया है।

वायु अंतरिक्ष तकनीकों का उद्भव

आगे आनेवाली तकनीकें, जैसे—माइक्रो-इलेक्ट्रो मेकैनिकल सिस्टम्स (एम.ई.एम.एस.), नैनो टेक्नोलॉजी, सूचना तकनीक, जैव प्रविधि (बायोटेक्नोलॉजी), अंतरिक्ष अनुसंधान, अतिध्वनिक (हाइपर सोनिक), उच्च शक्ति लेसर व सूक्ष्म तरंग (माइक्रोवेव) भविष्य में प्रत्येक क्षेत्र एवं अनुप्रयोगों में अपना प्रभुत्व रखेंगी। हम आजकल नैनो, बायो तथा सूचना तकनीकों की ओर अभिमुख हैं, जो नई पीढ़ी को वायु अंतरिक्ष एवं उत्पादों की ओर ले जाएगी।

एम.ई.एम.एस. एवं नैनो तकनीक

माइक्रो इलेक्ट्रोमेकैनिकल सिस्टम्स (एम.ई.एम.एस.) एवं नैनो तकनीक के क्षेत्रों में उन्नति ने लघुतर व तीव्रतर उत्पादों के निर्माण की योग्यता का रास्ता बना दिया है। एम.ई.एम.एस. ने माइक्रोइलेक्ट्रोनिक्स को माइक्रोमशीनिंग तकनीक के साथ मिला दिया है तथा एक छोटे से सिलिकॉन चिप पर पूर्व की अनभिज्ञ कार्य उपयोगिता एवं विश्वसनीयता को स्थगित करने की अनुमति प्रदान कर दी है। दूसरी तरफ नैनो तकनीक अणुओं व परमाणुओं को एक साथ समायोजित करने का विज्ञान है, जो कि नैनोमीटर के परिमापों (एक मीटर का अरबवाँ हिस्सा) उद्दीपक को प्रत्युत्तर देता है।

वायु अंतरिक्ष अनुप्रयोग के लिए एम.ई.एम.एस. उपकरण

इलेक्ट्रॉनिक्स के लघुकरण के साथ वायु अंतरिक्ष क्षेत्र में एम.ई.एम.एस. तकनीक एक प्रभावशाली असर रखेगी। ये अति लघु मशीनें, जो अकसर आकार में केवल कुछ माइक्रोमीटर में ही होती हैं, इन्होंने पहले से ही परंपरागत बड़े उपकरणों का स्थान ले लिया है। अपने सूक्ष्मदर्शीय आकार एवं वजन के साथ एम.ई.एम.एस. उच्च आवृत्ति और बैंडविड्थ (आवृत्तियों का एक ऐसा बैंड, जो कि इलेक्ट्रॉनिक संकेतों को भेजने के लिए इस्तेमाल होता है) का प्रयोग कर सकता है एवं अधिक कसे हुए तथा अधिक पर्यावरणीय दबाव-युक्त स्थिति में भी जा सकता है। एक बार उत्पादन में आने के बाद उनकी इकाई कीमतें कम होंगी; एक बार संचालित हो जाने पर ऊर्जा का खर्च नगण्य है। एम.ई.एम.एस. के उदाहरण प्रेशर सेंसर, फ्लूइड फ्लो सेंटर, मैग्नेटिक सेंसर, गायरोस, एक्सलरोमीटर आदि हैं। एम.ई.एम.एस. से यह भी आशा की जाती है कि यह अंतरिक्ष अनुसंधान की लागत को नाटकीय ढंग से कम करने में एक महत्त्वपूर्ण भूमिका अदा करेगा तथा इसकी कार्य उपयोगिता व विश्वसनीयता बढ़ाने के साथ वजन में भी काफी कमी कर देगा। स्पष्टत: एम.ई.एम.एस. बहुत ही कम लागतवाले सूक्ष्म उपग्रहों के विकास की तरफ ले जा सकता है।

नैनो तकनीक

भविष्य की वायु अंतरिक्ष प्रणालियों के लिए आणविक नैनो तकनीक की अत्यधिक संभावना है। अनुसंधानों से यह पता चला है कि अणुओं के वर्गों की नई खोज, विशेष रूप से कार्बन नैनो ट्यूब्स, जो ग्रेफाइट चादरों से निर्मित है और यह कई तरह के नजदीकी आकारों में मुड़ी हुई है, साथ ही यह कठोरतम व उच्च तापीय सामग्री भी बन सकती है और यह शून्य व अन्य कठोर वातावरण में भी जीवित रह सकती है। कार्बन नैनो ट्यूब्स असाधारण इलेक्ट्रिकल और मेकेनिकल गुणों के साथ कार्बन के सामान्य रूप में होते हैं। यह आशा की जाती है कि ऐसे तत्त्व इलेक्ट्रॉनिक रूपरेखा में आमूल परिवर्तन कर सकते हैं तथा परिक्रमा-पथ में प्रक्षेपण की लागत को विशेष रूप से कम

करते हुए अंतरिक्ष की सीमाओं को खोल सकते हैं।

कार्बन नैनो ट्यूब्स पॉलीमर मैट्रिक्स के साथ मजबूत होकर ऐसे यौगिक बनते जाते हैं, जो भौतिक विज्ञान के क्षेत्र में अति सुदृढ़, हलके, लघु और तीव्र संरचनावाले हो जाते हैं। यह वायु अंतरिक्ष का बहुत बड़ा अनुप्रयोग है। अगली पीढ़ी के कंप्यूटरों के लिए नैनो सेल्स के साथ आणविक स्विच और परिपथ नया मार्ग तैयार करेंगे। असाधारण इलेक्ट्रिकल क्षमता के साथ जुड़कर अल्ट्रा डेंस कंप्यूटर मेमोरी कम ऊर्जा, कम लागत, नैनो आकार और फिर भी तीव्र समुच्चय (एसेंबलीज) के परिणाम प्रस्तुत करेगी।

□

भारतीय अंतरिक्ष कार्यक्रम और अर्थव्यवस्था पर इसके प्रभाव

जब तक चीजें छोटे स्तर पर की जाती हैं, व्यक्ति उनकी तकनीकी ताकतों का और उन्हें पूरा करने की इच्छाओं की क्षमता का अंदाजा लगा सकता है; परंतु वृहत स्तर की परियोजनाओं और कार्यक्रमों को जनस्रोतों से प्राप्त बड़ी निधि (जो करदाताओं का धन है) की आवश्यकता पड़ती है तथा सावधानीपूर्वक इनका सूक्ष्म परीक्षण भी आवश्यक है। ऐसे कार्यक्रमों पर निवेश के लाभ का मूल्यांकन उन परियोजनाओं से प्राप्त मुनाफे के रूप में करने की जरूरत नहीं है। पूछे जानेवाले प्रश्न हैं—क्या ये आगे अनुप्रवाही उद्योग उत्पन्न करते हैं और क्या इनसे वृहत स्तर का रोजगार मिलता है? क्या वे ऐसी तकनीकी क्षमताएँ पैदा करते हैं, जो नए व्यावसायिक अवसर उत्पन्न कर सकती हैं?

उदाहरण के लिए, नासा के बहुत से उदाहरणों में से एक टेफ्लान कहे जानेवाले तत्त्व का उदाहरण प्रस्तुत है। इसकी उत्पत्ति अंतरिक्ष अनुसंधान से हुई है तथा इसने अनुप्रयोगों में एक क्रांति ला दी है, जैसे—केमिकल उद्योग से इलेक्ट्रॉनिक केबल और बहुत से घरेलू उपयोग में आनेवाले तारों से लेकर नॉन स्टिक पैन तक। इसी तरह छाया चित्र तैयार करने की तकनीक (इमेज प्रोसेसिंग) जो विशेष रूप से अंतरिक्ष के लिए विकसित की गई है तथा इसने छपाई तकनीक में एक क्रांति ला दी है। ऐसे ही पॉवर सैटेलाइट के लिए सोलर फोटोवोल्टैक तकनीक विकसित की गई है। पॉवर जनित हाथ की घड़ियों और बहुत से लघु इलेक्ट्रॉनिक उपकरणों में अब निकिल कैडमियम बैटरियों का इस्तेमाल हो रहा है। टिटेनियम जो कि एक आश्चर्यजनक धातु है और इसके बहुत से यौगिकों का विकास भी अंतरिक्ष कार्यक्रमों के द्वारा ही हुआ है।

यह सत्य है कि भारतीय अंतरिक्ष कार्यक्रम अपनी स्वयं की खोजों के रूप में इस तरह की उपलब्धियों का दावा नहीं कर सकते हैं। इसरो ने विश्व से कई विचारों और खोजों को प्राप्त किया है। परंतु उप-प्रणालियों और घटकों (कंपोनेंट्स) का विकास इसरो के विनिर्देशन (स्पेसिफिकेशन) या इसरो की रूपरेखा के आधार पर हुआ है। इस तरह के कार्य बहुत से भारतीय उद्योगों (बड़े, मध्यम व लघु) ने अपनी तकनीकी शक्ति को ऊपर

उठाने में किया है, जिसने उनकी सहायता उनके निरंतर उत्पादों, क्षमता एवं गुणवत्ता के सुधार के संबंध में उनके अपने उत्पादन में की है। करीब 500 ऐसे भारतीय उद्योग इसरो और डी.आर.डी.ओ. की परियोजनाओं एवं कार्यक्रमों में उप-अनुबंधकारकों के रूप में सम्मिलित हुए हैं। साथ ही और भी प्रवहमान उद्योग हैं (जैसे—वे उद्योग, जो अंतरिक्ष के खंड का उपयोग करते हैं, यह खासकर उपग्रह हैं। यह आर्थिक एवं सामाजिक सेवाएँ व उत्पाद प्रदान करते हैं), जो कि सफल व्यावसायिक हस्तियाँ हैं। डी.टी.एच. (डायरेक्ट टू होम) टी.वी. प्रसारण कंपनियाँ इसी वर्ग के अंतर्गत आती हैं तथा यह बड़े स्तर के रोजगार प्रदान करने के वचन के साथ एक तेजी से बढ़ता हुआ व्यवसाय है।

भारतीय उद्योग अंतरिक्ष कार्यक्रम में आधुनिकता के परिणाम के रूप में मजबूती के साथ उभर रहे हैं। इसरो के व्यावसायिक अंग ए.एन.टी.आर.आई.एक्स. ने बहुत से भारतीय और विदेशी ऑर्डर प्राप्त किए हैं। हाल ही में कॉन्फेडरेशन ऑफ इंडियन इंडस्ट्रीज (सी.आई.आई.) ने प्रथम उद्यम-प्रेरित अंतरराष्ट्रीय अंतरिक्ष प्रदर्शनी और सेमिनार बंगलुरु में आयोजित की थी। इसका नाम बंगलुरु स्पेस एक्सपो 2008 दिया गया था और इसके 2010 में पुन: होने की संभावना है। इस प्रकार अंतरिक्ष पर आधारित व्यवसाय भारत में बढ़ रहे हैं और वे विकसित देशों, जैसे—अमेरिका, रूस, फ्रांस, जर्मनी आदि की भाँति भारतीय जी.डी.पी. में एक महत्त्वपूर्ण प्रतिशत रखेंगे।

इसी विषय पर 28 जुलाई, 2005 को दिए गए अपने भाषण में डॉ. कलाम भविष्य की संभावनाओं के संबंध में काफी आगे की ओर देखते हैं।

□

''प्रथम औद्योगिक क्रांति के अवसर को खो देने के उपरांत भारत अभी तक एक विकासशील देश है। विकसित देश चंद्रमा और मंगल की तरफ बढ़ रहे हैं, जो कि अगली औद्योगिक क्रांति हो सकती है। अब भारत के पास चंद्रमा और मंगल पर उद्योग स्थापित करनेवाले राष्ट्रों के विशिष्ट क्लब में शामिल होने के अवसर हैं; परंतु इसकी तकनीकी चुनौतियाँ भी हैं—

- कम गुरुत्वाकर्षण में निर्माण और खनन।
- भविष्य की ऊर्जा के लिए चंद्रमा पर हीलियम-3 का उपयोग करना एवं आनेवाली फ्यूजन तकनीकों का प्रयोग करना।
- चंद्रमा और मंगल पर जमा सूखी बर्फ को रॉकेट के इंजनों के लिए ईंधन के स्रोत के रूप में इस्तेमाल करना।
- पुन: ईंधन भरने एवं मरम्मत के द्वारा परिक्रमा-पथ में उपग्रहों के जीवन की वृद्धि करना।
- चंद्रमा को एक अंतरिक्ष परिवहन केंद्र के रूप में इस्तेमाल करना।

अंतरिक्ष के मूल्यांकन की लागत

जैसे-जैसे अंतरिक्ष मिशन की अपने बढ़ते हुए भार के साथ आवृत्ति बढ़ रही है वैसे-वैसे इसके परिमाण के अनुसार अंतरिक्ष के आकलन की लागत कम करनी आवश्यक है। लागत की यह कमी वैश्विक अंतरिक्ष समुदाय को सूचना एकत्रीकरण मिशन के वर्तमान युग से द्रव्यमान संचालन मिशन (मास मूवमेंट मिशन) के युग में ले जाने लायक बनाएगा। वे ऊर्जा, जल और खनिज संकट के लिए समाधान खोज सकते हैं। पृथ्वी पर मानवता अभी करोड़ों वर्षों के लिए मौजूद रहेगी। हमें अपनी अगली पीढ़ी के लिए एक अच्छे जीवन की आवश्यकता है। इसीलिए पृथ्वी की आवश्यकताओं के स्रोतों को अन्य ग्रहों से लाने की जरूरत है।

□

भविष्य के अंतरिक्ष मिशन

डॉ. कलाम ने अपने अभिभाषण में परिक्रमा-पथ में उपग्रह के लंबे समय तक टिके रहने और उसके अन्य उपयोगों की आवश्यकता एवं अंतरिक्ष में आकलन की कम लागत पर बल दिया है। इन दोनों क्षमताओं को नई तकनीकों के निर्माण एवं उनके जटिल समूह की जरूरत होती है तथा वे अंतरिक्ष सेवाओं को वर्तमान तरीकों की साधारण खोज की तुलना में उसे कई गुना अधिक प्रतिस्पर्धात्मक लाभ की ओर ले जाएँगी।

डॉ. कलाम ने जो खाका खींचा है, वह संभावना के क्षेत्र के अंतर्गत आता है फिर भी उनकी कल्पना दृष्टि को वास्तविकता बनाने के लिए बहुत ही विस्तृत अध्ययन और आकलन की आवश्यकता है। आकलन पूरी तरह से तकनीकी नहीं होंगे; परंतु इनमें कम लागत और कम जोखिम के साथ अंतिम लक्ष्य की प्राप्ति के लिए विकल्प का आकलन भी शामिल होगा। इसरो के वैज्ञानिक, इंजीनियर एवं नीति-निर्धारक आगामी वर्षों में इन अध्ययनों और आकलनों का उत्तरदायित्व लेंगे। इसके साथ ही इसरो के सामने एक दशक के भीतर ही अपने प्रथम मानव प्रक्षेपण मिशन की चुनौती को पूरा करना भी है।

आइए, भविष्य के लिए डॉ. कलाम की कल्पना-दृष्टि पर एक और नजर डालें—

□

एकीकृत वायु अंतरिक्ष तकनीकी शक्ति एक बेहतर क्षमतावाले उपयोग और कम लागत के अंतरिक्ष परिवहन के निर्माण की तरफ ले जाएगी। हमें छोटे और साथ ही बड़े भार वहन करनेवाली अवधारणाओं की नूतन रूपरेखा विकसित करनी चाहिए। आर.एल.वी. के परिक्रमा-पथ के लिए एकल एवं द्वि-स्तरीय अवधारणाएँ परखी जा सकती हैं। यहाँ लक्ष्य परिमाण के एक से दो चरणों के क्रमों के द्वारा अंतरिक्ष के आकलन की लागत

कम करनी है। यहाँ तक कि वायु श्वसन उद्दीपन प्रणाली (एयर ब्रीदिंग प्रोपल्शन सिस्टम) में एक वैज्ञानिक सफ़लता अंतरिक्ष परिवहन में एक क्रांति ला सकती है। अग्रवर्ती अंतर अनुशासनिक (एडवांस्ड इंटरस्टेट डिसिप्लिनरी) और अंतर संस्थागत सहयोग (इंटर इंस्टीट्यूशनल कोलोबरेशन) में अनुसंधान के प्रयास में विश्व अंतरिक्ष समुदाय का बहुत कुछ दाँव पर लगा है। अंतरिक्ष की कम लागत के आकलन के लिए तकनीक के शीघ्र प्रदर्शन हेतु एक संयुक्त प्रयास की जरूरत है। अंतरिक्ष समुदाय को एक साथ लाने के लिए इसरो को प्रयास करना चाहिए।

वायु अंतरिक्ष यानों का पुनः उपयोग

पिछले 40 वर्षों से विश्व अंतरिक्ष उद्योग के पास अकल्पनीय विकास और समृद्धि है। भू-स्थैतिक परिक्रमा-पथ करीब-करीब भर चुका है और पृथ्वी के पास के भूमध्यरेखीय परिक्रमा-पथ में विशेष रूप से लघु उपग्रहों के प्रयोग एवं पृथ्वी के नए परिक्रमा-पथ के अध्ययन एवं अनुसंधान की आवश्यकता है। वर्तमान समय में वैश्विक अंतरिक्ष उद्योग की 200 टन के उपग्रहों को प्रतिवर्ष प्रक्षेपित करने की क्षमता है। फिर भी, अनुमान यह है कि इस स्थापित क्षमता के आधे से भी कम खपाने की अनुमानित माँग होगी। अतः इस सीमित बाजार को हथियाने के लिए लागत कम करने की एक तेज लड़ाई जारी है।

हाइपर प्लेन की भारतीय अवधारणा एक पूर्णरूपेण पुनः इस्तेमाल की जानेवाली प्रणाली है तथा रॉकेट के क्षेत्र में 15 प्रतिशत का भार-वहन अंश प्रदान करना एक खोज है, जिसने प्रक्षेपण की लागत को बहुत अधिक कम किया है। अंतरिक्ष में परिमाण के जुड़ने की अवधारणा विश्व भर में सराही गई है और कुछ देशों ने यान पर ही तरल ऑक्सीजन की उत्पत्ति के लिए ऊष्मा परिवर्तन (हीट एक्सचेंजर) पर काम करना शुरू कर दिया है। हमारे देश में एस.एस.टी.ओ. हाइपर सोनिक प्लेन की लागत प्रभावित करने की प्रगति की अति आवश्यकता है।

वायु अंतरिक्ष प्रणाली के अनुप्रयोग : एक संदर्भ

आनेवाले वर्षों में अंतरिक्ष प्रयासों की वृद्धि के साथ पुनः उपयोगी प्रक्षेपण यानों का एक प्रभुत्व होगा। वे अंतरिक्ष में वृहद् ढाँचे के निर्माण में भारी भार यान के परिवहन में उपयुक्त लागत प्रदान करेंगे। भविष्य में विद्युत् ऊर्जा उत्पन्न करने के लिए और ग्रहों की खोज, चंद्रमा व मंगल पर खनन तथा अंतरिक्ष वास के लिए सौर ऊर्जा के उपग्रहों की आवश्यकता होगी।

अंतरिक्ष मिशन 2005-2030

पिछले 25 वर्षों में भारतीय अंतरिक्ष, मिसाइल एवं हवाई यान तकनीकें परिपक्व

हो चुकी हैं और विश्व स्तर की नई प्रणालियों के विकास के लिए यह अब एक जबरदस्त एकीकृत संभाव्यता रखती है। हम जबकि यह रजत जयंती मना रहे हैं, हमें अगले 25 वर्षों के मिशन के लिए आगे देखना चाहिए। अत: मैं निम्नांकित अंतरिक्ष मिशनों का सुझाव देता हूँ—

- चंद्रमा और मंगल पर मानव सहित अंतरिक्ष मिशन व अंतरिक्ष उद्योगों की स्थापना।
- हाइपर सोनिक रीयूजेबल व्हीकल्स (एस.एस.टी.ओ.) का इस्तेमाल करके अंतरिक्ष परिवहन की वास्तविक लागत तय करना।
- ऊर्जा की उत्पत्ति और पीने के पानी के लिए अंतरिक्ष ऊर्जा को काम में लाना।
- अंतरग्रहीय (इंटर प्लेनेटरी) मिशनों के लिए सौर प्रस्थान (सेल) विकसित करना।
- अंतरिक्ष तकनीकों के उपयोग से एकीकृत आपदा प्रबंधन प्रणाली विकसित करना।
- भू-परिक्रमा पथ में उपग्रहों में पुन: ईंधन भरना, मरम्मत और उनका रख-रखाव करना।
- भारतीय मार्गदर्शन उपग्रहों (नेवीगेशनल सैटेलाइट) का संचालन।

भविष्य के अंतरिक्ष मिशनों ने वैज्ञानिक समुदाय और भारत के युवकों के सम्मुख नए अवसर व चुनौतियाँ प्रस्तुत की हैं। इन अवसरों का उपयोग करके राष्ट्र को महान् बनाइए।

□

डॉ. कलाम द्वारा बताए गए अंतरिक्ष मिशन और कार्यक्रम एक बड़े कैनवस पर बनाए हुए चित्र हैं। इसका अर्थ उन मस्तिष्कों को प्रदीप्त करना है, जिनमें साहस की इच्छा है, जैसे—डॉ. विक्रम साराभाई और इसरो के सदस्यों ने सन् 1960 में शुरुआती साहस किया था। यहाँ और भी अन्य विचार हैं, जिनका ऊपर सिर्फ संकेत दिया गया है, व्यक्ति और आगे भी जिनकी कल्पना कर सकता है। भारत एवं कुछ अन्य देश एक नए तरह के अंतरिक्ष स्टेशन का निर्माण करने के लिए हिस्सेदारी कर सकते हैं तथा वर्तमान समय में अलग-अलग उपग्रहों से संपादित की जानेवाली संचालन सुविधाओं को भी वे संयुक्त कर सकते हैं। एक या दो विशेष कार्य को करने के लिए (जैसे जलयान की गति पर नजर रखना) कई लघु उपग्रहों को रखने की भी संभावना है। भारत ग्रहीय प्रणालियों के दुनिया भर के अनुसंधानों का एवं हमारी आकाशगंगा का एक महत्त्वपूर्ण हिस्सा हो सकता है। अंतरिक्ष की संभावना अभी तक खत्म नहीं हुई है। यह एक ऐसा क्षेत्र है, जो तेज मस्तिष्कों को केवल 21वीं सदी के दौरान ही नहीं बल्कि आगे भी निरंतर चुनौती देता रहेगा।

हमने अभी तक अंतरिक्ष के सैन्य इस्तेमाल और अंतरिक्ष में सुरक्षा के प्रश्न तथा अंतरिक्ष मलबे के खतरे आदि के बारे में चर्चा नहीं की है। आपने दो उपग्रहों (एक रूस

तथा दूसरा अमेरिका का) के बारे में पढ़ा होगा कि वे दोनों सन् 2009 में आपस में टकरा गए थे। हम अंतिम अध्याय में सेना के उपयोग व अंतरिक्ष सुरक्षा के बारे में पढ़ेंगे तथा इसे इसरो की वर्तमान सूचना से ली गई भारतीय अनुप्रयोगों की क्षमता के एक सर्वेक्षण के साथ आरंभ करेंगे।

□

विकसित होती अंतरिक्ष तकनीकें

जैसा कि आप उम्मीद करते हैं कि सरकार या निजी संसाधनों द्वारा सभी बड़ी निधि उस अनुप्रयोग के लाभ पर निर्भर करती है, जिसके लिए वह निधि प्रदान की जा रही है। निजी क्षेत्र का उद्देश्य वह प्रत्यक्ष लाभ है, जो उस वर्तमान निवेश पर होने वाला है। सरकार से प्राप्त होनेवाली निधि का उद्देश्य हमेशा तात्कालिक या थोड़े समय के बाद लाभ प्राप्त करने का नहीं होता है। अकसर ही इसका लक्ष्य अर्थव्यवस्था का समग्र विकास तथा नए रोजगार-सृजन या जन-कल्याण जैसे राष्ट्रीय सुरक्षा या राष्ट्रीय प्रतिष्ठा का भी होता है। अन्य उद्योगों व प्रवहमान व्यवसायों के लिए कार्यक्रमों के द्वारा पैदा किए गए लाभों और मुनाफे को ध्यान में रखते हुए इन मौजूद संचालनों से प्राप्त बचत के रूप में भी आर्थिक विकास और रोजगार-सृजन को मापा जा सकता है।

उदाहरणस्वरूप, उपग्रह संचार उस बिंदु की पहुँच को गति प्रदान करते हैं जहाँ हर तरफ बेहतर मुनाफा है। यह उन दूरस्थ क्षेत्रों तक पहुँचने के लायक बनाते हैं, जो कि रोजगार और लाभ के नए रास्ते खोलते हैं तथा जन-कल्याण के घटक भी बनते हैं। उपग्रह संचारों ने कई प्रवहमान उद्योग, जैसे—डायरेक्ट-टू-होम (डी.टी.एच.) टेलीविजन, स्थिति निर्धारण आदि उत्पन्न की हैं तथा नए व्यवसायों व रोजगारों की रचना की है और इस प्रकार नए कर एवं नया आर्थिक वृद्धि को प्राप्त किया है। नागरिक दूर संवेदी अनुप्रयोग लाभ और विकासोन्मुख क्षेत्र का दूसरा उदाहरण है।

भारतीय अंतरिक्ष कार्यक्रम के अर्थशास्त्र का अध्ययन बहुत से अनुसंधानकर्ताओं ने किया है। वाई.एस. राजन, एस. चंद्रशेखर और गोपाल राज इस क्षेत्र में परिमाणात्मक अध्ययन करनेवाले शुरुआती लोगों में से हैं। यदि आप व्यापक रूप में देखें तो लागत से लाभ के अनुपात में अंतरराष्ट्रीय परिप्रेक्ष्य में भारतीय अंतरिक्ष कार्यक्रम बहुत ही आकर्षक हैं। निजी उद्योग, जो कि अपने व्यवसाय के लिए अंतरिक्ष कार्यक्रम से कुछ विशेष अंश प्राप्त करते हैं, वे भी एक अच्छा मुनाफा कमाते हैं। फिर भी, सरकार को नई तकनीकों एवं नए अनुप्रयोगों के प्रदर्शन के लिए इसरो के सहयोग में एक बड़ी हिस्सेदारी निभानी

पड़ती है। अंतरिक्ष कार्यक्रमों से देश की संपूर्ण समृद्धि रचना सरकार के द्वारा करदाताओं से लिए धन को एक निवेश के रूप में न्यायोचित ठहराती है। इस सकारात्मक प्रभाव का एक कारण यह है कि भारतीय अंतरिक्ष कार्यक्रम, परियोजना प्रबंध सिद्धांतों को विशेष महत्त्व देते हुए अति प्रभावशाली ढंग से लागू किया जाता है। वास्तव में, यदि इसरो की कुछ परियोजना प्रबंध प्रक्रियाओं का अन्य सार्वजनिक या निजी क्षेत्र अनुसरण कर लें तो भारत निवेशित निधि से बहुत ही बेहतर लाभ और नियमित मुनाफा प्राप्त करेगा। इसरो का यह 'हलका' सा लाभ अपने आप में इसकी एक बड़ी उपलब्धि है तथा अपने देश के द्वारा अभी तक इसका पूरी तरह से उपयोग नहीं किया गया है।

डॉ. कलाम ने अकसर ही अपने अभिभाषणों में इन गंभीर कार्यक्रम प्रबंधत सिद्धांतों को बताया है, जैसे—कल्पना दृष्टि, मिशन, लक्ष्य, कई स्तरों पर नेतृत्व, असफलताओं को प्रबंधित करने की योग्यता एवं उनसे सीख, सदस्यों को प्रेरित करते रहना और सबसे ऊपर नए विचारों की निरंतर उत्पत्ति, नई परियोजनाएँ, नई क्षमताएँ, बदलती हुई दुनिया को प्रत्युत्तर देने की योग्यता का होना आदि।

इसरो की एक संक्षिप्त रूपरेखा

इसरो उन संगठनों में से एक है, जो सिद्धांततः जनता को व्यापक स्तर पर सूचनाएँ प्रदान करने में विश्वास करता है। सन् 2008 की वार्षिक रिपोर्ट से लिए गए कुछ अंश इसकी तकनीकी क्षमता और अब तक निर्मित इसके ढाँचागत अनुप्रयोग की झलक दिखाते हैं।

इसी वर्ष भारतीय अंतरिक्ष कार्यक्रम कई बड़ी सफलताओं का साक्षी रहा है, जिसमें इसने चंद्रमा के चारों तरफ मानव रहित चंद्रयान-1 को सफलतापूर्वक परिक्रमा-पथ में स्थापित करने की महान् ऊँचाइयाँ भी हासिल की हैं। इसने एकल प्रक्षेपण में ही दस उपग्रह प्रक्षेपित करते हुए देश में ही विकसित क्रायोजेनिक इंजन के स्वीकृत परीक्षण का भी सफलतापूर्वक संचालन किया तथा एक अंतरराष्ट्रीय ग्राहक के लिए भी एक व्यावसायिक उपग्रह प्रक्षेपित किया। 14 नवंबर, 2008 को 20.31 बजे भारत ने अपने अंतरिक्ष प्रयासों में चंद्रमा पर भारतीय तिरंगा फहराकर एक असाधारण कार्य संपादित किया, जब चंद्रयान-1 के कई भार वाहनों (पेलोड) में से एक मून इंपैक्ट प्रोब (एम.आई.पी.) ने चंद्रमा की सतह को जब छुआ तब यह उन देशों के समूह में शामिल हो गया जिन्होंने अपने उपग्रह चंद्रमा पर स्थापित कर दिए हैं।

पी.एस.एल.वी.-सी९/सी.ए.आर.टी.ओ.एस.ए.टी.-२ए/आई. एम. एम.-1 मिशन

28 अप्रैल, 2008 को इसरो ने दस उपग्रहों को स्थापित करते हुए ध्रुवीय उपग्रह

प्रक्षेपण यान (पी.एस.एल.वी.-सी 9) के सफल प्रक्षेपण यानी सी.ए.आर.टी.ओ.एस.ए.टी.-2ए, भारतीय लघु उपग्रह (आई.एम.एस.-1) और आठ नैनो उपग्रहों को बाहर से परिक्रमा-पथ में स्थापित करके एक नया कीर्तिमान रच दिया।

अब तक के एक के बाद एक तेरह सफल प्रक्षेपणों के साथ ध्रुवीय उपग्रह प्रक्षेपण यान ने स्वयं को एक विश्व स्तरीय एवं बहुमुखी यांत्रिक प्रक्षेपण यान के रूप में सिद्ध किया है। इसने विविध उपग्रह प्रक्षेपण क्षमताओं का प्रदर्शन किया है, जिसमें चौदह भारतीय भार यान (पेलोड), चंद्रयान-1 और दूरस्थ संवेदी, अव्यावसायिक रेडियो संचार व स्पेस कैप्सूल रिकवरी एक्सपेरीमेंट (एस.आर.ई.-1) भी शामिल हैं। इनके अतिरिक्त 16 उपग्रह अंतरराष्ट्रीय ग्राहकों के लिए भी प्रक्षेपित किए गए हैं। पी.एस.एल.वी. इसरो के विशेष मौसम वैज्ञानिक उपग्रह कल्पना-1 से भू-समक्रमिक स्थानांतरण परिक्रमा-पथ (जी.टी.ओ.) में सितंबर 2002 को प्रक्षेपित किया जाना था और इस प्रकार इसने अपनी बहु-विविधता सिद्ध कर दी है।

28 अप्रैल, 2008 को प्रक्षेपित सी.ए.आर.टी.ओ.एस.ए.टी.-2ए एक मीटर के आकाशीय समाधान के एवं 9.6 कि.मी. स्वाप के साथ 690 कि.ग्रा. का एक आधुनिक दूरस्थ संवेदी उपग्रह है। उपग्रह में एक सर्ववर्णिक (पैंक्रोमेटिक) कैमरा (पी.ए.एस.) लगा रहता है, जो कि विद्युत् चुंबकीय प्रतिबिंब (इलेक्ट्रोमैग्नेटिक स्पेक्ट्रम) के दृश्य क्षेत्र में श्वेत-श्याम छायाचित्र लेने की क्षमता रखता है। अति कुशल सी.ए.आर.टी.ओ.एस.ए.टी.-2ए किसी भी क्षेत्र की अधिक बारंबारता से छाया चित्र लेने की सुविधा प्रदान करने के लिए अपनी गति की दिशा के साथ-साथ परिचालनीय भी होता है। सी.ए.आर.टी.ओ.ए.एस.ए.टी.-2ए के भेजे उच्च स्तरीय आँकड़े शहरी व ग्रामीण क्षेत्रों के विकास के अनुप्रयोगों जैसे बड़े स्तर के मानचित्र बनाने में अति उपयोगी हैं। सी.ए.आर.टी.ओ.एस.ए.टी.-2ए में लगे पी.ए.एन. कैमरे ने भारत व विश्व के अन्य हिस्सों के उच्च स्तरीय छाया चित्रों की रश्मिमाला (बीमिंग) भेजनी शुरू कर दी है।

एक सहायक भारवाहन (पे लोड) के रूप में पी.एस.एल.वी.-सी 9 द्वारा प्रक्षेपित भारतीय लघु उपग्रह (आई.एम.एस.-1) दूरस्थ संवेदी अनुप्रयोगों के लिए इसरो द्वारा विकसित किए गए हैं। ऊपर उठते समय 83 कि.ग्रा. वजनवाले आई.एम.एस.-1 में बहुत सी नई तकनीकें समाविष्ट हैं तथा यह उप-प्रणालियों का लघुकरण भी कर चुका है। आई.एम.एस.-1 दो दूरस्थ संवेदी पे लोड अपने साथ ले जाता है। पहला बहुप्रकाशीय कैमरा (एम.एक्स. पेलोड) और दूसरा एक हाइपर प्रकाशीय कैमरा (एच.वाई.एस.आई. पेलोड)। ये दृश्य और विद्युत् चुंबकीय प्रतिबिंबों के इन्फ्रारेड क्षेत्रों में संचालित होते हैं। इस मिशन से प्राप्त आँकड़े, आकृष्ट अंतरिक्ष एजेंसियों और विकसित देशों के विद्यार्थी समुदाय के उपग्रह आँकड़े के प्रयोग में क्षमता वृद्धि के लिए आवश्यक प्रोत्साहन के

लिए प्रदान किए जाते हैं। बहुमुखी आई.एम.एस.-1 पर लगे कैमरे अच्छी गुणवत्ता के प्रतिबिंब प्रदान करते हैं।

इंडियन नेशनल सैटेलाइट (आई.एन.एस.ए.टी.) प्रणाली

सन् 1975-76 के दौरान अमेरिका के उपग्रह ए.टी.एस.-6 का प्रयोग करते हुए सैटेलाइट इंस्ट्रक्शनल टेलीविजन एक्सपेरीमेंट (एस.आई.टी.ई.) के द्वारा स्वदेशी संचार उपग्रह स्थापित हुआ। सन् 1978-79 में फ्रैंको जर्मन सैटेलाइट सिंफोनी के इस्तेमाल से सैटेलाइट टेलीकम्युनिकेशन एक्सपेरीमेंटल प्रोजेक्ट (एस.टी.ई.पी.) और एक्सपेरीमेंटल कम्युनिकेशन सैटेलाइट (ए.पी.पी.एल.ई.) के निर्माण और उपयोग से इंडियन नेशनल सैटेलाइट (आई.एन.एस.ए.टी.-1) प्रणाली सन् 1983 में संचालित की गई। बाहरी देश से प्राप्त इनसेट-1 उपग्रह कई उद्देश्योंवाले उपग्रह थे। इन्होंने दूरसंचार, दूरदर्शन प्रसारण और मौसम विज्ञान सेवाएँ प्रदान की थीं। इनसेट-2,3,4 और जी.एस.ए.टी. उपग्रहों की रूपरेखा अधिक शक्ति, अधिक वजन और बहुत सी सेवाएँ प्रदान करने की क्षमता के साथ भारत में ही बनी तथा ये भारत में ही बनाए और संचालित किए गए। आज भारत एशिया पेसिफिक क्षेत्र में वृहद् घरेलू उपग्रह संचार प्रणालियों में से एक है तथा परिक्रमा-पथ में ग्यारह संचालित उपग्रहों एवं 210 से अधिक ट्रांसपॉण्डरों के साथ देश को विशिष्ट सेवाएँ प्रदान कर रहा है।

इनसेट प्रणाली से प्राप्त मौसम विज्ञान के आँकड़ों का प्रयोग आनेवाले तूफानों से आसन्न खतरों के खिलाफ चेतावनी के शीघ्र प्रसारण के लिए किया जाता है; विशेष रूप से बनाए गए ग्राही (रिसीवर) देश के संवेदनशील तटीय क्षेत्रों में लगाए गए हैं, जहाँ इनसेट ब्रॉडकास्ट क्षमता का इस्तेमाल कर रहे अधिकारियों एवं जनता के लिए चेतावनी का सीधा प्रसारण हो सके।

शिक्षा सेवाएँ प्रदान करने के लिए समर्पित उपग्रह ई.डी.यू.एस.ए.टी. सितंबर 2004 में प्रक्षेपित किया गया। ई.डी.यू.एस.ए.टी. एक बड़े क्षेत्र में शिक्षा प्रसारण पद्धति प्रदान कर रहा है जैसे एकतरफा दूरदर्शन प्रसारण, दूरदर्शन द्वारा पारस्परिक क्रिया, वीडियो कॉन्फ्रेंसिंग, कंप्यूटर कॉन्फ्रेंसिंग, वेब आधारित निर्देश आदि। सारे देश के 23 राज्यों में स्थापित करीब 34,000 कक्षाएँ ई.डी.यू.एस.ए.टी. का इस्तेमाल कर रही हैं। ये नेटवर्क संबंध विभिन्न स्कूलों, कॉलेजों, प्रशिक्षण संस्थाओं और अन्य विभागों में स्थापित किए गए हैं।

सामाजिक लाभ के लिए अंतरिक्ष तकनीक के इस्तेमाल में दूरस्थ चिकित्सा भी एक महत्त्वपूर्ण प्रयास है। इसने देश के दूर-दराज के इलाकों में भी लोगों को बेहतर विशेषज्ञ चिकित्सा सेवाएँ प्रदान की हैं। वर्तमान समय में इसरो के दूरस्थ चिकित्सा नेटवर्क 330 से अधिक हैं, जिनमें से 45 अति विशिष्ट अस्पताल तथा 10 चलित

इकाइयाँ भी हैं। अब तक 3,00,000 मरीजों से अधिक वार्षिक रूप से दूरस्थ चिकित्सा प्रणाली से लाभान्वित हो चुके हैं। दूरस्थ चिकित्सा लाभ को देश के सभी हिस्सों में फैलाने की योजनाएँ चल रही हैं।

भारतीय दूरस्थ संवेदी (आई.आर.एस.) उपग्रह प्रणाली

प्रायोगिक दूरस्थ संवेदी उपग्रह भास्कर-1 और भास्कर-2 की रूपरेखा एवं विकास के साथ ही वर्ष 1970 के मध्य में पृथ्वी के अवलोकन के लिए दूरस्थ संवेदी उपग्रहों के प्रयोग आरंभ किया गया था। आई.आर.एस.-आई.डी., ओशनसेट-1, टेक्नोलॉजी एक्सपेरीमेंट सैटेलाइट (टी.ई.एस.), रिसोर्स सेट-1, सी.ए.आर.टी.ओ.एस.ए.टी.-1, सी.ए. आर.टी.ओ.एस.ए.टी.-2, सी.ए.आर.टी.ओ.एस.ए.टी.-2ए इन सातों उपग्रहों के साथ भारतीय दूरस्थ संवेदी उपग्रह प्रणाली आज विश्व का सबसे बड़ा नागरिक दूरस्थ संवेदी उपग्रह समूह है तथा एक मीटर से भी अच्छे आकाशीय रिजोल्यूशन के विभिन्न छायाचित्र प्रदान करता है। (सी.ए.आर.टी.ओ.एस.ए.टी.-2 और 2ए से 188 मीटर आई.आर.एस.-1डी.) आगे आनेवाले उपग्रह जिनमें ओशन सेट-2, रिसोर्स सेट-2 शामिल है और एक नया रडार इमेजिंग सैटेलाइट व आर.आई.एस.ए.टी. भी लगा है, जो कि बादल वाली स्थितियों के छाया चित्रों की वर्तमान सीमाओं पर विजय प्राप्त कर लेंगे।

आई.आर.एस. उपग्रहों से प्राप्त आँकड़ों का उपयोग कई रूपों के कार्यक्रमों, जैसे—भूमिगत जल संभावनाओं के मानचित्र बनाने, फसल क्षेत्रफल व उत्पादन आकलन, संभावित मत्स्य क्षेत्र की भविष्यवाणी, भू-दृश्य स्तर के जैव-विविधता के लक्षणों का पता लगाने हेतु होता है तथा देश के चार मुख्य प्रचुर जैव विविधता वाले क्षेत्रों, जैसे—उत्तर-पूर्व, पश्चिमी हिमालय, पश्चिमी घाट और अंडमान निकोबार द्वीप समूह के अवलोकन के लिए संचालित किए जाते हैं।

ग्रामीण जनता को अंतरिक्ष आधारित सेवाओं की प्राप्ति हेतु ग्रामीण संसाधन केंद्र (वी.आर.सी.) सन् 2004 में आरंभ किए गए हैं। वी.आर.सी. अंतरिक्ष पर आधारित कई तरह के उत्पाद और सेवाएँ प्रदान करती है, जैसे—दूरस्थ शिक्षा, दूरस्थ चिकित्सा एवं प्राकृतिक संसाधनों की सूचनाएँ आदि। अब तक करीब 400 वी.आर.सी. स्वयंसेवी संस्थाओं, ट्रस्ट, संस्थानों और सरकारी एजेंसियों द्वारा स्थापित किए जा चुके हैं।

उपग्रह प्रक्षेपण यान

सन् 1960 में हुए साधारण प्रभावशाली लगनेवाले रॉकेटों के प्रक्षेपण से भारत ध्रुवीय उपग्रह प्रक्षेपण यान (पी.एस.एल.वी.) और भू-समक्रमिक संचार उपग्रह यान के उपयोग से अब दूरस्थ संवेदी उपग्रहों के प्रक्षेपण की क्षमता भी प्राप्त कर चुका है। पी.एस.एल.वी. 1.5 टन के उपग्रह को सूर्य-समक्रमिक परिक्रमा-पथ में स्थापित करने

की क्षमता रखता है। भू-समक्रमिक उपग्रह प्रक्षेपण यान (जी.एस.एल.वी.) 2 से 2.5 टन के उपग्रह को भू-स्थैतिक स्थानांतरण परिक्रमा-पथ (जी.टी.ओ.) में प्रक्षेपित कर सकता है। जी.एस.एल.वी. के पाँच मिशनों में से चार उड़ानें सफल रही हैं, जिनमें से आखिरी 2 सितंबर, 2007 को जी.एस.एल.वी.-एफ.4/इनसेट-4सी.आर. मिशन था। वर्तमान समय में इस्तेमाल रूसी क्रायोजेनिक के स्थान पर देश में ही विकसित क्रायोजेनिक इंजन सफलतापूर्वक कार्यान्वित हो गया। 18 सितंबर, 2008 को क्रायोजेनिक इंजन की उड़ान स्वीकृति का परीक्षण सफलतापूर्वक संपन्न हो गया।

जी.एस.एल.वी.-एम.के.-3 जो कि अभी विकास की प्रक्रिया में है, वह 4 टन वजन के उपग्रह को जी.टी.ओ. में प्रक्षेपित कर देगा। अंतरिक्ष परिवहन प्रणालियों में पुनः ठीक हो जाना एवं पुनः उपयोग के साथ बहुत सी विकासात्मक प्रक्रिया प्रगति में है, जिनका उद्देश्य अंतरिक्ष आकलन की लागत को कम करना है।

व्यावसायिक सफलताएँ

अंतरिक्ष विभाग का एक व्यावसायिक अंग एंट्रिक्स भारतीय अंतरिक्ष क्षमताओं की मार्केटिंग के लिए एक एकल खिड़की है। यह जी.ओ.आई., यू.एस.ए. के द्वारा दुनिया भर में उपलब्ध आई.आर.एस. आँकड़ों में मुख्य भूमिका अदा करती है। एंट्रिक्स आई.आर.एस. आँकड़े प्रोसेसिंग के उपकरण भी प्रदान करता है। भारत पी.एस.एल.वी. के प्रयोग से एंट्रिक्स प्रक्षेपण सेवाएँ प्रदान करता है। पी.एस.एल.वी. द्वारा कई अंतरराष्ट्रीय ग्राहकों के लिए अब तक सोलह उपग्रह सफलतापूर्वक प्रक्षेपित किए जा चुके हैं। भारतीय भूमि के केंद्रों से एंट्रिक्स के द्वारा बहुत से उपग्रह संचालकों के दूरस्थ मापन खोज निकालने और नियंत्रण सहयोग की सेवाएँ प्रदान की गई हैं। इसी प्रकार इनसेट प्रणाली से ट्रांसपॉण्डर की लीज भी संभव की गई है। इसी संबंध में ग्यारह ट्रांसपॉण्डर पहले से ही इनटेल सेट को लीज पर दिए जा चुके हैं। ग्राहकों के लिए अंतरिक्ष यान के अवयव एंट्रिक्स द्वारा प्रस्तावित किए जाते हैं, जिनमें विश्व के प्रमुख अंतरिक्ष यान निर्माता शामिल हैं। इसरो/ एंट्रिक्स द्वारा निर्मित डब्ल्यू. 2एम. उपग्रह का ई.ए.डी.एस. ऑस्ट्रियन, पेरिस के साथ एक समझौता हुआ है तथा यह 20 सितंबर, 2008 को प्रक्षेपित हुआ। इसके अतिरिक्त एंट्रिक्स ने अति प्रतिस्पर्धात्मक अंतरराष्ट्रीय प्रक्षेपण सेवा बाजार में प्रक्षेपण सेवाओं के लिए यूरोप और एशिया से अनुबंध हासिल किए हैं। कम लागत के कसे हुए मापदंडवाले एवं कठोर स्वचलित मौसम केंद्र (ए.डब्ल्यू.एस.) के सफल विकास के बाद यह तकनीक उद्योगों को नियमित उत्पादन के लिए अधिकृत की जा रही है। इस प्रकार अंतरिक्ष यान एवं प्रक्षेपण यान की स्वदेशी तकनीकों के सफल विकास के साथ-साथ भारत अपनी राष्ट्रीय अर्थव्यवस्था के लाभ के लिए उपग्रह तकनीक के अनुप्रयोग में सफल हो रहा है। इसी के साथ, भारत अंतरराष्ट्रीय समुदाय के साथ

अंतरिक्ष आधारित सूचनाओं का हिस्सेदार बन रहा है तथा व्यावसायिक अंतरिक्ष सेवाओं को विश्व में प्रदान कर रहा है।

सैन्य अनुप्रयोग

इसरो कार्यक्रमों की तकनीकी क्षमताओं में सेना के बहुत से उपयोग की क्षमताएँ भी समाहित हैं। सैन्य, आत्मरक्षा और सुरक्षा के दृष्टिकोण से कोई भी निवेश पर वापसी का हिसाब नहीं कर सकता है। किसी भी देश के लिए यह अति आवश्यक है, परंतु नीति-निर्धारक और जानकार रक्षा या सेना परियोजना को धन प्रदान करने से पहले अन्य तरीके का ही हिसाब रखते हैं। किसी काम को करने का जो अति लागत प्रभावी तरीका है, इसे इसी दृढ़ता के साथ इसकी अंतिम आवश्यकता और उपलब्ध विकल्प प्रदान करते हुए करना होगा।

अंतरिक्ष के सैन्य अनुप्रयोग इसी तरह से चलने चाहिए। सन् 1970 से ही भारतीय रक्षा बलों के लिए अंतरिक्ष तकनीकों के उपयोग पर चर्चाएँ और अध्ययन चलते आ रहे हैं। हालाँकि इसरो के अंतरिक्ष कार्यक्रम नागरिक अनुप्रयोगों और अंतरिक्ष विज्ञान के अध्ययन के साथ भली प्रकार समन्वित हैं, फिर भी इसरो के इंजीनियर अंतरिक्ष के सैन्य अनुप्रयोगों में पूरी तरह से सजग हैं। वे सिर्फ मिसाइल ही नहीं बल्कि उपग्रह संचार, दूरस्थ संवेदी (खोज) एवं मौसम विज्ञान, स्थिति की जानकारी, मानचित्र बनाने आदि में सहायक हैं। इसरो के बहुत से प्रक्षेपण यान, उपग्रह व जमीनी प्रणालियाँ इनमें तकनीकों के तत्त्व व प्रणालियाँ समाहित रखती हैं, जो आसानी से सेना के उपयोग में परिवर्तित की जा सकती हैं।

इसीलिए दुनिया भर में अधिकतर अंतरिक्ष तकनीकें तकनीकों के दोहरे क्षेत्र यह दोनों नागरिक और मिलिट्री उपयोग में आती हैं तथा वे सामान्यतया विकासशील देशों और विकसित देशों के बीच हिस्सेदारी नहीं बनाती हैं। भारत को भी बहुत सी विशेष तकनीकों के लिए मना किया जा चुका था, परंतु एक बार जब भारतीय इंजीनियरों ने अपनी क्षमता सिद्ध कर दी तब आयात उदार बन गया।

आइए, भारत में अंतरिक्ष के सैन्य अनुप्रयोगों पर एक दृष्टि डालें।

प्रक्षेपास्त्र (मिसाइल) बल

जब व्यक्ति सैन्य अनुप्रयोगों के साथ अंतरिक्ष के बारे में सोचता है तब पहली चीज, जो उसके मस्तिष्क में आती है वह है मिसाइल। हमें मिसाइल क्यों विकसित करनी चाहिए? सेना की रणनीति में एफ-16 या सुखोई सुपर एयर क्राफ्ट प्रदान करने में अपनी एक पृथक् भूमिका रखते हैं, फिर भी बहुत सी परिस्थितियों में सीमित लक्ष्यों के लिए मानव रहित अति गतिशील विस्फोटक ले जाने की आवश्यकता होती है। यही

वह जगह है, जहाँ पर मिसाइल आदर्श बन जाता है। कम दूरी या बहुत अधिक दूरी (2,000 कि.मी. या और भी अधिक) के लिए अति सटीकता के साथ निर्देशित मिसाइल का इस्तेमाल किया जा सकता है।

नाभिकीय विस्फोटक के साथ मिसाइल की उपलब्धता एक आवश्यकता बन चुकी है। यह सच है कि युद्ध के क्षेत्र में नाभिकीय हथियारों का प्रयोग सिर्फ भय दिखाने भर के लिए है, परंतु इस भय के लिए भी पूरी तरह से तैयार तथा तुरंत छोड़े जाने की स्थिति में और संचालन प्रक्रिया के लिए तैयार रहना चाहिए। इसी क्षमता के लिए मिसाइल है।

जब डॉ. कलाम इसरो छोड़ने के बाद रक्षा अनुसंधान एवं विकास संगठन (डी.आर.डी.ओ.) में आए तब सन् 1982 में भारत ने एकीकृत निर्देशित मिसाइल विकास कार्यक्रम व्यापक स्तर पर शुरू किया। उनका इसरो का अनुभव और बहुत से उद्योग एवं संस्थानों में एस.एल.वी.-3 परियोजना के कार्यान्वयन में बनी उनकी क्षमताएँ डी.आर.डी.ओ. के मिसाइल विकास कार्यक्रम के लिए एक बड़ी उपयोगी क्षमता थी। डॉ. कलाम के आने से पूर्व डी.आर.डी.ओ. के वैज्ञानिकों एवं इंजीनियरों ने मिसाइल निर्माण की कई क्षमताओं को भी विकसित कर लिया था। डी.आर.डी.ओ. द्वारा विकसित जमीन से जमीन पर मार करनेवाली मिसाइल 'पृथ्वी', जो कि अब भारतीय सेना द्वारा बड़े स्तर पर इस्तेमाल की जा चुकी है। इंटरकॉण्टीनेंटल बैलिस्टिक मिसाइल (आई.सी.बी.एम.) 'अग्नि', जो कि परमाणु हथियार ले जानेवाली एक लंबी दूरीवाली मिसाइल है और जो अधिकृत भी की जा चुकी है। अन्य मिसाइलें संपादन परीक्षण के अंतर्गत हैं। इनके साथ ही भारतीय रक्षा बल विशेष आवश्यकताओं के लिए चुनिंदा विदेशी मिसाइलें भी रखता है।

सुपर सोनिक क्रूज मिसाइल, 'ब्रह्मोस' हमारे शस्त्रागार का नवीन संकलन है। 'ब्रह्मोस' भारत और रूस के संयुक्त उपक्रम से बना है तथा इसका नाम दो नदियों 'ब्रह्मपुत्र' और 'मोस्कवा' के जोड़ से निकला है। अपनी क्षमता में यह विश्व स्तर पर कई मामलों में प्रथम है। यह जलयान, पनडुब्बी और युद्धक विमानों में भी लगाई जा सकती है। यह ध्वनि से भी तेज चल सकती है तथा अपनी पहचान को बचाते हुए समतापीय मंडल के ऊपर आसानी से गतिमान रह सकती है। सटीकता के मामले में यह लक्ष्य की गई किसी विशेष इमारत को भी लक्ष्य बना सकती है। इस अचूक निशाने के लिए निरंतर निर्देश या नियंत्रण की आवश्यकता नहीं है, बल्कि प्रक्षेपण के समय पहले से ही प्रोग्रामिंग कर दी जाती है। यह 'ब्रह्मोस' के निर्देशन और जहाजी नियंत्रण के निर्माण में बुद्धिमत्ता की पराकाष्ठा है।

डॉ. कलाम ने 'ब्रह्मोस' के बारे में अपने विचार इस प्रकार व्यक्त किए हैं—

दो राष्ट्रों की योग्यता के मर्म का संयोजन

एक संयुक्त उपक्रम के द्वारा दो राष्ट्रों का अपनी योग्यताओं के मर्म का प्रयोग करते हुए एक जटिल प्रप्रणाली के विकास के अपने अनुभव को मुझे आपके साथ बाँटने दीजिए। दो राष्ट्रों के तकनीकी और प्रबंधकीय सहयोग और प्रत्येक के द्वारा किया गया 20 करोड़ डॉलर के निवेश ने पाँच वर्षों के भीतर ही प्रथम सुपरसोनिक क्रूज मिसाइल की उपलब्धि प्राप्त की, जिसे 'ब्रह्मोस' कहा गया। इस संयुक्त उपक्रम की नींव का आधार संयुक्त रूपरेखा, विकास, उत्पादन और विपणन था। इस दशक की तकनीकी उपलब्धियों में से एक महत्त्वपूर्ण उपलब्धि भारत-रूस संयुक्त उपक्रम के द्वारा 'ब्रह्मोस' की रूपरेखा, विकास और उत्पादन है।

'ब्रह्मोस' दुनिया की पहली सुपरसोनिक संचालित क्रूज मिसाइल है, जो कई तरह के प्लेटफॉर्मों, जैसे—पानी के जहाज, पनडुब्बी, सड़क के यानों, साईलो (वह स्थान, जहाँ नाभिकीय अस्त्र या विस्फोटक रखे जाते हैं) और हवाई जहाज में परिवर्तन करके प्रक्षेपित किए जा सकते हैं। यह तकनीकी खोज क्रूज मिसाइल के क्षेत्र में एक नई परिपाटी है। मिसाइल की यह मजबूत संरचना, विस्तृत जमीनी परीक्षण एवं अनुरूपण ने संयुक्त उपक्रम कंपनी द्वारा सेना के लिए किए गए सभी उड़ान परीक्षणों में शत प्रतिशत सफलता की दर प्राप्त की है। 'ब्रह्मोस' मिसाइल की सफल संरचना, विकास, उत्पादन एवं विपणन ने भारत और अन्य देशों के बीच कई अरब डॉलर के व्यवसाय के लिए तकनीकी सहयोग का एक नया मार्ग खोल दिया है।

□

मिसाइल कैसे काम करता है?

मिसाइल मूलतः एक रॉकेट होता है। यह भौतिकी और अभियांत्रिकी की स्थितियों के उन्हीं सिद्धांतों का अनुसरण करता है, जिनकी चर्चा हम प्रक्षेपण यानों में कर चुके हैं। यह पिच, रोल, यॉ और स्थिति जाँचने के नियंत्रण के लिए उसी तरह की नियंत्रण प्रणाली रखता है, परंतु एक मिसाइल करीब ऊर्ध्वाधर स्थिति में ऊपर जाता है और बहुत तेजी से क्षोभमंडल को पार कर जाता है। इसकी दिशा ऊपर से थोड़ी झुकी हुई रहती है, ताकि यह अंतरिक्ष में थोड़ी परवलयिक (पैराबोलिक) मार्ग का अनुसरण कर सके और प्रक्षेपण के स्थान से एक लंबी दूरी तय कर सके।

मिसाइल मिशन की तकनीकी जटिलता और उपग्रह प्रक्षेपण मिशन से इसका मुख्य अंतर यह है कि मिसाइल को नियत लक्ष्य पर प्रहार करने के लिए पृथ्वी पर वापस आना पड़ता है। जब यह पृथ्वी की तरफ वापस आता है तब इसे बहुत ही तेज गति के साथ सघन वायुमंडल में चलना पड़ता है। इसे बिना जले हुए परिणामी घर्षण को सहना पड़ता

है, जैसे उपग्रह प्रक्षेपण यान के खर्च हो चुके अंश या उल्कापिंड। इसे साबुत बने रहना और पेलोड को बचाए रखना पड़ता है, जो कि एक विस्फोटक नाभिकीय बम या अन्य उच्च शक्ति के बम भी हो सकते हैं। इसे बिलकुल ठीक-ठीक जमीन पर अपने निर्धारित लक्ष्य पर विस्फोटक के साथ पहुँचना होता है। इसीलिए उपग्रह प्रक्षेपण यानों के विकास से मिसाइल तकनीक बनाना अधिक कठिन है।

मिसाइल मिशन के अंतिम लक्ष्य की स्थिति बहुत ही कठिन होती है। मिसाइल को उस क्षेत्र का ठीक-ठीक नक्शा रखना पड़ता है और सही लक्ष्य पर प्रहार करना पड़ता है। 'ब्रह्मोस' जैसी परिष्कृत मिसाइल दुश्मनों के द्वारा पता लगाए जाने से बचने के लिए टर्मिनल स्थिति पर काफी युक्ति-प्रबंधवाली क्षमता रखती है।*

दूसरी तरफ पूर्णरूपेण एक अलग तरह की तकनीक, जिसमें पुनः प्रवेश की आवश्यकता है यह सिवाय अंतरिक्ष यानों के नागरिक एस.एल.वी. कार्यक्रमों में इस्तेमाल नहीं की गई है, इसमें पुनः उपयोग के लिए इसे मानव यात्रियों के साथ धरती पर वापस लाया जाता है। घर्षण से उत्पन्न ऊष्मा की मात्रा बहुत ही अधिक होती है। यदि हम अपने हाथों को आपस में काफी देर तक रगड़ें तब इसमें छाले भी पड़ सकते हैं। आप उस ऊष्मा की उत्पत्ति का अंदाज लगा सकते हैं, जो वायुमंडल में प्रवेश करने वाली उस तेज गति की चीज से उत्पन्न होती है।

एक मिसाइल के पुनः प्रवेश के घर्षण से पैदा होनेवाली ऊष्मा को कम करने के लिए क्या किया जाता है? जब आप एक रॉकेट या मिसाइल को देखते हैं तब आप देखेंगे कि उसका ऊपरी हिस्सा शंकु की तरह या कुछ नुकीला या गोल होता है। इसे 'नोजकोन' कहते हैं। इसके दो कार्य होते हैं—पहला, तरल गतिकी के सिद्धांतों के अनुसार कम-से-कम अवरोध पर वायुमंडल का भेदन करना तथा दूसरा, वायुमंडल के तेज घर्षण से रॉकेट द्वारा ले जा रहे पेलोड को सुरक्षित रखना।

एक कुशल रॉकेट में जब रॉकेट बाह्य अंतरिक्ष में होता है तब नोजकोन खुलता है और वैज्ञानिक उपकरणों को उनके प्रयोग करने देता है। चंद्रयान-1 जैसे उपग्रह मिशन में उपग्रह को परिक्रमा-पथ में स्थापित करने से पहले नोजकोन खुल जाता है और इस प्रकार उपग्रह को सघन वायुमंडल के रूखे मार्ग से सुरक्षित करता है।

मिसाइल में पेलोड (विस्फोटक) को दोनों ही समय—एक तो जब वह वायुमंडल से होकर ऊपर जा रहा हो और दूसरा पुनः प्रवेश के समय—पेलोड बहुत गरम हो सकता है, क्योंकि मिसाइल तब तक काफी तेज गति प्राप्त कर चुका होता है। यदि मिसाइल में धातु या फाइबर ग्लास का इस्तेमाल किया जाए, जैसा कि अनुनादी रॉकेटों और

* युद्ध क्षेत्र में मिसाइल के प्रभावकारी होने के लिए यह तकनीकी महत्त्वपूर्ण है।

उपग्रह प्रक्षेपण मिशन में होता है तब वे जल सकते हैं या बहुत गरम होकर, पिघलकर विस्फोटक के अंदर फट सकते हैं।

इस प्रकार मिसाइल तकनीकें प्रकृति के नियम का प्रयोग करते हुए चतुराई का आश्रय लेती हैं। नोजकोन की सतह और उसका ऊपरी भाग कार्बन से निर्मित होता है। यह एक ऐसा तत्त्व है, जो गरमी से आसानी से जल जाता है। इसमें चतुराई यह है कि कार्बन अपने विशुद्ध रूप में नहीं इस्तेमाल होता है। यौगिक तत्त्वों की तकनीक से कार्बन के कई छोटे-छोटे धागे अति कसाव के साथ आपस में बुन दिए जाते हैं (कार्बन-कार्बन यौगिक) और नुकीला ऊपरी भाग, जो कि भेदन का जलना सहता है वह कार्बन-कार्बन ब्लॉक से बना दिया जाता है। ऐसे तत्त्व ऊष्मा को संचालित नहीं करते हैं। इसीलिए नोजकोन का ऊपरी हिस्सा ऊष्मा को समाहित कर लेता है और बहुत गरम होकर सतह पर जलने लगता है। ऊपरी सतह को 4,000-4,500 डिग्री के (-273 डिग्री सें.) तापमान का सामना करना पड़ता है। अंदरवाला भाग ठंडा रहता है। नोजकोन के ऊपरी हिस्से पर तत्त्व काफी मात्रा में रहते हैं और बचे हुए नोजकोन को, जिसे वायुमंडलीय घर्षण उनसे होकर जला नहीं पाता है तब तक मिसाइल अपने लक्ष्य तक पहुँच जाती है।

11 मई, 2007 को नई दिल्ली में तकनीकी दिवस पुरस्कार समारोह में डॉ. कलाम ने अपने अभिभाषण में पुनः प्रवेश तकनीक के बारे में अपने विचार व्यक्त किए।

□

10 जनवरी, 2007 को सतीश धवन अंतरिक्ष केंद्र, एस.एच.ए.आर., श्रीहरिकोटा से पी.एस.एल.वी.-सी 7 उड़ान एवं चार उपग्रहों को सफलतापूर्वक स्थापित होने का देश साक्षी बना। ये भारतीय उपग्रह-सी.ए.आर.टी.ओ.एस.ए.टी.-2 और स्पेस कैप्सूल रिकवरी एक्सपेरीमेंट (एस.आर.ई.-1), इंडोनेशियाई एल.ए.पी.ए.एन.-टी.यू.बी.एस.ए.टी. और अर्जेंटीना के पी.ई.एच.यू.ई.एन.एस.ए.टी.-1 थे, जो कि 635 कि.मी. ध्रुवीय परिक्रमा-पथ में स्थापित किए गए।

स्पेस कैप्सूल रिकवरी एक्सपेरीमेंट (एस.आर.ई.-1) की पुनः प्राप्ति (रिकवरी) तकनीकी रूप से एक बड़ा असाधारण कार्य है।

22 जनवरी, 2007 को पृथ्वी के वायुमंडल में एस.आर.ई.-1 के पुनः प्रवेश के लिए युक्ति प्रबंध के उपरांत इसकी सफलतापूर्वक पुनः प्राप्ति हुई तथा यह श्रीहरिकोटा से 140 कि.मी. पूर्व में बंगाल की खाड़ी में उतर गया। इसरो के स्पेसक्राफ्ट कंट्रोल सेंटर (एस.सी.सी.) बंगलुरु के द्वारा विशेष युक्ति प्रबंध संपादित किया गया तथा इसे भारत के जमीनी और बाहरी देशों के केंद्रों से सहयोग प्राप्त हुआ।

22 जनवरी को एस.आर.ई.-1 कैप्सूल के प्रचालन को कम करने के लिए भारतीय मानक समय 08.42 बजे प्रातः इसका पुनः स्थिति-निर्धारण हुआ। कैप्सूल ने अपना

पुनः प्रवेश 100 कि.मी. की ऊँचाई पर 8 कि.मी./से. (29,000 कि.मी. प्रति घंटे) की गति के साथ किया। अपने पुनः प्रवेश के दौरान अति ऊष्मा से इसकी सुरक्षा इसकी बाहरी सतह पर लगे कार्बन फेनोलिक एब्लेटिव तत्त्व एवं सिलिका टाइल्स से की गई थी। एस.आर.ई.-1 प्रातः 09.46 बजे 12मी./से. (करीब 43 कि. मी./घंटे) की गति से बंगाल की खाड़ी में जा गिरा। कैप्सूल को ऊपर उतराने के लिए उतरानेवाली प्रक्रिया तुरंत संचालित कर दी गई थी। पुनः प्राप्ति की प्रक्रिया भारतीय तट रक्षक और भारतीय नेवी के पानी के जहाजों, एयरक्राफ्ट और हेलीकॉप्टरों के सहयोग से कार्यान्वित की गई। परिक्रमा-पथ में बारह दिनों तक रहते समय एस.आर.ई.-1 पर दो प्रयोग किए गए जो कि सूक्ष्म गुरुत्व की स्थितियों में संपादित हुए।

सफल प्रक्षेपण व परिक्रमा-पथ में यान के प्रयोग एवं एस.आर.ई.-1 की पुनः प्राप्ति ने महत्त्वपूर्ण तकनीकों, जैसे—वायु ऊष्मा संरचना, अवमंदन (डिक्लेरेशन) व प्लवन (फ्लोटेशन) प्रणालियाँ, मार्ग-निर्देशन, मार्गदर्शन और नियंत्रण में भारतीय क्षमता का प्रदर्शन कर दिया है।

□

निगरानी

हम दूरस्थ संवेदी उपकरणों के लाभ की चर्चा पहले ही कर चुके हैं। सेना के दूरस्थ संवेदी अनुप्रयोग निगरानी के शीर्षक के अंतर्गत आते हैं। दूरस्थ संवेदी उपग्रहों की सहायता से दुनिया भर के दुश्मन के क्षेत्रों में एयरक्राफ्ट, टैंक्स, बंकरों आदि का पता छायाचित्र प्रक्रिया तकनीकों से लगाया जा सकता है। रात में लक्ष्यों को पहचानने के लिए इन्फ्रारेड वेव तरंगों का भी प्रयोग किया जाता है। इन्फ्रारेड प्रतिच्छाया उस स्थान को भी पहचान सकती है, जहाँ से एयरक्राफ्ट ने उड़ान भरी थी और एयरक्राफ्ट उड़ने से पहले जिस स्थान पर खड़ा था वहाँ छोड़ी उसकी ऊष्मा के संवेदन से उसका पता चल जाता है। ऐसी सूचनाएँ रणनीतिक रूप से महत्त्वपूर्ण होती हैं।

निगरानी उपकरणों को अति उच्च स्तरीय समाधान देनेवाली क्षमताओं की आवश्यकता होती है। लघु लक्ष्यों को पहचानने के लिए जितना अच्छा कैमरा व छाया चित्र प्रोसेसर होगा उतना ही अच्छा समाधान प्राप्त होगा। उच्च स्तरीय समाधान के लिए सेना को त्वरित एवं बारंबार आच्छादन (कवरेज) की भी आवश्यकता पड़ती है। चूँकि भू-स्थैतिक उपग्रह 24 घंटों का प्रसारण देता है, अतः आप यह सोच सकते हैं कि यह इस उद्‌देश्य के लिए उपयुक्त है; परंतु याद रखिए कि भू-स्थैतिक उपग्रह को पृथ्वी से 36,000 कि.मी. की ऊँचाई पर होना पड़ेगा। इतनी दूरी पर लगा हुआ कैमरा अपने लक्ष्य का समाधान निश्चित रूप से कम करेगा। अधिक आवृत्ति की बारंबारता और उन्नत

समाधान वास्तव में विरोधी आवश्यकताएँ हैं। इस समस्या का हल पृथ्वी के पास के कई उपग्रहों से इच्छित क्षेत्रों के आच्छादन द्वारा किया जाता है। इच्छित भौगोलिक स्थितियों के बारंबार दृश्य के लिए परिक्रमा-पथ आच्छादन को समन्वित किया जाता है। अकसर ऐसे आँकड़े यान पर ही संगृहीत कर लिए जाते हैं तथा आगे की प्रक्रिया के लिए सुरक्षित स्थान पर आकलित किए जाते हैं।

निगरानी प्रणालियों के लिए भी उपग्रह संचार अति आवश्यक है। रक्षा तैयारी के लिए निगरानी और संचार दो प्रमुख कार्य हैं और ये साथ-साथ चलते हैं। दुश्मन की गतिविधियों और तैयारियों को समझना एवं जानना तथा सेना बलों व निर्णयकर्ताओं के पास शीघ्रता से सूचनाएँ पहुँचाना युद्धकला में अति महत्त्वपूर्ण है।

जब सुस्पष्ट निर्देशित विस्फोटक शीर्ष को भेजने के लिए अंतरिक्ष का प्रयोग होता है तब विस्फोटक शीर्ष को वास्तविक समय के आधार पर सुस्पष्ट स्थिति का आँकड़ा रखना ही होगा। यह कार्य अंतरिक्ष आधारित एवं भूमि आधारित खोज प्रणालियों, जैसे—वैश्विक स्थिति प्रणाली (जी.पी.एस.) द्वारा प्राप्त की जाती है।

इन तकनीकों ने आधुनिक राष्ट्रों के लिए सुस्पष्ट निर्देशित दूरस्थ प्रबंधित युद्ध का संचालन संभव बना दिया है। सन् 1991 और पुन: 2003 में अमेरिका एवं सहयोगी देशों के खाड़ी युद्ध के दौरान यह देखा जा चुका है।

प्रक्षेपास्त्र अवरोधन (मिसाइल इंटरसेप्शन)

जब आप सेना का इतिहास देखेंगे तब पाएँगे कि वहाँ विरोधियों के शक्तिशाली हथियारों को निष्क्रिय करने की निरंतर खोज चलती रहती है। जिन्होंने नवीनतम तकनीकें और प्रौद्योगिकी प्राप्त की, विजय उन्हीं को मिली।

जब यूरोपीय लोगों ने बंदूकों और तोपों का इस्तेमाल शुरू किया तब वे दूसरों पर हावी थे। अपने देश में टीपू सुल्तान को उसकी खोज का लाभ प्राप्त हुआ था, जब उसने रॉकेट के साथ तलवार लगा रखी थी; परंतु उनमें स्थिरता की समस्या थी, अत: वे अपने लक्ष्य पर अचूक प्रहार नहीं कर सकते थे। ब्रिटेनवालों ने उसका अध्ययन किया और उसकी स्थिरता के लिए उसमें सुधार करते हुए पंख लगा दिए और बाद में यूरोप ने उनका इस्तेमाल फ्रांस के खिलाफ किया।

वाकई, मिसाइल अपनी पहुँच और विस्फोटक शीर्ष को ढोने की क्षमता में विश्वसनीय बन गई और मिसाइलों के प्रथम प्रहार को निष्क्रिय करने के लिए तकनीकों व प्रणालियों के अनुसंधान शुरू हो गए। पहली चीज उस मिसाइल का पता लगाना था, जो कि दूसरे क्षेत्रों से निकलने वाली थी। यह काम अति विशिष्ट राडारों की सहायता से किया जाता है। अमेरिका, यूरोप और रूस के पास जमीन व अंतरिक्ष पर आधारित उपकरण और राडार हैं, जिससे वे विश्व भर में मिसाइल की खोज करने की क्षमता रखते हैं। ये रक्षा

बलों को किसी आनेवाली मिसाइल के बारे में सावधान कर सकते हैं।

सिर्फ मिसाइल का पता लगा लेना ही काफी नहीं है। इसके अपने क्षेत्र में पहुँचने से पहले ही इसके पूर्व मार्ग में ही क्या मिसाइल नष्ट की जा सकती है? सन् 1980 के मध्य में अमेरिका की मिसाइल प्रतिरक्षा प्रणाली का यही लक्ष्य था, जिसे 'स्टार वार्स' कहा गया। इस महत्त्वाकांक्षी कार्यक्रम के घटकों का परीक्षण अन्य देशों के द्वारा भी किया गया। मिसाइल के खिलाफ एक ऐसी अति सक्रिय प्रतिरक्षा का मूल तत्त्व इसे दूसरी मिसाइल से प्रहार करना है। इसे मिसाइल अवरोधन कहते हैं।

डॉ. कलाम ने सन् 2003 में तकनीकी दिवस चर्चा पर मिसाइल अवरोधन पर अपने विचार कुछ यों व्यक्त किए—

"कुछ एक महीने पहले मैं उड़ीसा के समुद्र-तटीय क्षेत्र चाँदीपुर में था, जहाँ मिसाइल के एक बड़े परीक्षण की तैयारियाँ चल रही थीं। यह परीक्षण क्या था, इसमें संभवतः दुश्मन की ओर से आती हुई मिसाइल को अपनी मिसाइल से बीच में ही रोक देना था। कल्पना कीजिए कि एक मिसाइल 1,200 मीटर प्रति सेकंड की गति से जमीन के काफी ऊपर चल रही है। आप इसका अंदाजा अपनी आँखों से नहीं लगा सकते हैं। इसमें दूरस्थ आँकड़े भेजने की प्रक्रिया है, जो कि मिसाइल के बारे में निष्पादन सूचना लगातार प्रसारित करती रहती है। हम इसके लिए राडारों का इस्तेमाल करते हैं, जो कि रेडियो तरंगों के वापस उछलने और लक्ष्य की गति एवं स्थिति को पाने के लिए प्रतिध्वनि के बोध से काम करता है। यह राडार बहुत ही शक्तिशाली होते हैं, इसलिए सैकड़ों किलोमीटर दूर के एक छोटे से लक्ष्य को भी सुस्पष्टता से पहचान लेते हैं।

एक तेज गति के लक्ष्य को पहचानने के बाद हम आगे क्या करते हैं? तब हमें यह सुनिश्चित होना पड़ता है कि 'क्या यह मिसाइल हम पर लक्ष्य की गई है?' ऐसा करते हुए हमें अति शक्तिशाली तेज कंप्यूटरों को जमीन पर इस्तेमाल करना पड़ता है, जो कि प्रति सेकंड लाखों गणनाएँ कर लेते हैं। इन गणनाओं के आधार पर जब हम इस निष्कर्ष पर पहुँच जाते हैं कि वह चीज वास्तव में हमारी तरफ आ रही मिसाइल ही है, तब उस लक्ष्य मिसाइल को रोकने के कदम उठाए जाने चाहिए। वे कदम कौन से हैं? ये कदम हैं कि वह मिसाइल कहाँ से प्रक्षेपित हुई है और कहाँ चोट पहुँचाने जा रही है और तब यह देखना है कि हमारी कौन सी मिसाइल उस आनेवाली मिसाइल को अवरुद्ध कर सकती है। आप इस बात का भली प्रकार अंदाजा लगा सकते हैं कि इस आवश्यक कार्यवाही के लिए कम-से-कम समय उपलब्ध होता है। यह होने के बाद अगला चरण अपनी देशी रूपरेखीय मिसाइल को निर्दिष्ट लॉञ्च पैड से सही समय प्रक्षेपित करना है।

क्या हमारा काम समाप्त हो गया? अभी नहीं! अपनी स्वयं की मिसाइल को

प्रक्षेपित करते हुए हमें इसे दुश्मन की मिसाइल की तरफ प्रक्षेपित करना पड़ता है। यह हम अपनी मिसाइल को रेडियो लिंक से निर्देशित करने के द्वारा यह पता लगाने के लिए करते हैं कि दुश्मन की मिसाइल इस समय कहाँ है। जैसे ही हमारी मिसाइल लक्ष्य तक पहुँचती है, यह अपना छोटा सा राडार खोल लेती है, जिसे सीकर (ढूँढ़नेवाला) कहते हैं। यह ठीक-ठीक लक्ष्य का पता लगा लेती है और इस पर लक्ष्य करके इसे अवरुद्ध कर देती है।

ये सभी कदम हमारे रक्षा वैज्ञानिकों द्वारा नवंबर 2006 में व्हीलर आईलैंड पर सफलतापूर्वक उठाए गए। इन्होंने एक आती हुई मिसाइल को सीधे अवरुद्ध और नष्ट किया। यह हमारे देश की एक महान् उपलब्धि थी, जिसमें बहुत सी तकनीकों के विकास एवं एकीकरण, परीक्षण के रूप में शामिल थे तथा यह कई सदस्यों के कार्यों पर आधारित था। डी.आर.डी.ओ. की विभिन्न मिसाइल प्रणालियों का उद्योगों एवं अन्य अनुसंधान प्रयोगशालाओं तथा शैक्षणिक संस्थानों के पूर्ण सहयोग और निरंतर विकास से यह कार्य संभव हुआ। साथ ही मैं यह परामर्श देना चाहूँगा कि देश के विज्ञान एवं तकनीकी संस्थानों में होनेवाले सामूहिक तकनीकी विकासों को आपस में मिला देना चाहिए और राष्ट्रीय एवं अंतरराष्ट्रीय दोनों बाजारों के लिए प्रतिस्पर्धात्मक उत्पादों की उपलब्धता सुनिश्चित करने के लिए आधुनिक तकनीक का उपयोग करते हुए उत्पाद विकसित करने चाहिए।

□

6 मार्च, 2009 को डी.आर.डी.ओ. के वैज्ञानिकों द्वारा मिसाइल प्रतिरक्षा प्रणाली का एक विस्तृत सफल प्रदर्शन किया गया। यह नई प्रणाली बैलिस्टिक मिसाइल डिफेंस (बी.एम.डी.) के नाम से जानी गई। इस परीक्षण के बाद भारत उन देशों के विशिष्ट समूह, जैसे—अमेरिका, रूस और इजराइल के साथ जुड़ गया, जो कि इस क्षमता को रखते हैं। सन् 2011-12 तक भारत में बी.एम.डी. प्रणाली के संचालन को रखने की योजना है। इस प्रणाली से यह आशा की जाती है कि यह हमारे पड़ोसियों की परमाणु मिसाइलों के संभावित प्रक्षेपण से हमारी रक्षा करेगा। बी.एम.डी. एक बड़ी ही जटिल प्रणाली है, जिसमें बहुत सी मुश्किल और उच्च परिशुद्धता की तकनीकें शामिल हैं। इसमें बौद्धिक चुनौतियों पर विजय प्राप्त करने के एक ही लक्ष्य की ओर साथ-साथ काम करने के लिए और इन्हें पूरा करने के लिए बहुत से क्रियाशील मस्तिष्कों की आवश्यकता पड़ती है।

अंतरिक्ष सुरक्षा

बीसवीं सदी के आरंभ तक देशों का ध्यान थल सेना और नौ सेना पर ही था। तकनीकें, प्रौद्योगिकी, रणनीतियाँ और युक्तियाँ इन्हीं दो सेनाओं के इस्तेमाल के चारों

तरफ घूमती रहती थीं। बीसवीं सदी की शुरुआत में राइट ब्रदर्स द्वारा हवाई जहाज के आविष्कार ने प्रथम विश्व युद्ध में इनका आरंभिक प्रयोग किया गया। परंतु द्वितीय विश्व युद्ध तक एयरक्राफ्ट तकनीकों में हुए तीव्र विकास ने युद्ध में बम-वर्षा और सर्वेक्षण उद्देश्यों के लिए व्यापक स्तर पर हवाई जहाजों का इस्तेमाल किया। विश्व युद्ध के बाद के वर्षों में बहुत से देशों में वायुसेना युद्ध क्षमताओं और प्रतिरक्षा की प्रमुख तत्त्व बनी। पानी के बड़े जहाजों का निर्माण हवाई जहाजों को ढोने के लिए हुआ। इस प्रकार नौसेना वायु-शक्ति में एकीकृत हुई। आज की प्रत्येक सेना की परिस्थिति में हवाई कवरेज एक महत्त्वपूर्ण कारक है। हवाई जहाज के प्रथम आविष्कार से वायु सेना की उत्पत्ति में चार दशकों से कम का समय लगा।

इसी प्रकार आधुनिक रक्षा बलों के महत्त्वपूर्ण अवयवों की उत्पत्ति में दो दशकों से भी कम समय लगा। वास्तव में, भारत और जापान को छोड़कर अन्य देशों, जैसे—अमेरिका, रूस, यूरोप और चीन ने मध्यम व लंबी दूरी की मिसाइलों के विकास के लक्ष्य के साथ सेना ने भी अंतरिक्ष कार्यक्रमों की शुरुआत की थी। उपग्रह संचार और दूर संवेदी के उपयोग की सेना के अनुप्रयोगों में भी गहरी जड़ें हैं।*

वर्तमान समय में आधुनिक रक्षा बलों द्वारा इस्तेमाल की गई मिसाइल व अंतरिक्ष प्रणालियाँ प्रमुख तकनीकें हैं और वे इनका इस्तेमाल प्रचुरता से करते हैं तथा ये सेना की योजना, रणनीति और युक्तियों में एकजुट हैं। इसीलिए आजकल संभाव्य दुश्मनों के द्वारा सर्वप्रथम अंतरिक्ष प्रणालियों को ही लक्ष्य बनाया जाता है। यह ठीक वैसे ही है जैसे पूर्व के वर्षों में थल सेना और नौ सेना पर आक्रमण होता था या बीसवीं सदी के उत्तरार्ध में वायु सेना के केंद्रों को लक्ष्य बनाया गया।

प्रकृति के नियम के अनुसार उपग्रह छिपाए या किसी प्रभुसत्ता-संपन्न क्षेत्र के ऊपर नहीं रखे जा सकते हैं। वे बाह्य अंतरिक्ष में राष्ट्रों या भू-राजनीतिज्ञों द्वारा खींची भौगोलिक सीमाओं की परवाह किए बिना स्वतंत्र घूमते रहते हैं। ये इलेक्ट्रॉनिक साधनों के आक्रमण से असुरक्षित हैं, जैसे—जमीन से ही उपग्रह संचार उपकरणों को रोक देना या जमीन से ही शक्तिशाली लेसर के द्वारा निगरानी कैमरा प्रणाली या स्थिति का मार्गदर्शन करनेवाले उपकरणों को निशाना बनाकर उपग्रह पर ही नष्ट कर देना। उपग्रहों को प्रभावहीन बनाने की एक अन्य तकनीक है उन पर प्रहार करके नष्ट कर देना। चीन ने हाल ही में एक उपग्रह-विरोधी प्रणाली (ए.एस.ए.टी.) का परीक्षण किया है। अमेरिका और रूस के पास पहले से ही इस तरह की प्रणाली मौजूद है।

* मजेदार तथ्य यह है कि इंटरनेट, जो कि अब प्रत्येक नागरिक के घर का हिस्सा है, इसका मूल अमेरिका सेना के आँकड़े हस्तांतरण प्रणाली ही है।

वर्तमान अंतरराष्ट्रीय कानून के अनुसार, जिससे अंतरिक्ष क्रियाशीलता संचालित होती है, किसी अन्य देश के उपग्रह या प्रक्षेपण यान में हस्तक्षेप करना उचित नहीं है। यह दूसरे देश पर आक्रमण करने के ही समान है। परंतु युद्ध या आक्रामकता एक ऐसा घटनाक्रम है, जो तभी होता है जब एक या दोनों पक्ष एक-दूसरे का सम्मान नहीं करते या आपस में संदेह करते हैं। हताशा में या यह सोचते हुए कि अंतरिक्ष संपत्तियों पर पहले आक्रमण करके फायदे में रहा जा सकता है, जैसे—अंतरिक्ष में उपयोग आनेवाली चीजों के सामूहिक रूप और अंतरिक्ष तथा जमीन पर उनकी सहयोगी प्रणालियों पर भी आक्रमण हो सकता है। इसलिए अंतरिक्ष की सुरक्षा, जो कि अंतरिक्ष की परिसंपत्तियों की सुरक्षा की सुनिश्चितता करती है और यह सेना के लिए एक महत्त्वपूर्ण तत्त्व एवं राष्ट्रीय सुरक्षा के लिए प्राण-शक्ति बन चुकी है। यहाँ तक कि नागरिक अंतरिक्ष संपत्तियों की भी सुरक्षा आवश्यक है, परंतु प्रत्येक चीज सिर्फ तकनीक से नहीं निश्चित हो सकती है। तकनीकी सुरक्षा के समानांतर कई देश अंतरिक्ष सुरक्षा के लिए आपसी स्वीकृत कानूनी समझौतों पर भी काम कर रहे हैं।

कई वर्षों से डॉ. कलाम ने अपनी दिलचस्पी अंतरिक्ष परिसंपत्तियों की सुरक्षा पर दिखाई है, क्योंकि अंतरिक्ष से मानवता बहुत अधिक लाभ प्राप्त करती है। इनके फायदे सिर्फ अंतरिक्ष-संपन्न देशों, जैसे—अमेरिका, रूस, यूरोपीय देशों, जापान, चीन और भारत ने ही नहीं उठाए हैं बल्कि कई अन्य देशों ने भी प्राप्त किए हैं, जिन्होंने न तो उपग्रह बनाए हैं और न ही जमीनी केंद्र। वे अंतरिक्ष के बहुत से नागरिक लाभों, जैसे—संचार, प्राकृतिक संसाधन प्रबंधन, जी.पी.एस. के द्वारा संभार तंत्र (लॉजिस्टिक) प्रबंधन, मानसून की मानीटरिंग आदि करते हैं। यह एक दुःखद दिन होगा, जब अंतरिक्ष संपत्ति के संदर्भ में मानवीय जानकारी की ऐसी सुंदर प्राप्ति, जो कि सभी तरफ उपलब्ध है, असुरक्षा से अवरुद्ध कर दी जाएगी। यही वह बात है, जो डॉ. कलाम ने 5 जून, 2007 को सेंटर फॉर एयरोस्पेस स्ट्रेटजिक स्टडीज (सी.ई.एस.ए.) और नेशनल सेंटर फॉर स्पेस स्टडीज (सी.एन.ई.एस.) में 'वर्ल्ड स्पेस स्टडीज' के शीर्षक से मल्टीमीडिया टेलीकॉन्फ्रेंस विषय पर अपने विचार व्यक्त किए थे।

□

अंतरराष्ट्रीय अंतरिक्ष बल (आई.एस.एफ.)

जब राष्ट्रों के द्वारा अंतरिक्ष संरचना के साथ दीर्घकाय सामाजिक और आर्थिक वचनबद्धता की जाती है, तब प्रमुख सुरक्षा यही है कि बाह्य अंतरिक्ष अस्त्रों से मुक्त होना चाहिए। विश्व के अंतरिक्ष समुदाय के लिए बाह्य अंतरिक्ष में घसीटे जानेवाले स्थलीय भू-राजनीतिक द्वंद्वों से बचने की आवश्यकता हमें पहचाननी चाहिए, इसीलिए अंतरिक्ष परिसंपत्तियों को डराना पूरी मानवता से संबंधित है। अंतरिक्ष के युद्धभूमि की अनुमति

प्रदान करना समाज के लिए एक गंभीर नुकसान का कारण बन सकता है। इसमें एक सुदृढ़ अंतरराष्ट्रीय मानक और संपूर्ण विश्व में अंतरिक्ष अस्त्रीकरण के खिलाफ गहरे में बैठी जन सहमति विद्यमान है। कोई भी एकपक्षीय कार्य, जो कि अंतरिक्ष की स्थिरता को बिगाड़ता है, वह संपूर्ण मानवता के हित के विरुद्ध है। अंतरराष्ट्रीय नियमों की सुनिश्चितता के साथ बाह्य अंतरिक्ष उपयोग को सुनिश्चित करने के लिए तथा सुरक्षा व शांति बनाए रखने में रुचि एवं अंतरराष्ट्रीय सहयोग को बढ़ावा देने के लिए बहुपक्षीय दृष्टिकोण की आवश्यकता है। इसीलिए मैं एक अंतरराष्ट्रीय अंतरिक्ष बल (आई.एस.एफ.) बनाने का परामर्श देता हूँ, जो कि विश्व की अंतरिक्ष संपत्तियों की सुरक्षा के सहयोग एवं हिस्सेदारी की चाहत से इस देश से बना हो, जिससे कि वैश्विक समन्वय के आधार पर अंतरिक्ष का शांतिपूर्वक लाभ उठाया जा सके।

वैश्विक अंतरिक्ष संपत्तियों की रक्षा, अंतरिक्ष में अस्त्रीकरण के खिलाफ सुरक्षा, अंतरिक्ष में बचाव, अंतरिक्ष के मलबे का प्रबंधन तथा छोटे ग्रहों का अवलोकन एवं उनसे सुरक्षा आदि आई.एस.एफ. के कार्य होंगे।

□

चूँकि हम दोनों (कलाम व राजन) के कैरियर की शुरुआत अंतरिक्ष अनुसंधान में ही हुई थी, इसलिए इस पुस्तक के प्रथम कुछ अध्याय अंतरिक्ष के विभिन्न पहलुओं के साथ ही आरंभ हुए। फिर भी, अभी बहुत कुछ अंतरिक्ष अनुप्रयोगों, उपग्रह संरचना, खगोल-विज्ञान, ग्रहीय विज्ञान और अंतरिक्ष जीव विज्ञान आदि के बारे में कहना बाकी है। परंतु हमें पाठकों को यह स्मरण कराने की आवश्यकता है कि अंतरिक्ष यद्यपि हमेशा से ही उत्तेजना उत्पन्न करनेवाला क्षेत्र रहा है, परंतु विज्ञान एवं तकनीक के क्षेत्र एवं अनुप्रयोग हैं, जो कि समान रूप से ही रोचक हैं। वे मीडिया में अकसर नहीं चमकते हैं, परंतु उनकी बौद्धिक चुनौतियाँ उतनी ही आकर्षक हैं। उनके उपयोग और लाभ मानव जीवन के बहुत से महत्त्वपूर्ण पहलुओं को आच्छादित करते रहते हैं।

हम इस पुस्तक के अगले दो खंडों में विज्ञान के अन्य क्षेत्रों की तरफ चलेंगे।

□

पृथ्वी

पृथ्वी : हमारा घर

हममें से अधिकतर लोग अपने पैरों के नीचे की जमीन देखते भी नहीं हैं। हमें यह काम कम महत्त्वपूर्ण और गंदा लगता है। शहरों में हम मिट्टी को डामर और कंक्रीट से ढक देते हैं, इसलिए हम उसके अस्तित्व से परिचित नहीं हो पाते हैं। फिर भी, हम इसके बारे में अकसर नहीं सोचते हैं कि यह पृथ्वी हमारे ग्रह पर जीवन का स्रोत है; बिना इसके हम जीवित नहीं बचेंगे।

हमारी पृथ्वी हमारी आकाशगंगा में ही नहीं बल्कि शायद संपूर्ण ब्रह्मांड में, जिसमें अन्य सभी आकाशगंगाएँ शामिल हैं, विलक्षण मालूम पड़ती है। अपनी तरह की शायद अकेली न होने पर भी इसी तरह की दूसरी पृथ्वी का होना बहुत ही दुर्लभ है।

सौर प्रणाली के अंतर्गत जीवन के पोषण के लिए पृथ्वी की सबसे अधिक लाभ देने की स्थिति है। सूर्य के बहुत ही नजदीक के ग्रह, जैसे—बुध और शुक्र काफी गरम होते हैं और उनमें गरम गैसें भरी होती हैं, इसलिए उनमें जीवन नहीं होता है। जो ग्रह सूर्य से काफी दूर रहते हैं, जैसे—बृहस्पति, शनि और मंगल वे बहुत ठंडे होते हैं; क्योंकि सूर्य की किरणें यहाँ तेज नहीं होती हैं; ऐसे वातावरण में जीवन के किसी रूप का बचना संभव नहीं है।

सूर्य से दूरी का इतना महत्त्व क्यों है?

प्रकाश की किरणों की तीव्रता उनके द्वारा तय की जानेवाली दूरी के वर्गफल की व्युतक्रमानुपाती (इनवर्सली प्रोपोर्शनल) होती है। गणितीय भाषा में इसे $1/R^2$ कहते हैं, जहाँ R दूरी है। साधारण शैली में स्रोत से 1 कि.मी. की दूरी के लिए प्रकाश की किरण की तीव्रता $1/1km^2$ हो जाती है, परंतु 10 कि.मी. की दूरी पर यह $1/10km^2$ हो जाती है, जो कि दस गुना नहीं बल्कि सौ गुना कम हो जाती है। यही वह कारण है, जिसकी वजह से हम तारों के प्रकाश

की तीव्रता धरती पर नहीं महसूस कर पाते हैं। हालाँकि बहुत से तारे सूर्य से कई हजार गुना अधिक बड़े हैं, परंतु वे बहुत ही अधिक दूर हैं।

$1/R^2$ क्यों?

यह बहुत ही साधारण है। सूर्य का प्रकाश एक समान रूप से सभी दिशाओं में फैलता है। यदि कोई चीज सभी दिशाओं में समान रूप से फैलाई जाती है तब आप अंदाज लगा सकते हैं कि स्रोत से किसी भी दूरी पर यह गोले की सतह पर पड़ने की तरह है। फैलते हुए गोले पर जैसे ही हम केंद्र से दूर हटते हैं, तब गोले की सतह का क्षेत्रफल $4\pi R^2$ से मापा जा सकता है, जहाँ ऋत्रिज्या है। जैसे ही हम सूर्य से दूर होते हैं, सूर्य की संपूर्ण तीव्रता एक बड़े $4\pi R^2$ के रूप में एक वृहद् गोले पर समान रूप से फैल जाती है। R की वैल्यू जितनी अधिक होगी, ऊर्जा उतने ही पतले रूप में फैलती है। इसलिए सूर्य की किरणों की तीव्रता $1/R^2$ से मापी जा सकती है।

इसी सिद्धांत के अनुसार, यदि हम एक प्रकाश के बल्ब से अधिक प्रकाश इस्तेमाल करना चाहते हैं तब हमें इसके प्रकाश को सभी दिशाओं में नहीं फैलने देना होगा। एक दिशा में केंद्रित करने के लिए हमें एक परावर्तक लगाना होगा, स्पॉट लाइट और कार की हेडलाइट इसी पद्धति का इस्तेमाल करते हैं। परंतु सूर्य के पास अपनी किरणों को केंद्रित करने के लिए परावर्तक नहीं है। (यदि ऐसा हुआ तो चूँकि पृथ्वी सूर्य का चक्कर लगाती है, हम साल के कुछ हिस्से अँधेरे में ही रहेंगे।

सौरमंडल में जीवन-रक्षा के क्रम में पृथ्वी की स्थिति आदर्श मालूम पड़ती है; परंतु वास्तविकता में विस्तृत गणनाओं से पता चलता है कि पूरी तरह से ऐसा नहीं है। सूर्य से दूरी के परिप्रेक्ष्य में पृथ्वी को कुछ अधिक ठंडा होना चाहिए और इसीलिए इस पर जीवन का मूल होना कठिन हुआ होगा। तब यह अतिरिक्त ऊष्मा कहाँ से आती है? यह पृथ्वी के चारों तरफ के घेरे हुए वायुमंडल से आती है।

वायुमंडल इतना मोटा नहीं है कि सूर्य की किरणें पूरी तरह से रुक जाएँ। यह संपूर्ण प्रकाशीय किरणें (बैं, नी, आ, ह, पी, ना, ला) और इसी स्तर की अन्य किरणों को प्रवेश करने की अनुमति प्रदान करता है तथा धरती की उस सतह पर, जहाँ हम रहते हैं, यह पहुँचता है। परंतु यह ओजोन परत के द्वारा पराबैंगनी किरणों को रोक देती हैं, जो कि जीवन के लिए नुकसानदेह है। जब सूर्य की किरणें पृथ्वी पर पड़ती हैं तब उनमें से कुछ परावर्तित या फैल जाती हैं और फिर बाह्य अंतरिक्ष की तरफ निर्देशित होकर वापस वायुमंडल में चली जाती हैं, परंतु सबके सब नहीं चली जाती हैं। वे वायुमंडल के विभिन्न अणुओं के साथ परस्पर क्रिया करती हैं। परिणामस्वरूप अणु गरम हो जाते हैं और इसका अंतिम प्रभाव वातावरण

को गरम कर देता है। साथ ही, सूर्य की किरणें मिट्टी, जीवित वस्तुएँ और वातावरण के साथ परस्पर क्रियाएँ करती हैं तथा ऊष्मा उत्पन्न होती है। जल के अंदर वनस्पति और कुछ अन्य जीव अपने स्वयं के लिए ऊर्जा उत्पन्न करने के लिए सूर्य की किरणों का प्रयोग करते हैं तथा इस प्रक्रिया में पानी को गरम कर देते हैं। पानी सूर्य की अत्यधिक ऊष्मा को बनाए रखने में भी सहायक होता है और इस प्रकार जीवन के अनुकूल स्तर के लिए पृथ्वी की गरमी को बनाए रखता है। मृत पशु और निष्क्रिय बढ़नेवाला कचरा मीथेन पैदा करता है, जो कि जलता है और अधिक ऊष्मा उत्पन्न करता है। यह याद रखिए कि पृथ्वी जीवन, रसायनों, भू-ऊष्मा के फूट पड़ने का एक बड़ा कारखाना है। इस कारखाने से उत्पन्न की गई सारी ऊष्मा सतह से बाहरी अंतरिक्ष की तरफ जाती है; परंतु ऊष्मा को आसानी से बच के नहीं जाने दिया जाता है। वायुमंडल में बहुत से अणु, जैसे—कार्बन डाइऑक्साइड के अणु ऊष्मा को फँसा लेते हैं और इसे पृथ्वी, वायु एवं जल के बीच घुमाते रहते हैं। यही प्रभाव 'ग्रीन हाउस प्रभाव' कहलाता है तथा यह धरती को गरम बनाए रखने के लिए बहुत उपयोगी होता है।

आइए, संक्षेप में देखें कि ग्रीन हाउस प्रभाव कैसे काम करता है।

भारत के ठंडे हिस्से या पर्वतीय क्षेत्रों में जब बाहर बहुत ठंडक होती है तब बहुत से पौधे सिकुड़ने या मुरझाने लगते हैं और बीजों में नया अंकुरण नहीं होता है। यहाँ तक कि दूध से दही भी नहीं जमता है। इन सभी प्रक्रियाओं के लिए ऊष्मा की आवश्यकता होती है। इसलिए जाड़े में दही जमाने के लिए पहले दूध को गरम किया जाता है और बरतन को शॉल या मोटे कंबल से लपेट दिया जाता है और उसे ऐसी बंद जगह रखा जाता है जहाँ बहुत हवा न हो। यह एक छोटा ग्रीन हाउस प्रभाव है, जो कि ढकी हुई शॉल और बरतन के बीच होता है, जिसके परिणामस्वरूप ऊष्मा से दही जम जाता है।

ठीक इसी प्रकार बाहर की ठंडी हवाओं की कठोरता से पौधों और फूलों को बचाने एवं बीजों में अंकुरण की सहायता के लिए इन पौधों को ढँकने हेतु प्लास्टिक के तंबुओं का प्रयोग किया जाता है। बाहर की ठंडी हवा इन तंबुओं में आसानी से प्रवेश नहीं कर पाती है। प्लास्टिक के भीतर सूर्य की किरणें ग्रीन हाउस का निर्माण कर देती हैं। टेंट के भीतर पैदा की गई ऊष्मा बाहर नहीं जाती है और जिस तरह से सतरंगी क्षेत्रों में किरणें कार्य करती हैं, प्लास्टिक इन्फ्रारेड किरणों के लिए पारदर्शी नहीं होता है।

> आप अपनी कार में भी इसे महसूस कर सकते हैं। जब आप अपनी कार खुली धूप में खड़ी कर देते हैं तब ग्रीन हाउस प्रभाव का एक कष्टप्रद उदाहरण आपको मिलता है। हम कभी-कभी कार की खिड़की में हवा आने-जाने के लिए थोड़ी जगह छोड़ देते हैं, मगर तब कार चोरों से डर बना रहता है।

वायुमंडल में ग्रीन हाउस प्रभाव हमें बहुत से लाभ प्रदान करता है। वास्तव में यह जीवन संभव बनाता है। यह संपूर्ण जीवमंडल, साथ-ही-साथ जलमंडल को भी, बनाए रखता है। वाकई पृथ्वी-वायुमंडल-समुद्र संयोजन हमें सूर्य की किरणों से लाभ प्राप्त करने एवं जीने के लिए सक्षम बनाता है।

ग्रीन हाउस प्रभाव का क्रियाशील संतुलन नाजुक भी होता है। जब हम अपनी क्रियाशीलता से पृथ्वी पर बहुत ही अधिक गरमी उत्पन्न करनेवाले अणुओं जैसे कार्बन डाइऑक्साइड, मीथेन, नाइट्रोजन ऑक्साइड आदि की भी अति उत्पत्ति करते हैं और इन्हें वायुमंडलीय आवरण में जाने देते हैं, तब ग्रीन हाउस सौम्य ऊष्मा से अत्यधिक ऊष्मा में परिवर्तित होना शुरू कर देगा। यहाँ तक कि पृथ्वी का तापमान कुछ डिग्री बढ़ जाने से ध्रुवीय क्षेत्रों की बर्फ भी पिघल सकती है। समुद्र के जीवन का नाजुक संतुलन इसके परिणामस्वरूप प्रभावित हो सकता है। वर्षा से उत्पन्न पानी के अति प्रवाह की वजह से तटीय क्षेत्र डूब सकते हैं। जलवायु परिवर्तन की ये कुछ वर्तमान चिंताएँ हैं, जो पृथ्वी और इसके आवरण के मानव-जनित (एंथ्रोपोजेनिक) परिवर्तन के कारण हैं। ऐसे मानवकृत परिवर्तनों को कम करना, ऊर्जा उपयोग को कम-से-कम करना, (पुनः इस्तेमाल के द्वारा) कचरा कम करना और वायुमंडल में कुछ ग्रीन हाउस अणुओं को कम करने का लक्ष्य रखना भी अति आवश्यक है।

पृथ्वी की उत्पत्ति

एक समय था, जब हमारे कुछ पूर्वज यह विश्वास करते थे कि पृथ्वी ब्रह्मांड का केंद्र थी। अब हम यह जानते हैं कि इसमें हमारी आकाशगंगा की भी कोई भूमिका नहीं थी। ब्रह्मांड बहुत ही विशाल है और हमने मुश्किल से ही इसको समझना आरंभ किया है। आधुनिक अवलोकन की तकनीकों के साथ जैसे-जैसे वैज्ञानिक अनुसंधान हुए, हम सौरमंडल के बारे में और भी अधिक जानकार होते गए; परंतु अभी भी बहुत कुछ अनजाना है।

वर्तमान स्वीकृत सिद्धांत यह अनुमान करते हैं कि सौरमंडल का आरंभ गैस और धूल के पदार्थ के घूमते हुए बादल से हुआ है। यह अनुमान किया गया है कि इस घूमते हुए बादल का शुरुआती द्रव्यमान (मास) आज के सौरमंडल के संपूर्ण द्रव्यमान से 10 या 20 प्रतिशत अधिक था।

वर्तमान सिद्धांत यह भी अनुमान लगाते हैं कि सूर्य का बादल करीब 5 अरब वर्ष पहले ही बन चुका था। तकरीबन 40 करोड़ वर्ष पहले यह बादल अपने स्वयं के ही गुरुत्वाकर्षण बल से संकुचित हुआ तथा उस भारी केंद्र ने बाहरी क्षेत्र से धूल के पदार्थ को भीतर की तरफ आकर्षित किया। अणु आपस में एक-दूसरे के नजदीक आए और

सौर घनत्व इस संकुचन की प्रक्रिया से बढ़ गया। परिणामतः सूर्य के मध्य के उभार ने प्रकट होना आरंभ कर दिया और कुछ समय के उपरांत सूर्य के चारों तरफ के बाहरी क्षेत्र के तत्त्व अधिक ठोस धूल कणों के रूप में परिवर्तित हो गए और फिर ये मिलकर और अधिक पदार्थ में समाहित हो गए। इस प्रकार ग्रहों की रचना और उत्पत्ति हुई।

सूर्य से पृथ्वी की उत्पत्ति करीब 4.5 अरब वर्ष पूर्व हुई। इसे जैसा हम आज देखते हैं यह वैसी नहीं थी। उत्पन्न पदार्थ अभी भी बहुत गरम था तथा इसकी संरचना में इन्हें कई बड़े आंतरिक सामंजस्य से गुजरना पड़ा होगा (इनके शेषांश अभी भी भूकंप और कंपन के रूप में जारी हैं)।

पृथ्वी की भौगोलिक स्थिति, जो कि वर्तमान समय की राष्ट्रीयता, राजनीति और यहाँ तक कि संस्कृति को भी दरशाती है, यह वैसी नहीं थी जैसी कि आज है। अमेरिका, यूरोप, अफ्रीका, एशिया, ऑस्ट्रेलिया महाद्वीप आपस में एक-दूसरे से अलग-अलग नहीं थे। पृथ्वी पर भूमि का द्रव्यमान सैकड़ों करोड़ वर्षों तक चारों तरफ तैरता था और यह बहुत ही गरम व पिघलती हुई स्थिति में थी। इस वृहद् द्रव्यमान के गुरुत्वाकर्षण बल और इसके घूर्णन एवं परिक्रमा गति से उपकेंद्रीय बल उत्पन्न हुआ और जिसने आपस में एक-दूसरे से समन्वय स्थापित किया। पृथ्वी के आंतरिक भाग में इस प्रचंड समन्वय और पुनर्समन्वय ने बहुत से बहुमूल्य प्राकृतिक संसाधनों, जैसे—कोयला, तेल, प्राकृतिक गैस और खनिजों को उत्पन्न किया, जिनका इस्तेमाल हम आजकल कर रहे हैं।

करीब एक अरब वर्ष की आंतरिक हलचल के बाद 3.5 अरब वर्ष पूर्व पृथ्वी पर प्रथम जीवन ने आकार लिया और एक कोशकीय जीवाणु जैसे जीव की उत्पत्ति हुई। प्रथम जीव नीले शैवाल ही थे, जिन्होंने प्रकाश संश्लेषण की प्रक्रिया आरंभ की थी, जिसमें सूर्य की किरणों का उपयोग जीवन के अनुकूल रसायन एवं पोषकता उत्पन्न करने के लिए किया गया था। इसने पृथ्वी के वायुमंडल में ऑक्सीजन उत्पन्न किया और इस प्रकार जीवन की प्रचुरता संभव हुई। फिर और भी जटिल जीव करोड़ों वर्ष पहले उत्पन्न हुए। प्रथम मानव (होमोसेपियंस) 10 लाख वर्ष पुराना भी नहीं है। यह करीब 2 लाख वर्ष पूर्व का ही होगा।*

जल

हम सभी यह जानते हैं कि जल हमारे जीवन के लिए अति आवश्यक है। जब

* पृथ्वी पर और भी अधिक जानकारी आप भारत सरकार के विज्ञान और तकनीकी विभाग की विज्ञान प्रसार द्वारा लाई गई कम लागत की पुस्तकों की श्रृंखला में भी प्राप्त कर सकते हैं। इनकी वेबसाइट है : www.vigyanprasar.gov.in। हमने विमान बसु की पुस्तक 'प्लेनेट अर्थ इन ए नटशेल' से कुछ सूचनाएँ इस और अगले अध्यायों के लिए भी ली हैं।

आप ग्लोब या नक्शे में पृथ्वी को देखते हैं तब नीले रंग से दिखाए गए जल को देखेंगे, जिसने भूमि का एक बड़ा हिस्सा सागरों व महासागरों और यहाँ तक कि झीलों व नदियों के रूप में ले रखा है। फिर भी, आजकल हम पानी की कमी के बारे में चिंतित हैं। कुछ तो पानी के लिए युद्ध की भी भविष्यवाणी करते हैं। ऐसा क्यों है?

संयुक्त राष्ट्र एजेंसियों के अनुसार, पृथ्वी पर कुल जल की मात्रा करीब 1,400 मिलियन कि.मी.^{3} है। क्यूबिक किलोमीटर (कि.मी.^{3}) क्या होता है? एक बड़े घन (क्यूब) की कल्पना कीजिए, जो 1 कि.मी. गहरा है। अब इसे पूरी तरह से जल से भरा हुआ मान लीजिए। इसमें रखा गया जल का मापन घन किलोमीटर होगा।

आइए, यह समझने की कोशिश करें कि यह कितना पानी है? क्या आप यह जानते हैं कि एक लीटर पानी कितना होता है। यह उतना ही है जितना मिनरल वाटर की बोतल अपने में समाए रखती है।

यदि हम एक मीटर लंबे, एक मीटर चौड़े और एक मीटर गहरे घन की कल्पना करें तब यह एक घन मीटर (1 मी^{3}) पानी रखेगा।

1 घन मी (1 मी^{3}) = 1000 ली. (1 कि.ली.)

1 घन कि.मी. (1 कि.मी.^{3}) = 1 बिलियन घन मीटर

= 1000 बिलियन लीटर

= 1 ट्रिलियन लीटर

औसतन एक लीटर शुद्ध जल के आयतन का वजन करीब 1 कि.ग्रा. होता है।

1 कि.मी.^{3} = 1 ट्रिलियन लीटर

आसानी के लिए (1000 कि.ग्रा. = 1 टन)

1 कि.मी.^{3} जल का वजन करीब 1 बिलियन टन होगा। पृथ्वी के पास करीब 1,400 मिलियन कि.मी^{3} जल है। अब आप स्वयं ही यह गणना कर सकते हैं कि कितने लीटर जल होगा और इसका कितना वजन होगा। परंतु इस बात के लिए निश्चित रहिए कि आपका कैलकुलेटर बहुत से अंकोंवाला होना चाहिए।

पृथ्वी पर इस जल की इतनी बड़ी मात्रा का 98 प्रतिशत सागरों और महासागरों से आता है, जो कि पृथ्वी के कुल जल का 75 प्रतिशत है। इस संपूर्ण मात्रा का केवल 2.7 प्रतिशत ही शुद्ध जल है। इस छोटे से भाग 2.7 प्रतिशत का करीब 75.2 प्रतिशत हिमालयी क्षेत्रों में ग्लेशियर और बर्फ के रूप में है तथा जिसका अधिकतर हिस्सा इस्तेमाल के लिए जमीन के काफी अंदर है। इस प्रकार पृथ्वी पर उपलब्ध शुद्ध जल के इस छोटे से 2.7

प्रतिशत जल का 97.8 प्रतिशत मानव जीवन के लिए आसानी से सुलभ नहीं है। केवल एक छोटा सा हिस्सा 2.2 प्रतिशत, जो कि पृथ्वी पर उपलब्ध जल का करीब 0.06 प्रतिशत जल ही मानव के इस्तेमाल के लिए है, इसीलिए यह अति मूल्यवान् है।

इस शुद्ध जल का यह छोटा सा हिस्सा! प्रत्येक वर्ष सूर्य की फैक्टरी के प्राकृतिक जल चक्र द्वारा नया और फिर से शुद्ध बनाया जाता है। जल वायुमंडल में वाष्पीकरण के द्वारा पहुँचता है और फिर वापस धरती पर बर्फ, वर्षा और ग्लेशियरों की बर्फ से पिघलकर नीचे की ओर आता है। यह नया और पुन: शुद्ध बना हुआ जल झीलों, नदियों, वातावरण की नमी तथा मिट्टी और वनस्पतियों में मौजूद रहता है। जीवित रहने के लिए सभी जीव जल पर निर्भर रहते हैं। हमारे शरीर का एक महत्त्वपूर्ण भाग जल से ही निर्मित है, फिर भी तुलनात्मक रूप से एक बहुत ही छोटा हिस्सा हमारे द्वारा सीधे इस्तेमाल किया जाता है। इसलिए सभी जीवों को जीवित रखने के लिए पृथ्वी पर अति सीमित शुद्ध जल को प्रदूषण से सावधानीपूर्वक बचाए रखना बहुत महत्त्वपूर्ण है।

भूमि, सागर और वायुमंडल के बीच निकटस्थ अंतर्संबंध को समझना भी अति महत्त्वपूर्ण है। यदि हम वातावरण को नुकसानदेह रसायनों से प्रदूषित कर देंगे तो वे वर्षा के रूप में पुन: भूमि पर आ जाएँगे। आपने कुछ दशक पहले कुछ विकसित देशों में हुई 'एसिड वर्षा' के बारे में सुना होगा। इसका कारण गाड़ियों और फैक्टरियों से निकली एसिड-युक्त गैसें ही थीं। इसी प्रकार यदि हम अपना कूड़ा-करकट सागरों में इकट्ठा कर देंगे तब यह सिर्फ इन्हें प्रदूषित ही नहीं करेगा, बल्कि समुद्री जीवों को भी मार देगा, साथ ही यह हमारे तटीय क्षेत्रों में तेल के रूप में वापस फैल जाएगा।

हम यहाँ पृथ्वी और सागरों के कई प्रोत्साहित करनेवाले छोटे हिस्सों को ही ले सकते हैं। आप में से जो युवा हैं और वे पृथ्वी पर जीवन के अभी तक के अनजाने पहलुओं के अनुसंधान के क्षेत्र में कार्य कर सकते हैं। अब तक हुए अनुसंधानों के बारे में एक चीज बहुत ही रोचक हुई है और वह है पृथ्वी को समझने एवं अवलोकन करने में अंतरिक्ष का प्रयोग। सन् 1957 में अंतरिक्ष युग के आरंभ होने से हम पृथ्वी के बारे में बहुत कुछ जान चुके हैं।

मानचित्र कला

पहले की सदी में जिन्होंने पृथ्वी और सागरों की खोज की थी, उन्होंने दिशाबोध के लिए कई उपकरण इस्तेमाल किए। उनके पास हमेशा रहनेवाला साथी एक चुंबकीय दिशा-सूचक था, जो कि दिशा खोजने में उनकी सहायता करता था। परंतु जब उनके पास उपकरण नहीं था तब वे प्रकृति की ओर रुख करते थे। दिन के समय सूर्य और रात के समय चंद्रमा व तारे उनकी सहायता करते थे। पहले जब अधिकतर लोग गाँवों में

निवास करते थे तब वे तारों और चमकदार ग्रहों, जैसे—बुध, मंगल, बृहस्पति आदि से परिचित थे, जो कि नंगी आँखों से भी दिखाई पड़ते हैं। तारों और दिखाई पड़ते ग्रहों की स्थितियों से वे दिन का समय, महीने के दिन और वर्ष की प्रगति निर्धारित कर सकते थे। दुर्भाग्य से यह योग्यता आज अधिकतर लोगों में लुप्त हो चुकी है।

जहाँ तक मापन का संबंध है, काफी पहले साहसिक कार्य करनेवाले और यात्री, इसके लिए अपने शरीर के ही हिस्सों का इस्तेमाल इकाई के रूप में करते थे, जैसे—एक कदम की लंबाई (करीब 1 फुट), कुहनी से लंबाई (करीब आधा गज), उँगली की लंबाई (करीब 3 इंच)। अब भी तमिलनाडु में चमेली की माला, जिसे औरतें पहनती हैं, वे बेचनेवाले आदमियों के द्वारा कुहनी की लंबाई से ही मापी जाती हैं।

एक समय तक पुराने खोज करनेवाले जहाँ भी पहुँचे, उन्होंने भविष्य के यात्रियों के लिए उन स्थानों के बारे में विस्तृत विवेचना के साथ मानचित्र बनाए। पानी के स्थान, पहाड़, जंगल और रेगिस्तान चिह्नित किए गए तथा देशों के मध्य सीमा रेखाएँ भी बनाई गईं। देश के अंदर शासकों ने कृषि और अन्य क्षेत्रों को चिह्नित करने के लिए मानचित्र तकनीक का प्रयोग शुरू किया। इसने कर वसूली और उचित आकलन में इनकी सहायता की। कौटिल्य कृत 'अर्थशास्त्र' में कृषि कर और भूमि अभिलेखों के ऐसे तत्त्वों का उल्लेख है तथा औपचारिक भूमि अभिलेख प्रणालियाँ, जो अभी भी भारत में विद्यमान हैं, वे सम्राट् अकबर के शासनकाल के दौरान राजा टोडरमल के द्वारा शुरू की गई थीं।

मानचित्र का बनना, भूमि के विभिन्न रूपों का अंकन—चाहे वे ग्रामीण स्तर, गली या वैश्विक स्तर पर हों, वे मानचित्र कला कहलाती हैं।

जब आप यात्रा करते समय अपने मोबाइल फोन पर नजर डालते हैं तब यह दरशाता है कि आप इस समय इंडिया गेट पर हैं या गेटवे ऑफ इंडिया पर अथवा किसी खास मॉल में या ऑफिस में, एयरपोर्ट पर हैं या स्टेशन पर। यह उपयोगी सूचना मानचित्र कला का ही एक उत्पाद है, जिसमें अन्य विधाएँ, जैसे—कंप्यूटर, सॉफ्टवेयर, संचार आदि भी शामिल है। पृथ्वी पर अपनी स्थिति के लिए अब आपको सूर्य, चंद्रमा, ग्रहों, तारे या किसी चुंबकीय कुतुबनुमा की गणना या मापन या किसी व्यक्ति की सेवा की आवश्यकता नहीं है। जमीनी रिसीवरों के नेटवर्क के साथ मार्गदर्शक उपग्रह यह कार्य कर देते हैं तथा जी.पी.एस. (ग्लोबल पोजीशनिंग सिस्टम) सूचनाएँ प्रदान करते हैं। जब आप मोबाइल पर बात कर रहे होते हैं तब जी.पी.एस. सिस्टम आपकी सही स्थिति को जान लेता है। इसी अनुप्रयोग से 'गूगल अर्थ' आपको पृथ्वी पर किसी भी स्थान के मानचित्र को विस्तार से दिखा सकता है।

डॉ. कलाम ने पृथ्वी के संसाधनों के विषय पर अकसर ही विचार व्यक्त किए हैं।

22 नवंबर, 2006 को नई दिल्ली में इंडियन कार्टोग्राफिक एसोसिएशन (आई.एन.सी.ए.) के 26वें कांग्रेस में जब उन्होंने हिस्सा लिया तब उनके उद्घाटन भाषण का विषय था—'मानचित्रकार : राष्ट्रीय विकास में हिस्सेदार'।

उसी भाषण के उद्धृत अंश प्रस्तुत हैं-

भारत के पास वर्ष 2020 से पूर्व ही स्वयं को एक विकसित राष्ट्र के रूप में परिवर्तित करने की स्वप्न-दृष्टि है। कई ऐसे मिशन हैं जिन्हें मानचित्र कला की तकनीकों के उपयोग की आवश्यकता है और जो वाकई विकास की प्रक्रिया को गति प्रदान करेंगे। कुछ इसी तरह के कार्यक्रम हैं, जैसे—भारत निर्माण कार्यक्रम, जिसमें पी.यू.आर.ए. (प्रोवाइडिंग अर्बन एमेनिटीज इन रूरल एरियाज) शामिल हैं, नदियों का सूत्रजाल, जवाहर लाल नेहरू नेशनल अर्बन रिन्यूवेबल मिशन (जे.एन.एन.यू.आर.एम.) के द्वारा 63 शहरों के ढाँचागत विकास, भूकंप संभावित क्षेत्रों के मानचित्र और उत्तरी बिहार में बाढ़ की बारंबारता तथा असम को भी योजना और कार्यान्वयन में इनकी आवश्यकता है। आई.एन.सी.ए. का मिशन विकसित भारत की स्वप्न-दृष्टि के कार्यान्वयन में मानचित्र कला की मूल योग्यता में इसरो, एन.आर.एस.ए., सर्वे ऑफ इंडिया, राज्य दूरस्थ संवेदी केंद्रों, विषयमूलक मानचित्र निर्माण संगठनों, भारतीय दूरस्थ संवेदी उद्योगों, शिक्षण संस्थान, अनुसंधान संस्थान और अन्य आई.टी. संगठनों की सहभागिता के साथ सहायक होना चाहिए।

भौतिक संयोजन के एक भाग के रूप में पी.यू.आर.ए. समूहों द्वारा संपर्क मार्ग को मुख्य सड़कों से जोड़ती हुई इस तरह से योजना बनानी चाहिए कि वे वृद्धि करती आर्थिक क्रियाशीलता के परिणामत: बढ़ते हुए यातायात की आवश्यकताओं को पूरा कर सकें। जमीनी सर्वेक्षण, उपग्रह दूरस्थ संवेदी आँकड़े और आकाशीय छायाचित्रों का संयोजन एक बड़े स्तर पर संबंधित मानचित्रों को निकालने के लिए करना चाहिए तथा यह अगले दो साल की समयबद्ध सीमा के भीतर 1:10,000 और 1:20,000, जो भी उचित हो, के स्तर से बेहतर होना चाहिए।

जे.एन.एन.यू.आर.एम. आधुनिक निकास प्रणाली प्रत्येक घर में पीने के पानी की व्यवस्था, विद्युतीकरण, बारिश के जल का संरक्षण तथा जल पुनश्चक्रण एवं जाम-मुक्त सड़क प्रदान करने पर ध्यान देता है। जे.एन.एन.यू.आर.एम. एक समयबद्ध कार्यक्रम है। मानचित्र निर्माताओं के लिए यह बहुत ही आवश्यक है कि प्रत्येक 63 शहरों के लिए वे जी.आई.एस. (जीओग्राफिक इन्फॉर्मेशन सिस्टम) के साथ संलग्न उपग्रह छायाचित्रों का प्रयोग करते हुए मानचित्रीय आँकड़े प्रस्तुत करें। इन्हें सर्वप्रथम मौजूद सड़क सूत्रजाल को रूपरेखा, हरियालीवाले क्षेत्रों, मूल जल स्थानवाले क्षेत्रों,

मौजूद सीवेज और जल निकासी के साथ स्थापित करना चाहिए। 50 वर्षीय विकास की रूपरेखा एवं 10 वर्ष के अंतराल की आधुनिकता को मस्तिष्क में रखते हुए नवीन सुयोजन प्रदान करना चाहिए। दूरस्थ संवेदी उपग्रह से प्राप्त दुनिया की सूचनाएँ प्राप्त करते हुए हम बेहतर योजनाओं और निरंतर निगरानी के लायक होंगे। इस अध्ययन के आधार पर इन्हें नई संयोजन रूपरेखाएँ, नई सीवेज प्रणालियाँ, स्वच्छ प्रक्रिया के बाद बचे हुए सीवेज का संभव परिवहन और सबसे ऊपर यातायात जाम को दूर करने के लिए कई स्तरों वाली सड़क प्रणाली प्रदान करनी चाहिए। निर्णय लेने में आँकड़ों और सूचनाओं का प्रयोग शहरी प्रबंधन के लिए अनिवार्य कर देना चाहिए।

□

डॉ. कलाम इसके बाद आपदा प्रबंधन के विषय पर आ गए, जिसके लिए मानचित्र रचना अति आवश्यक है तथा सुस्पष्ट मानचित्र रचना से व्यक्ति आपदा संभाव्य क्षेत्रों में सुरक्षात्मक उपाय प्रदान करने में केंद्रित हो सकता है।

□

आपदा प्रबंधन

भूकंप—प्राकृतिक संसाधनों में हालाँकि भारत संपन्न है, फिर भी भारत के बहुत से भागों को कई तरह की आपदाओं का सामना करना पड़ता है; जैसे—भूकंप, स्थानीय बाढ़ लानेवाली लगातार वर्षा, सूखा, पहाड़ी क्षेत्रों में भूस्खलन व हिमस्खलन, तूफान और सूनामी आदि। प्राकृतिक आपदाओं को रोकना संभव नहीं है, परंतु जन-हानि के कारण उत्पन्न कष्टों और दुःखों तथा विपरीत सामाजिक-आर्थिक प्रभाव को कम किया जा सकता है। उपयुक्त विवरणों के साथ भूकंप संभावित क्षेत्रों के मानचित्र से आकस्मिक कार्यों और निर्माण में एहतियात की सहायता मिलती है। कुछ सेकंडों का ही एक शक्तिशाली भूकंप वर्तमान नक्शों को अचानक ही पुराना बना देता है, साथ-ही-साथ पॉवर लाइनों, गैस की लाइनों और पानी की पाइपों को भी नष्ट कर देता है। दूसरे तरह की आपदाएँ, जैसे—भूस्खलन, जो कि कुछ क्षेत्रों में हो सकते हैं, उपग्रह के छायाचित्र, भूमि कैसे प्रभावित हुई, इसके वर्तमान दृश्य प्रदान करते हैं तथा घटना के पहले और बाद के छायाचित्र अधिकृत नुकसान के आकलन के अनुसार पुनर्निर्माण क्रिया की योजना में सहायक होते हैं।

बाढ़ एवं जल प्रबंधन—मैंने बिहार की नदियों की बिलकुल विलक्षण स्थिति का अवलोकन किया है। गंगा, जो कि मुख्य नदी है और वह पश्चिम से पूर्व की तरफ बहती है तथा वहाँ दो तरह की नदियों के प्रवाह गंगा में ही आते हैं। दोनों दिशाओं के प्रवाह की वजह से पानी नहीं बचाया जाता है तथा सबकुछ समुद्र में ही चला जाता है। साथ ही मुख्य बाढ़ वाली नदी कोसी जब बिहार में आती है तब वह पहले से

मैदानों में मौजूद रहती है। इसीलिए हमें नवीन बाढ़ प्रबंधन तकनीकों को अपनाना होगा। मानचित्र निर्माताओं को उन एजेंसियों के साथ, जो कि उपग्रह छायाचित्र और आकाशी छायाचित्र में लगी हैं, उच्च समाधानवाले मानचित्र प्रदान करने होंगे, ताकि जल प्रबंधन एवं एकत्रीकरण से यहाँ तक कि पहाड़ी क्षेत्रों की ढलान पर भी बाढ़ का नियंत्रण हो सके।

परतदार कूपों के द्वारा बाढ़ नियंत्रण—बाढ़ नियंत्रण के दीर्घकालीन समाधान एवं सूखे के वक्त इस अधिक जल के इस्तेमाल एवं संग्रह की आवश्यकता अति महत्त्वपूर्ण है। गंगा के क्षेत्र में कोसी नदी के प्रवेश-बिंदुओं पर परतदार कूपों के निर्माण का प्रस्ताव मैं दे चुका हूँ। सामान्यतया बाढ़ के पानी में एक खास तरह की गति रहती है। प्रत्येक परतदार कूप भर जाने के बाद इस तेज गति के प्रवाह को कम करने में सहायक होंगे तथा यह संगृहीत जल कमी के समय काम आएगा। इसी तरह के समाधान उत्तर-पूर्वी क्षेत्रों के लिए भी हो सकते हैं। आज की सबसे जटिल समस्या हिमालय क्षेत्रों से आनेवाली बाढ़ के प्रवेश-बिंदुओं पर बहुपरतदार कूपों का स्थान खोजने की है। चूँकि भारत की तरफ के प्रवेश-बिंदु आकार बहुत ही ढलवाँ हैं, अतः समाधान ढूँढ़ने के लिए उपयुक्त स्थान ढूँढ़ने में ही खोज है। इसीलिए बाढ़ जल आंदोलन के हिस्से को ध्यान में रखते हुए बहुपरतदार कूपों का स्थान प्रदान करना मानचित्र निर्माताओं के लिए एक बड़ी चुनौती है।

□

डॉ. कलाम मानचित्र कला को समर्थ बनाते हुए उपग्रह तकनीक की चर्चा करते हैं, जिसमें त्रिविम (स्टीरियो) छायाचित्रों का प्रयोग शामिल है। दूसरे जानवरों और पक्षियों की तुलना में मानव की एक खास योग्यता है कि मानव बहुत बड़े परिमाण में भी तीन आयामों में देख सकता है। ऐसा इसलिए होता है, क्योंकि मानव की आँखें आपस में बहुत पास स्थित हैं।

गाय, शेर और चिड़िया की दोनों आँखें आपस में काफी दूर-दूर होती हैं। पशुओं और पक्षियों को अपने दोनों तरफ और अपने पीछे देखने के लिए कि वहाँ क्या हो रहा है या अपने शिकार या आक्रमण करनेवाले को पहचानने के लिए एक बड़े क्षेत्र की आवश्यकता होती है। ऐसा बड़ा क्षेत्र आँखों के दूर-दूर होने की वजह से होता है। हमारे पीछे क्या है, हम यह नहीं देख सकते हैं। यदि हम सजग हैं तो हम अपने कंधों से दूर की हलचल को अच्छी तरह से देख सकते हैं। पशु और पक्षियों में पीछे देखने की अच्छी शक्ति होती है, परंतु वे तीन आयामी दृश्य देखने में असमर्थ होते हैं। वे दो आयामी चित्रों, जैसा कि एक फोटोग्राफ होता है, के काफी पास तक का चित्र देखते हैं; परंतु हम लोगों की तरह स्पष्ट तीन आयामी चित्र नहीं देख पाते हैं।

इस तीन आयामी चित्र का कारण हमारी आँखों द्वारा बनाए त्रिविम (स्टीरियो) छायाचित्र हैं, चूँकि हमारी आँखें आपस में बहुत नजदीक हैं। इसलिए वे हमारे मस्तिष्क में एक-दूसरे पर आच्छादित छायाचित्र भेजते हैं, जिसे वह तीन आयामी चित्र में परिवर्तित कर देता है। इसी तरह यदि हम पास-पास दो कैमरे रखें और एक-दूसरे पर आच्छादित छायाचित्र लें, तब हम उचित ऊँचाई से तीन आयामी एक चित्र बना सकते हैं। यह त्रिविम (स्टीरियो) चित्र ऊँचाई, गहराई और आकार का पूर्ण विवरण दिखा देगा। यहाँ तक कि पानी की छोटी लहरें और भँवर भी पहचाने जा सकते हैं। ऐसे छायाचित्र सेना और नागरिकों दोनों के लिए अति लाभप्रद होंगे।

किसी भी मैदानी क्षेत्र के तीन आयामी चित्र की सहायता से हम ऊँचाई का छोटे-से-छोटा अंतर भी देख सकते हैं। इन्हें आकार कहते हैं। यदि इन्हें डिजिटल रूप में रखा जाता है तब इस मानचित्र को डिजिटल भूभागीय मानचित्र कहा जाएगा और इससे उपलब्ध सूचनाओं के डिजिटल ऊँचाई का प्रतिमान कहेंगे।

आइए, डॉ. कलाम के शेष अभिभाषण पर एक दृष्टि डालें—

तकनीक-युक्त मानचित्र कला

"उपर्युक्त कार्यक्रमों के लिए आवश्यक जानकारियों को व्यक्त करने के लिए हमें आधुनिक वैज्ञानिक तकनीकों एवं उपकरणों के प्रयोग की जरूरत है। इस परिप्रेक्ष्य में जी.आई.एस., दूरस्थ उपग्रह संवेदी, छाया भाषिक उपग्रह (सैटेलाइट फोटो-ग्रामेटरी), संचार उपग्रह तथा इंटरनेट सूचना तकनीक के उपयोग में एक महत्त्वपूर्ण भूमिका अदा करते हैं। मानचित्र अनुप्रयोगों के लिए भारत ने विशेष तौर से उपग्रहों की एक शृंखला की योजना बनाई है। इस शृंखला में प्रथम सी.ए.आर.टी.ओ.एस.ए.टी.-1, जो कि मई 2005 में प्रक्षेपित किया गया तथा यह पहला उच्च समाधानवाला उपग्रह है, जो कि 2.5 मीटर के स्थानिक समाधान से मैदानी क्षेत्र के तीन आयामी विवरणों को एकत्रित करता है। मेरे अनुसार, आजकल देश का 90 प्रतिशत से अधिक त्रिविम छायाचित्रों से ही पूरा किया जा रहा है। इन छायाचित्रों का इस्तेमाल बेहतर शहरी योजनाओं, भू-कर निर्धारण सूचनाओं और जल संसाधनों के लिए भी किया जा सकता है। इस उपग्रह मिशन डिजिटल इलेवेशन मॉडल (डी.ई.एम.) के विकास में सहायक हुआ है। जी.आई.एस. वातावरण व जल निकासों के नेटवर्क के विश्लेषण के मैदानी मॉडल को प्रदान करने के लिए जलधाराओं के चिह्नीकरण हेतु भू-क्षरण के मानचित्र के लिए रूपरेखा व परिमाणात्मक विश्लेषण, जैसे—स्थिति-दूरी-क्षेत्र-परिमाण गणना के लिए यह (डी.ई.एम.) मॉडल काफी उपयोगी है। डी.ई.एम. दृश्यों की नकल एवं भूभागों के हवाई दृश्य भी प्रदान कर सकता है। मुझे यह ध्यान देते हुए प्रसन्नता हो रही है कि

अंतरिक्ष विभाग ने सारे देश के डी.ई.एम. को संचालित करने के लिए सी.ए.आर.टी.ओ.डी.ई.एम. नामक मिशन आरंभ कर दिया है तथा यह देश में ही विकसित सॉफ्टवेयर पैकेज का उपयोग कर रहा है। डी.ई.एम. की उच्चता परिशुद्धता 8 मीटर से भी बेहतर होगी। इस तरह के निवेश का मानचित्र निर्माताओं द्वारा पी.यू.आर.ए. योजना के गुणवत्ता-युक्त आँकड़ों के निवेश हेतु और राज्य स्तरीय जल-मार्ग के विकास व रूपरेखा तथा शहरी योजनाओं एवं आपदा प्रबंधन के लिए प्रभावशाली ढंग से उपयोग किया जा सकता है। जैसा कि आप जानते ही हैं, सी.ए.आर.टी.ओ.एस.ए.टी.-2 जो कि मैदानी क्षेत्रों को छायाचित्रों के एक मीटर तक से भी अच्छे स्थानिक परिणाम एकत्रित करने की क्षमता रखता है तथा यह शीघ्र प्रक्षेपित होने वाला है। मैं निश्चिंत हूँ कि आगामी पाँच वर्षों में देश मीटर स्तर के विवरण प्राप्त करने के लिए उपग्रह रख लेगा।''

कंप्यूटर विज्ञान और अंतरिक्ष तकनीकों की प्रगति हमें आजकल केवल विविध आँकड़े समूहों को ही एकीकृत करने की क्षमता प्रदान नहीं करती है, बल्कि दूर-दराज के क्षेत्रों से वास्तविक समय के संवाद के आँकड़ों को भी प्रदान करती है। भौगोलिक स्थिति के संबंध में इन आँकड़े समूहों ने एक शक्तिशाली भौगोलिक सूचना-तंत्र (जी.आई.एस.) को विकसित किया है, जो हमारे रोजमर्रा के जीवन के करीब सभी पहलुओं में इसके इस्तेमाल को बढ़ाता है, चाहे वह एक प्रशासक हो या योजना बनानेवाला या परियोजनाओं की निगरानी करनेवाला अधिकारी हो अथवा इसके द्वारा अपने मार्ग को ढूँढ़नेवाला पर्यटक ही क्यों न हो। इन अनुप्रयोगों को सक्रिय एकीकरण एवं कल्पना की आवश्यकता होती है, जो बदले में मानचित्र रचनाकर्ता को एक चुनौती प्रदान करती है कि वास्तविक समय में किस प्रकार आँकड़ों को प्रक्रियाबद्ध या एकीकृत किया जाए और उपयोगकर्ता की आवश्यकतानुसार परिणाम की कल्पना को प्रस्तुत किया जाए। मानचित्र निर्माता समुदाय के द्वारा प्रस्तुत होनेवाली अभी एक अन्य चुनौती भी है कि विषम आँकड़ों के स्रोतों से आँकड़े मिलाते समय आँकड़ों की संपूर्णता, सूचना हस्तांतरण की योग्यता और विशुद्धता कैसे सुनिश्चित की जाए। अन्य तकनीकों, जैसे—जी.पी.एस., मोबाइल फोन, डिजिटल मानचित्र कला तथा भाषिक मानचित्र में मानचित्र निर्माताओं के लिए राष्ट्र के विकास में उनके प्रयासों की पूरक होगी।

मानचित्र कला आज टॉलेमी (पुराना सिद्धांत, जिसमें पृथ्वी को ब्रह्मांड का केंद्र मानते थे तथा सभी ग्रह इसका चक्कर लगाते थे) से काफी आगे आ चुकी है और नई तकनीकों, जैसे—जी.आई.एस. और जी.पी.एस. के द्वारा हमारे जीवन में एक महत्त्वपूर्ण भूमिका अदा कर रही है। मुझे यह बताया गया है कि पश्चिमी दुनिया के लिए अधिकतर

मानचित्रों का काम दिल्ली, हैदराबाद और बंगलुरु में हो रहा है। भू-आकाशीय आँकड़ों और इनके प्रयोग की उपयोगिता के संबंध में आम आदमी की सजगता को बढ़ाने के लिए अभियान चलाने की आवश्यकता है। राष्ट्र के विकास में मानचित्र निर्माता समुदाय की विशेष भूमिका है तथा मैं इसके लिए सुनिश्चित हूँ कि आप सभी राष्ट्रीय मिशनों को अपनी बहुमूल्य सेवाएँ प्रदान करेंगे।

□

पृथ्वी और इसके संसाधन

पूर्व के अध्यायों में हमने संक्षिप्त रूप से चर्चा की है कि कैसे 4.5 अरब वर्ष पहले पृथ्वी बनी और किस प्रकार पृथ्वी के अंदर की उग्र हलचलों ने हमारे प्राकृतिक संसाधनों, जैसे—भूमिगत जल से कोयले और यूरेनियम तक का निर्माण किया। हमने अपनी पुस्तक 'इंडिया 2020 : ए विजन फॉर द न्यू मिलेनियम' के मैटेरियल एंड द फ्यूचर नामक अध्याय में भारत के सामग्रीय संसाधनों की विस्तार से चर्चा की है, जिसमें हमने विशेष तत्त्वों के साथ भारत के तुलनात्मक अध्ययन को भी छुआ है। अत: हम उस सूचना की पुनरावृत्ति नहीं करेंगे।

इन तत्त्वों की रचना कैसे हुई है? हाइड्रोजन से यूरेनियम तक के तत्त्वों की रचना अणुओं से हुई है यानी हाइड्रोजन के एक साधारण से परमाणु (जो बहुत ही हलका होता है) से लेकर जटिल यूरेनियम तक। पृथ्वी के नीचे इसके आरंभिक वर्षों में पिघले हुए लावे के सिकुड़ने की वजह से उत्पन्न उच्च तापमान और विशेषत: उच्च दबाववाले तत्त्वों के अणुओं को पीस देता है तथा परमाणुओं को पास-पास आने के लिए बाध्य कर देता है। जितना ही अधिक दबाव होगा, अणुओं व परमाणुओं का घनत्व उतना ही अधिक होगा और यही उच्च तत्त्व के निर्माण का कारक भी होता है। वनस्पतियों (वृक्षों आदि) को मसलने के बाद कार्बन के बड़े ब्लॉक बन जाते हैं, जिन्हें हम कोयले के रूप में देखते हैं। यही तत्त्व अधिक दबाव पाकर हीरा बन जाता है। पृथ्वी की अलग-अलग सतहें विभिन्न प्राकृतिक संसाधनों की रचना में सहयोग करती हैं। हम इनके बारे में इस अध्याय में आगे विचार करेंगे।

खनन

मानवीय उपयोग के लिए पृथ्वी से खनिज संसाधनों को प्राप्त करने की प्रक्रिया खनन है। उन्नीसवें विश्व खनन कांग्रेस एवं एक्सपो 2003 के उद्घाटन समारोह में 1 नवंबर, 2003 को डॉ. कलाम ने भारतीय खनन उद्योग पर अपना दृष्टिकोण व्यक्त किया था।

□

पिछली सदी में खनन मानवता की ऊर्जा एवं निर्माण की आवश्यकताओं का प्रत्युत्तर दे चुका है। इस काल के दौरान कोयला ऊर्जा सुरक्षा प्रदान करनेवाला प्रमुख सहयोगी रहा है। यह संभव है कि यह पद्धति बदल जाए और पुनः काम में आनेवाले ऊर्जा संसाधनों पर बल देते हुए इक्कीसवीं सदी के अंत तक यूरेनियम व थोरियम आधारित ऊर्जा उद्योग पर जोर दिया जा सकता है।

कोयला

जहाँ तक भारत का संबंध है, हमारे खनन का 80 प्रतिशत कोयला है और शेष 20 प्रतिशत में अन्य धातुएँ तथा अन्य कच्चा माल, जैसे—सोना, ताँबा, लोहा, सीसा, बॉक्साइट, जस्ता और यूरेनियम है। सन् 1991 के आर्थिक उदारीकरण के बावजूद खनन क्षेत्र ने बड़े विनिवेश को आकर्षित नहीं किया है। इसका कारण संभवतः भूमि अधिग्रहण, ढाँचे के विकास, परिवहन प्रणाली, सामाजिक प्रबंधन और बड़े आवासीय क्षेत्रों की परियोजना में शामिल सामुदायिक विकास की समस्याएँ हैं। नए खनन में विनिवेश को आकर्षित करने के लिए संपूर्ण प्रबंध समाधान में पुनः अवलोकन की आवश्यकता है। केंद्रीय सरकार, राज्य सरकारों और निजी क्षेत्रों को साझेदार की तरह मिलाकर एक सामूहिक उद्यम की रचना करके इसका समाधान प्राप्त करना होगा। सरकार द्वारा भूमि के प्रस्ताव, ढाँचागत विकास, सामुदायिक विकास आदि की सुविधाएँ प्रदान की जा सकती हैं; जबकि निजी क्षेत्रों के सहयोग से तकनीकी सहायता और खनन में निवेश आ सकता है। साथ ही, निजी क्षेत्रों को लाभप्रद लागत में खनन की स्वतंत्रता होनी चाहिए। देश में भविष्य के खनन में यह एक दीर्घकालीन समाधान हो सकता है तथा राष्ट्र के विकास के लिए यह सरकार और निजी क्षेत्र दोनों के लिए एक विशेष अवसर हो सकता है।

कोयले के खनन में भारत विश्व में अपना महत्त्वपूर्ण स्थान रखता है तथा खनन उत्पादकता में यह तीसरा बड़ा उत्पादक देश है, जिसको आगामी समय में 0.5 टन प्रति व्यक्ति वार्षिक से 3 टन प्रति व्यक्ति वार्षिक की आवश्यकता है। साथ ही हमें वातावरण के प्रदूषण और वैश्विक ऊष्मा के प्रभाव से बचाव के लिए स्वच्छ कोयला तकनीक पर कार्य करना होगा। एक लंबे समय से हम एकीकृत गैसीकरण व संयुक्त चक्रीय तकनीक पर चर्चा करते आ रहे हैं। एन.टी.पी.सी., बी.एच.ई.एल. और सी.एस.आई.आर. प्रयोगशालाओं को इस परियोजना पर मिशन की तरह कार्य करना चाहिए। कोल इंडिया एवं अन्य उत्पादकों को इस परियोजना में लाभ और कोयले की धुलाई के सहयोग के द्वारा सहायता देनी चाहिए। हमें इस परियोजना से परिणाम प्राप्त करने के लिए समयबद्ध कार्यक्रम बनाना चाहिए। मैं सुनिश्चित हूँ कि यह परिणाम

हमारे भविष्य के खनन अनुप्रयोगों के लिए तकनीक के विकल्प पर दूरगामी प्रभाव डालेंगे।

☐

पिछले कुछ दशकों में खनन तकनीक में बहुत विकास हुआ है। कोयला खनन करनेवालों की स्थिति आजकल इतनी खराब नहीं है जितनी कार्ल मार्क्स के समय थी, जिसने उन्हें उनके भविष्य के बारे में लिखने को बाध्य किया था। आजकल खानों में सुरक्षा की बहुत सी तकनीकें विकसित हो गई हैं तथा वे प्रदूषण स्तर को तेजी से कम करती हैं, जिसका संबंध खानों में धूल और साथ ही ऊपरी सतह की मिट्टी के क्षरण से भी है। विकसित देशों ने सुरक्षा और प्रदूषण-मुक्त खानों के क्षेत्र में बहुत ही प्रगति की है, परंतु भारत जैसे विकसित देश के लिए इस क्षेत्र में अभी बहुत लंबी यात्रा करनी है।

डॉ. कलाम के अनुसार, आजकल सभी खनन के कार्यों में विस्फोटकों का लगातार प्रयोग हो रहा है, जिसके परिणामस्वरूप शोर का अति ऊँचा स्तर, कंपन व धक्का तथा धूल के प्रदूषण का स्तर बहुत ही ऊपर चला जाता है। वे विस्फोटक सुरक्षा क्षेत्र और पर्यावरणीय सुरक्षा क्षेत्र का एक बहुत बड़ा क्षेत्र ले लेते हैं। क्या हमारे अनुसंधानकर्ता सुरक्षित, प्रदूषण-मुक्त और सूक्ष्म खनन के लिए उच्च शक्ति की लेजर प्रणाली का इस्तेमाल कर सकते हैं?

☐

भारत में खनन के आवश्यक विषयों पर अपने अवलोकनों को जारी रखते हुए डॉ. कलाम कहते हैं—

झरिया की चुनौतियाँ

भारत में झरिया कोलफील्ड देश का सर्वाधिक कोयलेवाला क्षेत्र है, जिसमें उच्च स्तर का भट्ठी वाला कोयला बहुत अधिक मात्रा में उपलब्ध है। हालाँकि इस क्षेत्र में बहुत सी जलती हुई खानें हैं, जो कई दशकों से जल रही हैं। सिंदरी से धनबाद की यात्रा करते समय की एक घटना मुझे याद है। सैकड़ों गाँववाले मेरी गाड़ी के पास दौड़ कर आ गए और उन्होंने उस जलती हुई आग तथा उस स्थान के बारे में बताया, जो कि लगातार उनके घरों के पास ही जलती रहती है। खनन समूहों के सामने इस आग पर काबू पाने की एक बहुत बड़ी चुनौती है, जिसने एक बहुत बड़े और घनी जनसंख्यावाले कोयला क्षेत्र को अपनी चपेट में ले लिया है। ठीक इसी तरह की समस्या विश्व के कई हिस्सों में अनुभव की जा रही है। यह सम्मेलन इस क्षेत्र में श्रेष्ठतम मस्तिष्कों के ध्यान को केंद्रित कराने के द्वारा इस समस्या के तकनीकी, लागत प्रभावी, सुरक्षित और कम परेशानीवाले समाधान को प्राप्त करने में खोज जारी रख सकती है।

खनन सुरक्षा

मुझे यह जानकर प्रसन्नता होती है कि हमारी खनन सुरक्षा की क्षमता पिछले कुछ वर्षों से निरंतर सुधर रही है। इसका पता घातक दुर्घटनाएँ, गंभीर दुर्घटनाएँ, चोटों की दर में गिरावट और प्रति 10 लाख टन में गिरती मृत्यु-दर से लगता है। फिर भी, दुर्घटना की शून्य स्थिति तक पहुँचने के लिए हमें काफी लंबी यात्रा करनी है। इसकी प्राप्ति के लिए हमें विद्यार्थी, प्रोत्साहक और संचालन उपायों को निरंतर लागू रखना चाहिए। सुरक्षा-निष्पादन में सुधार के लिए उठाए गए कुछ-कुछ संचालन उपाय, जिनमें समस्याओं को हल करने के लिए एक हिस्सेदारी का दृष्टिकोण शामिल है, जिसमें जोखिम प्रबंधन प्रणाली की एकीकृत रूपरेखा में दाँव पर लगे सभी लोग हिस्सेदारी रखते हैं। एकीकृत दृष्टिकोण में जोखिम के आकलन, खतरों को पहचानने तथा उनका विवेचन, प्राथमिकता, स्तर और निगरानी शामिल है। इसमें आपदा प्रबंधन एवं पूर्ति के बेहतर पहलुओं की एक विस्तृत समझ की आवश्यकता होती है।

मेरा परामर्श है कि सम्मेलन एक वेबसाइट बनाए—'वेब ऑफ लाइफ-माइंस सेफ्टी'। यह एक ऐसा फोरम होना चाहिए, जिसमें कई देश खनन दुर्घटनाओं के पहलुओं पर अपने विचारों का आदान-प्रदान कर सकें। हम पिछले 25 वर्षों के आँकड़े एकत्रित कर सकते हैं और उन आँकड़ों का खनन उपकरण के तौर पर इस्तेमाल करके यह विश्व के दुर्घटना-मुक्त खनन कार्य की तरफ हमें ले जा सकते हैं। अगली वैश्विक खनन सम्मेलन का एक विशेष सत्र और खनन सुरक्षा में अंतरराष्ट्रीय अनुभवों को समर्पित विषय तथा उनकी संभावित स्थिति होनी चाहिए। इस पर विचार-विमर्श और अनुशंसा दुर्घटना-मुक्त खनन के लिए मानक रूपरेखा एवं व्यवहार्य रूपरेखाओं के विकास की ओर ले जाएगी।

□

महासागरों और पृथ्वी की परतें

इससे पहले कि हम खनिजों और खनन पर चर्चा जारी रखें, यह जानना अधिक रोचक होगा कि पृथ्वी और सागरों में परतों का निर्माण कैसे हुआ? मान लीजिए कि आपके पास पृथ्वी की सतह से 6,000 कि.मी. नीचे तक खुदाई करके इसके केंद्र तक पहुँचने की शक्ति हो, तब क्या होगा? क्या यह एक गहरे कुएँ में झाँकने जैसा होगा या एक बहुत ऊँची बहुमंजिली इमारत से नीचे खुदी हुई नींव को देखने जैसा होगा? वास्तविकता यह है कि किसी ने भी यह नहीं देखा है कि पृथ्वी के केंद्र तक कैसा दिखता होगा। इसलिए हम केवल अनुमान ही लगा सकते हैं। रूस में ही केवल आज तक सबसे अधिक गहरा गड्ढा किया जा सका है और वह है 12.5 कि.मी. गहरा। पृथ्वी की सतह के बचे हुए विवरण भू-वैज्ञानिकों द्वारा विकसित, वैज्ञानिक एवं गणितीय नमूनों और जटिल उपकरणों के द्वारा अवलोकन से निकाले व इकट्ठा किए गए हैं। भू-

वैज्ञानिक वे लोग होते हैं, जो पृथ्वी और महासागरों का अध्ययन करते हैं तथा उन हजारों अभिलेखों को देखते हैं कि भूकंप कैसे इसके अशांति के केंद्र (अधिकेंद्र) से पृथ्वी के अन्य भागों में फैलता है और साथ ही वे पृथ्वी के विभिन्न अंदरूनी भागों में इसकी तीव्रता भी निकालते हैं। भू-वैज्ञानिक भूकंप तरंगों का इस्तेमाल पृथ्वी के अंदरूनी हिस्से के अध्ययन के लिए ठीक उसी प्रकार करते हैं जैसे कि एक हृदय रोग विशेषज्ञ हृदय के अंदर अध्ययन के लिए अल्ट्रासाउंड तरंगों का इस्तेमाल करता है।

वैज्ञानिकों ने ऊपर से नीचे की ओर पृथ्वी को चार बड़े क्षेत्रों में बाँटा है—

- ऊपरी परत (क्रस्ट)
- आवरण (मेंटल)
- आंतरिक तरल केंद्र
- आंतरिक ठोस केंद्र।

ऊपरी परत (क्रस्ट)

पृथ्वी की सतह में ऊपरी परत करीब 35 कि.मी. तक की होती है। सागर में ऊपरी परत (क्रस्ट), जिसे हम सागरीय परत कहते हैं, वह सागर की तलहटी से करीब 10 कि.मी. नीचे तक होती है। इस परत से ठीक नीचे सक्रिय ज्वालामुखियों और दरारों का 40,000 कि.मी. लंबा एक सूत्रजाल होता है। यह नई आग्नेय चट्टानों का निर्माण करती है, जिसे बसाल्ट्स (काली चट्टान, जो ज्वालामुखियों से निकलती है) भी कहते हैं। इसके परिणामस्वरूप करीब 17 कि.मी.^{3} नई ऊपरी परत (क्रस्ट) प्रत्येक वर्ष बन जाती है। हवाई द्वीप और आईलैंड हाल ही में ऐसे बसाल्ट्स से निर्मित हुए थे। आइलैंड तो अभी करीब 20,000 वर्ष ही पुराना है। परिणामत: इन क्षेत्रों में उच्च भू-तापीय क्रियाशीलताएँ होती रहती हैं, जिनका इस्तेमाल प्रभावशाली ढंग से स्वच्छ ऊर्जा उत्पादन में किया जाता है।

पृथ्वी की सतह से 1 मीटर नीचे भी खुदाई करना मुश्किल होता है। मशीन की सहायता से हम कुछ मीटर तक खोद सकते हैं और तेल एवं प्राकृतिक गैस ढूँढ़नेवाली कंपनियाँ बोरिंग मशीनों की सहायता से कुछ एक किलोमीटर तक खोद लेती हैं, परंतु अधिकतर खदान सतह से एक कि.मी. के अंदर ही होती है।

पृथ्वी की तुलना में 35 कि.मी. तक की ऊपरी परत भी हमें काफी अधिक लगती है। यह ऊपरी परत (क्रस्ट) एक बड़े फल के ऊपरी छिलके की तरह ही होती है।

जमीन के ठीक नीचे की परत महाद्वीपीय परत (कांटीनेंटल क्रस्ट) के नाम से जानी जाती है तथा यह रवादार (क्रिस्टलाइन) चट्टानों से बनी होती है, जिसमें प्रमुखता क्वाट्र्ज (सिलिकॉन डाइऑक्साइड) और सिलिकेट्स की होती है। क्रस्ट के ऊपरी हिस्से में तापमान वायु के बराबर ही होता है तथा जैसे-जैसे हम नीचे जाते हैं, क्रस्ट का तापमान तेजी से बढ़ता जाता है, जो कि बढ़कर 870°C सें. तक हो जाता है, जहाँ क्रस्ट आवरण

(मेंटल) से मिल जाता है। एक तरह से क्रस्ट का ऊपरी हिस्सा, जो करीब 10 कि.मी. मोटा होता है, भीतर की ऊष्मा से हमारी रक्षा करता है। यह ठीक वैसे ही है जैसे कि वायुमंडल का निचला स्तर, जो करीब 15 कि.मी. मोटा होता है और बाह्य अंतरिक्ष की भयानक ठंडक से हमारी रक्षा करता है।

पृथ्वी का क्रस्ट दो तरह की चट्टानों से बना होता है—ग्रेनाइट (कठोर एवं रवादार चट्टानें, जिन्हें आप चमकीली सतह के रूप में देखते हैं) एवं बसाल्ट, जो एक अति सघन ठोस लावा है। ग्रेनाइट सामान्यतया कांटीनेंटल क्रस्ट में पाया जाता है, जबकि बसाल्ट महासागरीय क्रस्ट में मिलता है। याद रखें कि महासागरीय क्रस्ट महाद्वीपीय क्रस्ट के नीचे रहता है। वास्तव में महाद्वीपीय क्रस्ट बहुत ही हलका होता है और बसाल्टिक महासागरीय क्रस्ट के ऊपर तैरता रहता है।

क्रस्ट एक एकल सजातीय इकाई नहीं है। यह कई टुकड़ों, जिसे प्लेट्स कहते हैं, से मिलकर बना है। यह प्लेट मुलायम व लचीले आवरण (मेंटल) और क्रस्ट के मध्य तैरती रहती है। सामान्यतया यह प्लेट सरल बहाव-युक्त गति में रहती है, परंतु कभी-कभी दबाव बनने के कारण वे आपस में एक-दूसरे से चिपक जाती हैं या टकरा जाती हैं। इसी को हम भूकंप कहते हैं।

आवरण (मेंटल)

क्रस्ट के ठीक नीचेवाली यह परत पृथ्वी की त्रिज्या का करीब आधा होता है, यानी तकरीबन 2,900 कि.मी.। यह आवरण (मेंटल) ठोस चट्टानों से बना होता है, परंतु इस क्षेत्र में अति ऊष्मा की वजह से यह चिपचिपे तरल की भाँति रहती है। लोहा और मैग्नीशियम की प्रचुर मात्रा के साथ ज्यादातर यह पिघली हुई सिलिकेट चट्टानों से बनी होती है तथा पृथ्वी की अधिकतर गरमी इसी से आती है। पृथ्वी का करीब दो-तिहाई द्रव्यमान इसी मेंटल का बना है।

मेंटल में ठंडे और गरम दोनों ही हिस्से होते हैं। इसीलिए पिघले हुए द्रव्यमान में ऊपर की तरफ शक्तिशाली संवहन होता है। (यह ठीक उसी प्रकार वायु उत्पन्न करती है जिस प्रकार ठंडी वायु गरम वायु को ऊपर की ओर ढकेल देती है।) ये धाराएँ क्रस्ट की महाद्वीपीय धाराओं को घुमा देती हैं। 'महाद्वीपीय बहाव' का यही कारण है और इसी की वजह से पृथ्वी पर महाद्वीप घूम जाते हैं। करोड़ों साल पहले इसी संचलन ने एशिया की भूमि से ऑस्ट्रेलिया को अलग कर दिया था और जब भारत (गोंडवानालैंड) एशिया की भूमि से टकराया तब हिमालय की रचना हुई। अधिकतर रत्न जैसे—हीरा और रक्तमणि की रचना मेंटल के भीतर ही होती है। 150 कि.मी. से अधिक की गहराई पर उच्च दबाव हीरे की एक ठोस रवादार संरचना का निर्माण करता है। पिघली हुई चट्टानों की तेजी से उठती संवहन धाराएँ हीरों को, जहाँ पर उनकी खदानें हैं, सतह पर ला देती हैं।

धात्वीय बीजकोश (कोर)

पृथ्वी के द्रव्यमान का एक-तिहाई इसके बीजकोश (कोर) में है। बीजकोश का अधिकतर हिस्सा तरल लौह तथा निकिल का मिश्रण होता है, फिर भी इसका केंद्रीय हिस्सा (करीब 5,150 कि.मी. गहराई और करीब 850 कि.मी. की त्रिज्या) ठोस होता है। बीजकोश के बाहरी भाग का तापमान 4,000°C सें. से 5,000°C तक होता है। पृथ्वी का पूर्ण केंद्र सूर्य की सतह से अधिक गरम होता है यानी 5,500°C से 7,500°C तक। यह विचार ही कितना रोचक है कि वह ग्रह, जिस पर हम रहते हैं, वह सूर्य से भी अधिक गरम है।

इस आंतरिक बीजकोश ने पृथ्वी को एक महत्त्वपूर्ण विशेषता प्रदान की है और वह है इसका चुंबकत्व। यह लौह बीजकोश एक डायनेमो की तरह काम करता है और इससे धारा उत्पन्न होती है तथा फिर चुंबकत्व उत्पन्न होता है। पृथ्वी, जैसा कि आप जानते हैं, एक बहुत बड़ा चुंबक है, इसलिए हम चुंबकीय कुतुबनुमे की सहायता से पृथ्वी पर अपनी दिशा ढूँढ़ लेते हैं। पृथ्वी की यह चुंबकीय धारा बाह्य अंतरिक्ष में फैली रहती है तथा हमसे सीधे टकराकर बहुत से उच्च ऊर्जा कणों को नियंत्रित करती रहती है।

खनिज

हम खनन पर वापस आते हैं। प्रकृति के कई उपहार, जैसे—चट्टानें, संगमरमर, ग्रेनाइट आदि उत्खनन से एकत्रित किए गए हैं; जबकि अन्य खनिज, जैसे—कोयला, गैस, कच्चा तेल एवं कई धात्विक अयस्क, सोना, हीरा आदि पृथ्वी में गहराई से खुदाई या खनन के द्वारा प्राप्त किए जाते हैं। ज्यादातर ये खजाने ऊपरी परत में ही मिल जाते हैं। कल्पना कीजिए कि कितना कुछ हमें सतह के खुरचने से ही मिल जाता है।

आदिकालीन मानव की खोजें लौह अयस्क व ताँबा आदि की ही थीं, जो कि धरती की सतह के काफी पास थीं और कभी-कभी तो ऊपर ही मिल जाती थीं। हमने कृषि और घरेलू उपकरणों के साथ-साथ हथियार भी बनाने में लोहे और ताँबे का प्रयोग किया था। कोयला और पेट्रोलियम आदि की खोज करने में बहुत समय लगा और ये खोजें हमें औद्योगिक क्रांति की ओर ले गईं। इन ऊर्जा स्रोतों पर पारंगत होने के बाद मानव ने उच्च गुणवत्तावाले लोहे और अन्य उपयोगी धातु, जैसे—अल्युमिनियम एवं टिटेनियम के लिए गहरी खुदाई की। पेट्रोलियम से प्लास्टिक भी विकसित किया गया। तत्पश्चात् कई रूपोंवाली तकनीकी ताकत, जिसमें आधुनिक मेकेनिकल और धातुकर्मीय जानकारी, जो कि केमिकल इंजीनियरिंग के साथ संलग्न थी, इसने अति उन्नत तत्त्वों (जिसमें सैकड़ों प्रोटॉन और न्यूट्रॉन एक न्यूक्लियस में गुँथे रहते हैं) की खोज की है। कुछ तत्त्व यूरेनियम से भी भारी होते हैं तथा उनकी रचना अति कठिन होती है; इसलिए वे प्रकृति में विपुल मात्रा में नहीं उपलब्ध हैं।

भारत यूरेनियम के मामले में बहुत भाग्यवान नहीं है। हमारे पास यह बहुत कम मात्रा में है तथा प्रबंधकीय व राजनीतिक कठिनाइयों ने इसके खनन पर कई तरह के प्रतिबंध लगा रखे हैं। हमारे पास थोरियम काफी मात्रा में है, परंतु थोरियम से नाभिकीय शक्ति निकालना एक आसान प्रक्रिया नहीं है। विश्व भर में अनुसंधानकर्ता थोरियम से विद्युत् प्राप्त करने के आसान तरीकों पर कार्य कर रहे हैं। भारत भी थोरियम के अनुसंधान पर काफी सक्रिय है। इस समय हमारी यूरेनियम की आवश्यकता अन्य देशों द्वारा पूरी की जा रही है। चूँकि यूरेनियम का इस्तेमाल परमाणु बम बनाने में किया जा सकता है, इसलिए इसकी आपूर्ति पर कठोर नियंत्रण है।

जब भी हम खनन पर चर्चा करते हैं तब हमें यह स्मरण रखना चाहिए कि ये सभी खनन जमीन पर ही होते हैं। तेल और पेट्रोलियम की कुछ खुदाई सागरीय क्षेत्र में होती है जैसे बॉम्बे हाई। हालाँकि, पृथ्वी का जमीनी क्षेत्र तुलनात्मक रूप से कम है—यह पृथ्वी की सतह का केवल 25 प्रतिशत ही है। सागरों और महासागरों के अंदर ऊपरी परत (क्रस्ट) में रहनेवाले खनिजों का क्या हुआ? इन तक पहुँचना बहुत ही कठिन है, क्योंकि मार्ग में आनेवाले बहुत ही अधिक जल के आयतन और वजन से व्यक्ति को संघर्ष करना पड़ेगा। सागरों के अंदर रहनेवाले तत्त्वों के खनन के लिए कई प्रयास किए जा चुके हैं। भारत भी इस क्षेत्र में कई प्रयोग करता रहा है। (इसके विस्तृत विवरण डिपार्टमेंट ऑफ ओशन की वेबसाइट पर उपलब्ध हैं, जिसे अब 'अर्थ कमीशन' कहा जाता है।) भविष्य की मानव इंजीनियरिंग की क्षमताएँ यानी अब से चार या पाँच दशकों के बाद हम शायद समुद्र की तलहटी से बहुमूल्य खनिजों को निकाल सकें। आनेवाली पीढ़ी और आजकल के युवाओं के लिए यह ठीक वैसी ही बड़ी चुनौती है जैसी सन् 1950 और 60 में अंतरिक्ष पर विजय की थी।

डॉ. कलाम ने भारत के खनिजों और धात्विक संसाधनों के बारे में अकसर ही कहा है। 17 सितंबर, 2003 को काल्पक्कम में इंडियन न्यूक्लियर सोसाइटी के चौदहवें वार्षिक सम्मेलन में अपने उद्घाटन भाषण में नाभिकीय ऊर्जा संसाधनों पर चर्चा की थी।

□

"हमारा अल्प मात्रा का यूरेनियम संसाधन प्रेशराइज्ड हैवी वाटर रिएक्टर (पी.एच.डब्ल्यू.आर.) के वर्तमान उत्पादन करीब 15,000 मेगावाट को सहायता पहुँचा सकता है और जिसमें यूरेनियम संसाधन की 1 प्रतिशत से भी कम खपत होगी। नि:शेष स्थिति में संतुलित यूरेनियम के साथ पी.यू.-239 के पुनश्चक्रण से फास्ट ब्रीडर रिएक्टर (एफ.बी.आर.) का द्वितीय स्तर हमें हमारी सीमित यूरेनियम निधि से करीब 130 गुना अधिक संभाव्य ऊर्जा प्रदान करेगा। अंततः हमें अपनी ऊर्जा सुरक्षा के लिए अपशिष्ट थोरियम संसाधन (जो कि विश्व के कुल थोरियम संसाधन का करीब एक-तिहाई है)

पर ही वापस आना पड़ता है। इसके लिए हमें थोरियम को दूसरे स्तर के एफ.बी.आर. के ब्लैंकेट जोन में प्रयुक्त नाभिकीय क्षमता के उचित विकास स्तर पर प्रस्तुत करना पड़ता है। यह हमारे आणविक शक्ति कार्यक्रम के तीसरे स्तर के इस्तेमाल के लिए यू-233 (थोरियम से) की संपत्ति सूची बनाने के लिए हमें प्रेरित करेगा, जो कि अभी तक दूसरी तरह के फास्ट ब्रीडर रिएक्टर पर आधारित है तथा ईंधनसार के रूप में यू-233 एम.ओ.एक्स. थोरियम का उपयोग करता है।

थोरियम-233 ईंधन पुनश्चक्रण में भारत शुरुआती स्तर का अनुभव साथ-ही-साथ अनुसंधान रिएक्टर 'कामिनी' के निर्माण का भी अनुभव रखता है। फिर भी, हमें उपयोगकर्ता के लिए सभी तकनीकों एवं थोरियम यू-233 ईंधन पुनश्चक्रण की अंतिम स्तर पर कुशलता की आवश्यकता है, जो कि संयंत्र स्तर पर इसकी सभी तकनीकी समस्याओं को व्यक्त करेगी, जिसमें थोरियम का उपयोग भी शामिल है। हमें तत्काल ही 1,000 मेगावाट की क्षमतावाले प्रथम ईंधन आधारित आधुनिक हैवी वाटर रिएक्टर के निर्माण की योजना बनानी चाहिए।''

☐

इसके अतिरिक्त डॉ. कलाम न केवल खनिज, पृथ्वी की सतह या सागर की तलहटी से एकत्रित करने की चर्चा करते हैं, बल्कि बिलकुल ही अलग स्रोतों से प्राप्त करने की बात कहते हैं, जैसे—अन्य ग्रह या चंद्रमा। वास्तव में अंतरिक्ष का खनन सागर के खनन से आसान होगा।

☐

मानव जीवन करोड़ों वर्षों से चला आ रहा है। पाषाण युग से कांस्य युग, फिर लौह युग आदि इसमें मानवता की एक लंबी यात्रा रही है। अब हम इस स्तर पर पहुँच गए हैं, जहाँ धरती में प्रचुर मात्रा में सामग्रियाँ उपलब्ध हैं, परंतु इसे पुनर्जीवित करनेवाला संसाधन नहीं है। एक दिन यह स्वयं ही समाप्त हो जाएगा। अर्थव्यवस्था की वृद्धि, ढाँचागत विकास और उपभोग के स्तर के बढ़ने के कारण खनिजों की माँग की वृद्धि बहुत ही तेज होने की आशा है। गुंजायमान मध्य वर्ग की उत्पत्ति ने सोने और चाँदी की पारंपरिक माँग के साथ-साथ धातु उत्पादों की माँग भी बढ़ा दी है। इसलिए हमें वर्तमान उपलब्ध तत्त्वों की कीमत बढ़ाने के लिए अपनी जानकारी बढ़ानी चाहिए तथा भविष्य के इस्तेमाल के लिए इन्हें बचाकर भी रखना चाहिए। आगामी कुछ दशकों में हमारा सामना जल, ऊर्जा और खनिजों की गंभीर कमी की पूर्णरूपेण नई परिस्थिति से होगा। कोई भी अकेला राष्ट्र इस परिस्थिति को स्वयं ही सँभाल नहीं पाएगा। दूसरे ग्रहों से खनिज और समुद्री जल की विलवणीकरण की प्रक्रिया से पीने का पानी तथा सौर ऊर्जा के लिए मानवता को बड़े मिशनों की आवश्यकता है। इसमें नवीनता और उपग्रह पर

आधारित दूसरे ग्रहों की दूरस्थ संवेदी, रोबोटिक, खनन उपकरण, खनन संचालन, उत्खनन, लाभ, प्रक्रिया और परिवहन में अनुसंधान की आवश्यकता है।

आप में से जो भी साहसी व्यक्ति हैं और जो कल्पना करने का साहस करते हैं, वे भविष्य में खनन की बहुत अधिक संभावना के लिए सोच सकते हैं; परंतु पृथ्वी से प्राकृतिक संसाधनों को निकालने के पहले खनन के पर्यावरणीय प्रभाव का अध्ययन आवश्यक है। प्राकृतिक संसाधनों में भविष्य के अनुसंधान विज्ञान से निकली जानकारियों पर निर्भर होने जा रहे हैं। प्रकृति से खनन तभी संभव है, जब आप पहले अपने मस्तिष्क का खनन करेंगे। अल्बर्ट आइंस्टीन का कथन याद रखिए, 'कल्पना जानकारी से अधिक महत्त्वपूर्ण है।' हमें केवल धरती से मौजूद संसाधनों को ही नहीं निकालना है बल्कि नए संसाधन भी निर्मित करने हैं।

□

जीव-मंडल

अब तक हम बाहरी अंतरिक्ष, वायुमंडल और पृथ्वी के बारे में चर्चा कर चुके हैं। हम मानव जाति पर केंद्रित थे, जिसमें अंतरिक्ष अनुसंधान एवं अंतरिक्ष तकनीकें और पृथ्वी का खनन, महासागरीय संसाधन तथा भविष्य की तकनीकें उठाई गई थीं, जो कि हमें लाभ पहुँचा सकती हैं। हमारी चर्चाएँ संसाधनों के चारों तरफ थीं, जो कि मानवता के लिए आर्थिक रूप से बहुत उपयोगी हो सकती हैं। यह स्वाभाविक ही है कि विकास के इतिहास में श्रेष्ठ जातियों ने हमेशा ही अपने चारों तरफ की स्थितियों को अपनी स्वयं की जातियों की प्रगति और कल्याण के लिए सबसे अनुकूल आकार देने की कोशिश की है।

प्रकृति की प्रक्रिया को ज्ञान के कई प्रकारों के द्वारा समझने की योग्यता में मानव जाति की जो विलक्षणता है, इसमें वैज्ञानिक ज्ञान अति शक्तिशाली जानकारियों में से एक है। तकनीक, जो कि विज्ञान की सहयोगी है, यह प्रकृति की कई धीमी प्रक्रियाओं को गति प्रदान करने की प्रक्रिया, नए उपकरण एवं नए उत्पाद निर्मित करने के लिए मानव जाति को वैज्ञानिक जानकारी के इस्तेमाल की योग्यता प्रदान करती है। अनुसंधानों एवं खोजों के ढेर ने बीसवीं सदी को प्रभावित किया तथा इसने परिवर्तन की प्रक्रिया को गति प्रदान की है, जो कि पृथ्वी के इतिहास में पहले कभी नहीं हुई। मानव जनसंख्या तेजी से बढ़ती जा रही है—पूर्व के काल में मानव जनसंख्या कई सहस्राब्दियों में स्वत: ही दुगुनी हुई होगी, जबकि अब यह दशकों में ही हो जाती है। अधिकतर संसाधनों जैसे—ऊर्जा, जल एवं आहार की प्रति व्यक्ति खपत पिछली सदी में सिर्फ कई गुना बढ़ी ही नहीं है बल्कि इसने बहुत से संभावित संसाधनों को समा लेने के लिए परिवर्तन कर लिया है। मानव जाति ने पौधों को उगाने, जानवरों को पालतू बनाने तथा संकर नस्ल की जानकारी से 3,000 नई प्रजातियों का निर्माण किया है। पिछले कई दशकों में जीनोम की जानकारी ने मानव को उत्पत्तिमूलक परिष्कृत बीजों और वनस्पतियों के निर्माण के लिए शक्ति-संपन्न बनाया है।

परंतु पहले की सदियों का यह मानव-केंद्रित दृष्टिकोण, जो कि शायद मानवीय प्रगति के लिए अति आवश्यक था तथा यह एक ऐसी परिस्थिति की रचना कर चुका है, जहाँ प्राकृतिक संसाधनों के तेजी से उपयोग के कारण धरती की सहन-शक्ति के बाहर तक गरम होने का भय है तथा यह बिना वापसी वाली जलवायु परिवर्तन की तरफ ले जा रहा है। प्रकृति और मानव के बीच निकट संबंध की अब यह एक तीव्र सजगता है तथा सभी जीवित प्राणी एक संपूर्ण व्यवस्था के हिस्से के रूप में देखे जाते हैं, जो पृथ्वी, महासागरों और वायुमंडल की निर्जीव दुनिया के साथ एक सामंजस्य बनाए रखते हैं। दार्शनिक या नैतिक कारणों के लिए ही नहीं बल्कि ऐसा सांसारिक दृष्टिकोण अब मानव अस्तित्व के लिए भी अति आवश्यक है। इसीलिए जीवमंडल के बारे में जानना हमारे लिए अति आवश्यक है, जिसके हम एक बहुत ही छोटे से हिस्से हैं।

रूस के एक वैज्ञानिक ब्लादीमीर वरनदास्की ने 'जीवमंडल' शब्द दिया है। इसका अर्थ 'पृथ्वी का जीवन क्षेत्र' है, जिसमें सभी जीव और जैविक तत्त्व शामिल हैं। इसलिए जहाँ कहीं भी जीवन का रूप मौजूद है—चाहे वह भूमि, जल या वायु हो—उसका संबंध है। पृथ्वी का सारा भाग जल या बर्फ की परतों से ढका है (जिसे सामान्यतया जलमंडल कहते हैं)। वायुमंडल की परतें पृथ्वी को ढके रहती हैं तथा इसके साथ मिट्टी भी जीवमंडल के रूप में जानी जाती है।

आदिकालीन सूप

जब पृथ्वी की उत्पत्ति सूर्य से हुई थी तब इसमें जीवमंडल नहीं था। जीवमंडल की शुरुआत करीब 450 अरब वर्ष पहले इसके ठंडे होने से हुई थी, जैसा कि भू-वैज्ञानिक इसे प्री-कैंब्रियन काल (चट्टान निर्माण काल से पूर्व) बताते हैं और तभी महाद्वीपों का निर्माण हुआ था। इसी काल के दौरान वायुमंडल का भी निर्माण हुआ, परंतु यह आजकल के वायुमंडल की भाँति नहीं था। उस समय का वायुमंडल हाइड्रोजन, कार्बन डाइऑक्साइड, अमोनिया और मीथेन का एक पतला सा आवरण था। इसमें मुक्त ऑक्सीजन नहीं थी, जो जीवन के लिए अति महत्त्वपूर्ण है (इसलिए यह संस्कृत में 'प्राण वायु' कही गई है)। काफी समय के बाद यानी कई लाख वर्षों में जल वाष्प सघन होकर बहुत गरम जल का समुद्र बन गया। इतना ही काफी नहीं था, पृथ्वी की आंतरिक गरम परतों से फूटे ज्वालामुखी ने बहुत अधिक मात्रा में लावा और राख पृथ्वी की सतह पर इस गरम समुद्र के साथ ही उगल डाला। यहाँ तक कि बाह्य अंतरिक्ष भी पृथ्वी के प्रति उदार नहीं था। चूँकि वायुमंडल काफी विरल था, इसलिए पराबैंगनी किरणें नए निर्मित ग्रहों पर बहुत ही तेजी से पड़ती थीं। यह अति अविश्वसनीय है कि यह प्रतिकूल वातावरण जीवन के मूल का घर बना; परंतु यह हमें दिखाता है कि प्रकृति की प्रक्रिया कितनी विलक्षण और बिना अनुमान वाली हो सकती है।

ठीक इसी तरह की परिस्थितियाँ, जिसमें कठोर पराबैंगनी किरणें तथा विरल वायुमंडल में गैसों से क्रिया करती बिजली के विद्युतीय आवेश एवं आदिकालीन पृथ्वी को ढके हुए जल वाष्प ने एक प्रक्रिया के द्वारा, जिसे अब रासायनिक संश्लेषण कहते हैं, जटिल अणु जैसे—चीनी, लिपिड (प्राकृतिक तत्त्वों का ऐसा कोई भी समूह, जो जल में घुलनशील न हो), नाभिकीय एसिड और अमीनो एसिड उत्पन्न किए। इन जटिल अणुओं ने आपस में एक-दूसरे से परस्पर क्रिया करनी भी शुरू कर दी और नए जटिल अणुओं की रचना की। इनकी सांद्रता एक ऐसे स्तर पर पहुँच गई, जिसे वैज्ञानिक अब 'आदि कालीन सूप' (डार्विन के बुनियादी भाव के अनुसार 'गरम लघु ताल') कहते हैं।*

सिंथेसिस और क्रास लिंकेजेस प्रतिक्रियाएँ न्यूक्लियोटाइड्स के निर्माण की तरफ ले जाती हैं। इस तरह के बहुत से न्यूक्लियोटाइड्स साथ जुड़कर न्यूक्लिक एसिड का तत्त्व बनाते हैं। ऐसे बने बहुत से बड़े तत्त्वों में से एक तत्त्व, जिसे डीऑक्सीरिबो-न्यूक्लिक एसिड (डी.एन.ए.) कहते हैं, जिसने एक महत्त्वपूर्ण अंतर बनाया है। ऐसा इसलिए था क्योंकि डी.एन.ए. स्वत: ही दुबारा बन सकता है (जैसा कि अब यह करता है)। यह आदिकालीन सूप में होने के लिए नए रासायनिक संश्लेषण का इंतजार नहीं करता है बल्कि स्वयं ही अपनी प्रतिलिपि बारंबार बनाता रहता है। प्रत्येक नया डी.एन.ए. तत्त्व स्वत: ही बनने में सक्षम होता है। केवल इतना ही नहीं, डी.एन.ए. अमीनो एसिड के निर्माण के लिए रूपरेखा की भाँति भी कार्य करता है, जो कि प्रोटीन का सरलतम रूप है।

पूर्वकालीन जीवन या सूक्ष्म जीवों को धरती पर प्रकट होने के लिए प्रतिकूल वातावरण में इनका मंच तैयार किया गया था। चरणों की एक श्रृंखला कोशिकाओं के निर्माण की ओर चली, जो कि जीवन के निर्माण खंडों का आधार है।

यदि डी.एन.ए. स्वत: ही परिपूर्ण प्रतिलिपि बना लेता तब पृथ्वी मानक डी.एन.ए. और अमीनो एसिड तत्त्वों से भर गई होती और इसमें कोई परिवर्तन भी नहीं होता। यह समानता आगे के विकास को स्पष्टतया असंभव बना देती, परंतु इस प्रतिलिपि प्रक्रिया में प्रतिलिपि डी.एन.ए. की कुछ 'त्रुटियाँ' भी प्रस्तुत हुई हैं। ये त्रुटियाँ बदले में स्वयं ही प्रतिलिपि बनाती हैं और पूर्णरूपेण नए डी.एन.ए. की लड़ी प्रस्तुत करती हैं, जो कि पूरी तरह से अलग तरह का प्रोटीन बनाती हैं। परिणामत: प्रोटीन की कई विभिन्नताएँ तथा स्वाभाविक चयनित विकास की प्रक्रिया संभव हुई है, जिसमें 'सर्वोत्तम ही बचता है' और प्रकृति द्वारा वरीयता प्राप्त समूह की भविष्य की धारणीयता शामिल है। यदि कोई

---

* अधिक जानकारी के लिए कृपया विज्ञान प्रसार की पुस्तकें 'लाइफ ऑन अर्थ', 'सुकन्या दत्त' और 'प्लेनेट इन नटशेल' (बिमान बसु) देखें। इस अध्याय में कुछ सूचनाएँ इन्ही पुस्तकों से प्राप्त की गई हैं।

भिन्नता नहीं होगी तब चयन का कोई असर भी नहीं होगा। बिना विकल्प के बेहतर की बहुत थोड़ी ही आशा है। समानता से अवरोध प्रबल होगा और विकास असंभव होगा।

पृथ्वी पर जीवन आता है

चयन और विभिन्नता की इस प्रक्रिया के द्वारा कोशिकाएँ धरती पर करीब 120 करोड़ वर्ष पूर्व उत्पन्न हुई थीं। इसी काल में प्रथम एक कोशकीय जीव, जिसे प्रोकारियोट्स (वर्तमान बैक्टीरिया के पूर्वज) के नाम से जाना जाता है, अस्तित्व में आए। यही समय का वह हिस्सा था जब वायुमंडलीय ऑक्सीजन की मात्रा बढ़ी थी और इसने पृथ्वी पर जीवन को रहने लायक बनाया था। भू-वैज्ञानिक इस काल को पूर्व कैंब्रियन काल (450-570 मिलियन वर्ष पूर्व) कहते हैं। इस काल के बाद के उत्पन्न जीव यूकेरियोट्स के नाम से जाने जाते हैं तथा इनमें सेल्युलर न्यूक्लीयस और न्यूक्लियर झिल्ली होती है। साधारण पौधे व बिना मेरुदंडवाले जीव, जैसे—शैवाल, बैक्टीरिया, जेलीफिश, चाबुक की तरह के जीव, अमीबा, कृमि और समुद्री स्पंजी ने उत्पन्न होना आरंभ कर दिया था। इन जीवों का अस्तित्व अभी भी है, हालाँकि इनमें से कुछ उन्नत जीवों में विकसित हो चुके हैं।

पेलियोजोइक काल

भू-वैज्ञानिकों के द्वारा जीवन के अस्तित्व में आ जाने के तुरंत बाद का काल पेलियोजोइक काल (570-250 मिलियन वर्ष पूर्व) कहा गया। इसके अंतर्गत कई विभिन्न काल थे।

- कैंब्रियन काल (570-500 मिलियन वर्ष पूर्व) : व्यापक स्तर पर बहुकोशकीय जीवन की उत्पत्ति आरंभ हुई। ट्राइलोबाइट्स, ब्राकियोपाड्स, क्लैम्स, घोंघा, क्रस्टेशिया, गैस्ट्रोपाड्स, मूँगा और प्रोटोजोआ उत्पन्न हुए।
- आर्डोबिसियन काल (500-438 मिलियन वर्ष पूर्व) : आदिकालीन जीवन धरती पर प्रकट हुए। यह एक महत्त्वपूर्ण घटना थी। महासागरों में मेरुदंड वाले जीव उत्पन्न हुए, जो बहुत सी मछलियों के पूर्ववर्ती थे।
- सिलवियन काल (438-408 मिलियन वर्ष पूर्व): प्रथम पौधे और कीट धरती पर उत्पन्न हुए। शार्क, बोनी फिश और बिच्छू पैदा हुए।
- डिवोनियन काल (408-360 मिलियन वर्ष पूर्व) : मकड़ी, कीट और उभयचर जीव उत्पन्न हुए।
- कार्बोनिफेरस काल (360-286 मिलियन वर्ष पूर्व) : प्रथम वास्तविक सरीसृप उत्पन्न हुए। कोयले का बनना आरंभ हुआ।
- परमियन काल (286-250 मिलियन वर्ष पूर्व) : यह काल बहुत से जीवनों

के विध्वंस का था। इसमें सामूहिक विलुप्तीकरण हुआ और अब तक के उत्पन्न 90 प्रतिशत जीव मृत हो चुके थे; परंतु इस बड़े स्तर के विध्वंस में भी बड़े पाल की तरह के पंखोंवाले सरीसृपों का उदय हुआ।

मेसोजोएक काल (260-65 मिलियन वर्ष पूर्व) : समय का यह समूह मेसोजोएक काल कहलाया। पुनः इसके भी कई उप-विभाजन हुए।

- ट्रियासिक काल (250-205 मिलियन वर्ष पूर्व)

साइकैड (उष्णकटिबंधीय वृक्ष जैसे पाम वृक्ष) उत्पन्न हुए। छोटे डायनासोर की उत्पत्ति हुई। प्रथम कछुए, छिपकलियाँ और स्तनपायी उत्पन्न हुए।

- जुरासिक काल (205-138 मिलियन वर्ष पूर्व)

आपको उस मशहूर फिल्म की याद आ गई होगी। यही समय था जब विशालकाय डायनासोर, उड़नेवाले पेट्रोसोर, प्रथम समुद्र फेनी, मेढक और जानवर की तरह की छिपकली पैदा हुई।

- क्रिटेशियस काल (138-65 मिलियन वर्ष पूर्व)

इस समय डायनासोर का पृथ्वी पर प्रभुत्व था। खिलनेवाले प्रथम पौधों, सर्पों एवं आधुनिक मछलियों की उत्पत्ति हुई। इस काल की समाप्ति तक डायनासोर की समाप्ति हो चुकी थी। संभवतः पृथ्वी पर एक छोटे से ग्रह के आघात का प्रभाव था, जिसके परिणामस्वरूप मलबा बना।

सेनजोएक काल (65 मिलियन वर्ष पूर्व से लेकर अब तक)

इसको हमने कालों में विभक्त किया तथा इनके उप-समूहों को इपोक (युगांतर) कहा गया।

- तृतीय काल (65-1.8 मिलियन वर्ष पूर्व)

1. प्लाकोसीन इपोक (65-55.5 मिलियन वर्ष पूर्व)

स्तनइयों को पृथ्वी उत्तराधिकार में प्राप्त हुई थी। आदिकालीन स्तनपाइयों में से प्रमुख हैं—मारसुपियल्स, इनसेक्टिवोरस, लेम्युराइड्स, क्रियोडोंट्स (सभी कुत्ते और बिल्लियों के मांसाहारी पूर्वज हैं) और खुरवाले प्रारंभिक जानवर।

2. ईओसीन इपोक (55.5-33.7 मिलियन वर्ष पूर्व)

घोड़ों और ऊँट के आकारों के इनके पूर्वज तथा अन्य आधुनिक समूहों, जैसे—चमगादड़, प्राइमेट (नर-वानर), गिलहरी की तरह के तीखे दाँतवाले जानवर यूरोप और उत्तरी अमेरिका में उत्पन्न हुए।

3. ऑलिगोसीन इपोक (33.7-23.8 मिलियन वर्ष पूर्व)

हाथी, बिल्लियाँ, कुत्ते, बंदर और बड़े वनमानुसों ने अपनी प्रथम उपस्थिति दर्ज कराई। घासों की भी उत्पत्ति तभी हुई।

4. मायोसीन इपोक (23.8-5.3 मिलियन वर्ष पूर्व)

यही वह काल था जब व्यापक स्तर पर विश्व ने ठंडा होना शुरू कर दिया था। अंटार्कटिक में चट्टानें बनीं। प्रथम टैकून और बीजल की उत्पत्ति हुई, अफ्रीका और दक्षिणी यूरोप में विशालकाय वानरों का जन्म हुआ। पहले होमीनिड (दो पैरों पर खड़ा होनेवाला नर वानर, जो कि हमारे पूर्वज हैं) की उत्पत्ति हुई।

5. प्लीओसीन इपोक (5.3-1.8 मिलियन वर्ष पूर्व)

पृथ्वी का वातावरण इस समय ठंडा और सूखा हो गया था। स्तनपाइयों ने स्थलीय जीवन के प्रभुत्व के रूप में स्वयं को स्थापित कर लिया था। इसी काल के दौरान नर वानर के एक समूह में तेजी से विकास हुआ और इससे एक प्रजाति उत्पन्न हुई, जो कि आधुनिक मानव के सीधे पूर्वज के रूप में जाने जाते हैं।

- चतुर्थ युगीन काल (1.8 मिलियन वर्ष से वर्तमान तक)

1. प्लीस्टोसीन इपोक (1.8 मिलियन से 8,000 वर्ष पूर्व तक)

यह काल हाल ही के हिम युग की उत्पत्ति का था। पृथ्वी के एक-चौथाई से अधिक भूभाग पर ग्लेशियर फैले हुए थे। मानव ने इस हिम युग का लाभ उठाया, जिसका संबंध उनके प्रवास की शुरुआत के लिए महासागरों में जमे ठोस बर्फ से जुड़े हुए भूभाग से है।

2. हेलोसीन इपोक (8,000 वर्ष पूर्व से अब तक)

प्रथम आधुनिक मानव उत्पन्न हुआ।

कई मिलियन वर्ष पूर्व से जीवन का यह कैलेंडर जो संबंध बताता है, उसे कभी-कभी मानव इतिहास के साथ मिला पाना मुश्किल लगता है, जो सिर्फ कुछ ही हजार साल पुराना है। प्रकृति के जानकार डेविड एटनबरो ने अपनी पुस्तक 'लाइफ ऑन अर्थ' में एक उपयोगी वर्ष का कैलेंडर प्रस्तावित किया है। जो कि जीवन के आरंभ से वर्तमान तक है, जिसमें 1 दिन =10

मिलियन वर्ष होता है। ऐसे कैलेंडर में मानव 31 सितंबर तक उत्पन्न ही नहीं हुआ था, परंतु 31 सितंबर तक मानव की उत्पत्ति के साथ चीजों ने बहुत तेजी से घूमना आरंभ कर दिया था।

मानव जाति ने अपनी जीवन-रक्षा के लिए ही नहीं बल्कि अपनी सुविधा के लिए भी जीवमंडल को महत्त्वपूर्ण ढंग से प्रभावित करना शुरू कर दिया था। घरों और कृषि के लिए बहुत ही अधिक संख्या में पेड़ों की कटाई की गई। दूसरे पौधों की तुलना में वरीयतावाले पौधों का उगाना कृषि में शामिल हो गया। जैसे-जैसे व्यापार आरंभ हुआ, वरीयतावाले पौधे और पशु दुनिया भर से भिन्न स्थितियों के साथ-साथ लाए गए। मानव ने बहुत से पौधों और पशुओं की संकर नस्ल तैयार की तथा मौजूद नस्लों में सुधारात्मक परिवर्तन किए। यदि मानव का दखल नहीं होता तब इन प्रजातियों को विकसित होने में कई लाख वर्ष लग जाते और शायद कुछ का तो प्राकृतिक चयनित प्रक्रिया में चुनाव ही नहीं हुआ होता। वृहत् स्तर के कृषि कार्य ने मानव जनसंख्या की वृद्धि व समृद्धि में सहायता पहुँचाई है और शीघ्र ही पृथ्वी पर मानव के प्रभुत्ववाली प्रजाति बनाई है।

इस तीव्र परिवर्तन और विस्तार ने जीवमंडल को बड़े रूप में प्रभावित किया है। कोयले और पेट्रोलियम का मानवीय खनन तथा इनका व्यापक स्तर पर इस्तेमाल; बड़े पैमाने पर कृत्रिम रसायनों का उत्पादन, जो प्रकृति में बहुत ही कम मात्रा में है; बड़े स्तर पर सिंचाई के लिए कृत्रिम रूप से बनाए गए बाँध व नहरें; मानव के रहने के लिए बड़े स्तर पर जंगलों का काटना—इन सभी ने भूमि, महासागर और वायुमंडल को प्रभावित किया है जो ध्यान देने योग्य है। पशुओं, पक्षियों और कुछ पौधों की प्रजातियों के लुप्त होने का कारण यह स्थानीय वायुमंडल और जल प्रदूषण है। वैश्विक जलवायु पद्धति में अब गंभीर परिवर्तन देखे जा रहे हैं और यह बहुत से कारण भी पैदा कर रहे हैं। कुछ लोग ऐसे भी हैं, जिन्हें यह विश्वास है कि पृथ्वी पर जीवन अब एंथ्रोपोसीन युग में प्रवेश कर चुका है, जहाँ मानव जनित परिवर्तन पृथ्वी के पर्यावरण के बड़े नुकसान का कारण बन सकता है।

जैव विविधता

जैवमंडल की महत्त्वपूर्ण सुदृढ़ता में से एक इसकी विविधता है। हम देख चुके हैं कि डी.एन.ए. की प्रतिकृति में त्रुटि कैसे प्रथम स्थान में भिन्नता की तरफ ले जाती है। यह विविधता अभी भी प्रकृति की शक्ति और पृथ्वी पर जीवन की शक्ति भी है।

जैव विविधता क्यों आवश्यक है? क्या प्राकृतिक चयन, जिसमें सर्वोत्तम ही सुरक्षित है, का सिद्धांत पहले से ही कार्य नहीं कर रहा है? क्या यह तय नहीं करता है कि कौन

सी प्रजाति सुरक्षित रहने और आगे की प्रतिकृति के लिए बेहतर तरीके से तैयार है? हम क्यों कुछ विशेष प्रजातियों का पक्ष लेते हैं और खतरे में पड़ी उन प्रजातियों को मरने से बचाने का प्रयास करते हैं? क्या गरीबी और कुपोषण से पीड़ित करोड़ों मानवों की स्थिति पर अधिक ध्यान देने की जरूरत है या क्या यह 'गुह्य धार्मिक' बोध की तरह है कि जैसे जैव विविधता बहुत ही अधिक महत्त्वपूर्ण है?

यही वह प्रश्न है, जो उन बहुत से लोगों के मन में होते हैं, जो भारत और दुनिया के अन्य हिस्सों में व्यापक स्तर पर फैली हुई गरीबी के लिए चिंतित हैं और वे इसका उन्मूलन देखना चाहेंगे। गरीबी-उन्मूलन के लिए चरणबद्ध रूप में अधिक-से-अधिक विकास की आवश्यकता है, जैसे—उन्नत पैदावारवाले बीजों के साथ कृषि की आधुनिकता यानी संकर एवं उत्पत्तिमूलक रूपांतरित बीज और उच्च कीमत के कृषि उत्पादों पर ध्यान; व्यापक स्तर पर ऊर्जावाले पौधे लगाना, जो कि जैव-ईंधन प्रदान कर सकें; उद्योग और पर्यटन के लिए बेकार पड़ी भूमि का सुधार; आधुनिक इंजीनियरिंग पद्धति के द्वारा व्यापक स्तर पर जल के स्थान से जल उपलब्ध कराने का प्रबंध आदि। परंतु जब ऐसी विकास योजनाएँ बनाई जाती हैं तब जैव-विविधता के समर्थक अकसर यह कहते हुए इनका विरोध करते हैं कि योजनाएँ पारिस्थितिक प्राकृतिक वासियों के लिए एक भयावहता उत्पन्न करेगी और कुछ प्रजातियों के पौधों एवं पशुओं को विलुप्ति की ओर ले जाएगी। दो विचारों के बीच चलनेवाला यह एक निरंतर द्वंद्व है। अतः कौन सही है?

अपने साथी जीवों के प्रति संवेदना महसूस करना हमारी स्वाभाविक मानवीय भावना है, चाहे घरेलू हो या बगीचे का पौधा या जंगल का जीव हो अथवा जंगल का पेड़। यह शायद प्रकृति में मौजूद प्रत्येक वस्तु के बीच एक अंतर्संबंध है। डी.एन.ए. एकाएक एक ही रात में नहीं बदल जाते हैं। लाखों वर्षों का विकास केवल एक छोटे से परिवर्तन को प्रभावित करता है, परंतु उस परिवर्तन का बाह्य स्वरूप प्रकृति के एक उत्पाद से दूसरे में काफी भिन्न दिखाई पड़ता है। उदाहरणस्वरूप मानव के बीच डी.एन.ए. के परिवर्तन की मात्रा 1 प्रतिशत से भी कम होती है; फिर भी एक भारतीय एक चीनी से तथा एक यूरोपीय एक अफ्रीकी से काफी अलग दिखता है।

इस समानता के अलावा शिकार और शिकारी में भी एक संबंध है : वास्तव में जीवित रहने के लिए वे एक-दूसरे पर निर्भर हैं। जनसंख्या चक्र के अंतर्संबंध के लिए खरगोश और लोमड़ी का एक प्रसिद्ध उदाहरण बताया गया है। जब खरगोश की जनसंख्या तेजी से बढ़ती है तब लोमड़ियों को अधिक भोजन प्राप्त होता है और उनकी जनसंख्या में वृद्धि होती है। अब एक ऐसा समय भी आता है, जब लोमड़ियाँ बहुत अधिक खरगोश खा जाती हैं और खरगोशों की संख्या कम हो जाती है। इसकी वजह से लोमड़ियों की जनसंख्या में काफी कमी आ जाती है; बहुत सी लोमड़ियाँ भूख से मर जाती हैं और बहुत

सी बिना उन्हें पैदा किए ही मर जाती हैं। वास्तव में, खरगोश और लोमड़ी एक-दूसरे की जनसंख्या का संतुलन बनाए रखते हैं। यदि बिना किसी बड़े बाहरी विघ्न के प्रकृति के ऊपर ही इसे छोड़ दिया जाए, तब ऐसी चक्रीय शृंखला के द्वारा एक पारिस्थितिक संतुलन बन जाता है।

प्रकृति के पास चीजों का संतुलन बनाए रखने के अपने तरीके हैं। विकास के इस लंबे इतिहास में ऐसा भी समय आया है जब एक प्रजाति ने अपना प्रभुत्व बनाए रखने की कोशिश की है; मगर कुल मिलाकर प्रकृति पारिस्थितिक जीवन-तंत्र को संतुलित बनाए रखती है। ऐसा नहीं है कि कोई प्रजाति प्रकृति को प्रभावित नहीं करती है। वास्तव में प्रत्येक जीवित जीव (एककोशकीय या बहुकोशकीय) प्रकृति को प्रभावित करता ही है; क्योंकि यह अपने स्वयं के जीवन और पुनः उत्पत्ति के लिए प्रकृति से संसाधन प्राप्त करता है तथा इसी प्रक्रिया में कुछ चीजों को नष्ट करता है। बदले में जबकि हम जीवित या मृत हैं, यह कुछ अन्य जीवन रूपों को भोजन और ऊर्जा प्रदान करता है।

इसी अंतर्संबंध और परस्पर निर्भरता के कारण मानव प्रकृति की ओर से निरंकुश स्थिति तथा निर्णय लेने की धृष्टता नहीं कर सकता है। मानव द्वारा गर्व से बताई जा सकनेवाली उसकी सभी उपलब्धियाँ जीवमंडल और पर्यावरण के संबंध में उसके धरती पर केवल जीवित रहने के परिप्रेक्ष्य में हैं। इसमें कोई शक नहीं है कि मानव अपने वातावरण को विशेष तरीकों से परिवर्तित करने में सक्षम है। चूँकि वे बुद्धिमान हैं, इसीलिए उनके आकार के अनुरूप बताए जानेवाले परामर्श की तुलना में यह काफी अधिक हो सकता है। फिर भी, उसके अधिकार में रही सभी जानकारियों और तकनीकों के बावजूद यह कोई भी, नहीं कह सकता है कि प्रकृति के बारे में जानकारी के संबंध में वह सबकुछ जानता है। अपने अनुसंधानों के द्वारा जितना अधिक हम प्रकृति के बारे में जानते हैं, हमेशा वहाँ कुछ जानकारी के लिए अनजाना-सा रह जाता है। उदाहरणस्वरूप, इसके बारे में सोचिए कि क्या कोई वैज्ञानिक एच.आई.वी./एड्स या किसी अन्य नए वायरल रोगों के फैलने की भविष्यवाणी कर सकता था, जो कि आजकल चारों तरफ फैली महामारी बनने से हमें भयभीत कर रही है।

यदि मानव चतुर है तो हमें यह साधारण सा वैज्ञानिक तथ्य भी समझ लेना चाहिए कि खरबों दूसरी प्रजातियों में भी कम-से-कम कुछ सीखने और अपनाने की कुछ कम क्षमता होती ही है। यही वह कारण है, जिससे उन्होंने नई विकासात्मक सीढ़ी में जीवों की रचना एवं विकास किया है। चिकित्सा रिपोर्ट में जब मलेरिया या तपेदिक का पता चलता है तब आप अकसर सुनते हैं कि प्रतिरोधात्मक औषधियाँ एक महत्त्वपूर्ण भूमिका अदा करती हैं। मानव औषधियों से हानिकारक जीवाणुओं और विषाणुओं को मार देता है। उनमें से बहुत से मर जाते हैं, परंतु जो भी बच जाते हैं वे अपने खिलाफ प्रयोग किए

जा रहे रसायनों से लड़ना सीख जाते हैं और फिर यह तनाव कई गुना बढ़ जाता है। कुछ समय के बाद वे औषधि प्रतिरोधक भिन्नता निर्मित कर लेते हैं और पहले की अपेक्षा अधिक शक्ति से आक्रमण करते हैं।

उन्नीसवीं और बीसवीं सदी में जब आधुनिक विज्ञान और तकनीकों में तेजी से वृद्धि हो रही थी तब माना गया कि वैज्ञानिकों, दार्शनिकों और अन्यों का विचार था कि मानवता की भलाई के लिए सभी समाधान विज्ञान और इसके उपायों से ही प्राप्त किए जा सकते हैं। उन्होंने महसूस किया कि पृथ्वी पर जीवन से संबंधित सभी उत्तर विज्ञान के पास होंगे। परंतु अनुभवों ने यह बताया है कि ऐसा नहीं है। इसमें कोई शक नहीं है कि विज्ञान, तकनीक और आर्थिक पद्धति ने मानव जाति की बहुत ही अधिक सहायता की है। कठिन पारिस्थितिक समस्याओं, जैसे—वायुमंडलीय प्रदूषण और जल प्रदूषण का समाधान प्राप्त किया जा चुका है; परंतु जैसे-जैसे हमारी जानकारी बढ़ती है हम उतने ही अधिक नए प्रश्न खोजते हैं, जिनके उत्तर हमें प्राप्त करने हैं।

जटिलता, अंतर्संबंध और प्रकृति में हर वस्तु पर पारस्परिक निर्भरता वैज्ञानिक पद्धतियों के द्वारा स्पष्ट रूप से समझी जा सकती है। ऐसा नहीं है कि हम इसके सारे संबंधों को जानते हैं, परंतु हम यह अवश्य समझते हैं कि प्रत्येक वस्तु अंतर्संबंधित है। यह समझ आगे ले जानेवाले मार्ग के लिए महत्त्वपूर्ण है, क्योंकि यह हमें सिखाती है कि मानव जाति को एकपक्षीय निर्णय नहीं लेना चाहिए, क्योंकि यह प्रकृति की प्रक्रिया और व्यवस्था को बिगाड़ देगी। जैव-विविधता प्रकृति की प्रचुर भिन्नता को बनाए रखने, आदर करने और समझने के बारे में ही है।

सन् 1988 में अमेरिकी कांग्रेस के ऑफिस ऑफ टेक्नोलॉजी (ओ.टी.ए.) की रिपोर्ट जिसका शीर्षक 'टेक्नोलॉजी टू मेंटेन बायोलॉजिकल डायवर्सिटी' था। इसमें जैव विविधता के वर्तमान विचारों को सारगर्भित रूप से विवेचित किया गया।

जैव-विविधता का संबंध जीवित जीवों की भिन्नता और परिवर्तनशीलता तथा पारिस्थितिक जटिलताओं से है, जिसमें ये मौजूद रहते हैं। विविधता, मदों की संख्या एवं उनकी सापेक्षिक बारंबारता से दरशाई जा सकती है। जैव-विविधता के लिए यह मद कई स्तरों पर व्यवस्थित किए जाते हैं, जो पूर्ण पारिस्थितिक जीवन-तंत्र से रासायनिक संरचना तक जाते हैं तथा यह आनुवंशिकता के आणविक आधार हैं। अत: इस शब्द में भिन्न पारिस्थितिक जीवन-तंत्र, प्रजातियाँ, जीन और इनसे संबंधित बहुलता शामिल है।

पारिस्थितिक जीवन-तंत्र, प्रजातियाँ और आनुवंशिकी स्तर में विविधता कैसे घटती-बढ़ती रहती है? उदाहरण के लिए—

- **पारिस्थितिक जीवन-तंत्र विविधताएँ :** एक ऐसा भूभाग, जो पैदावार वाली भूमि, मैदान और जंगल की भूमि के बीच छितराया हो, इसमें उस भूभाग, जो

कि जंगली भूमि से मैदान या पैदावारवाली भूमि में परिवर्तित किया गया हो, की तुलना में अधिक विविधता होगी।

- **प्रजाति विविधता :** वर्षजीवी और बहुवर्षों घासों तथा झाड़ियों की भूमि की 100 प्रजातियों के वर्ग में अधिक विविधता होगी, बजाय उसी समान वर्ग वाली भूमि के जिसको बहुत अधिक चरे जाने ने समाप्त किया हो या लंबे समय तक रहनेवाली घास की प्रजातियों की बारंबारता को कम किया हो।
- **आनुवंशिक विविधता :** आर्थिक रूप से उपयोगी फसलें, जंगली पौधों से मूल्यवान् आनुवंशिकी गुणों के चयन के द्वारा विकसित की गई हैं, अत: बहुत से जंगली पूर्वज पौधे, जो कि आनुवंशिक गुण रखते हैं, आज के पौधों में नहीं पाए जाते हैं। एक ऐसा वातावरण, जिसमें घरेलू विभिन्नताओं की फसलें, जैसे मक्का और जंगली पूर्वजों की फसलें दोनों शामिल हैं, इसमें जंगली पूर्वजों की फसलों को नष्ट करके बनी घरेलू फसलों की तुलना में अधिक विविधता होती है।

आज जैव-विविधता के नुकसान पर सरोकार, पूर्णतया प्रजाति विलुप्तीकरण के रूप में विवेचित किया गया है। हालाँकि विलुप्तीकरण समस्या का एक अधिक नाटकीय पहलू है, परंतु यह संपूर्ण समस्या नहीं है। यह परिणाम समस्या की एक बिगड़ी हुई परिभाषा है, जो बहुत सी महत्त्व की चीजों को जिम्मेदार नहीं ठहराता है तथा इस पर सरोकार को कैसे प्रस्तुत करना है, इसे दिशाहीन कर सकता है।

तीन स्तरों यानी पारिस्थितिक जीवन-तंत्र, प्रजातियाँ और आनुवंशिकता में विविधता का ह्रास मुख्यत: प्राकृतिक भूभाग पर मानवीय हस्तक्षेप और परिवर्तन एवं व्यावसायिक कारणों के लिए उसकी वरीयता में कुछ खास प्रजातियों के चयन की वजह से होता है। यह बदले में आनुवंशिक विविधता को कम करते हैं। उदाहरणस्वरूप मानव अपनी वरीयता कुछ खास अधिक पैदावारवाले बीजों या पशुओं को दे सकता है तथा उनके व्यवसायिक उपयोग के लिए उनकी सुरक्षा या उन्हें फिर से दुहरा सकता है। रूपांतरित भूभाग बहुत से कीटों, कृमियों और यहाँ तक कि बड़े पशुओं को भी मार सकता है (शेर और चीते की संख्या में कमी आने का कारण मानव का जंगलों में दखल और वहाँ के प्राकृतिक भूभाग का परिवर्तन है)। संवेदनशीलता या दया की वजह से ही विविधता आवश्यक नहीं है। पारिस्थितिक जीवन-तंत्र के अंतर्गत आदर के भाव का एक वैज्ञानिक पहलू भी है, हालाँकि हम सभी तरह के संबंध, जुड़ाव या परिणामात्मक कारण नहीं जानते हैं।

जैव-विविधता की आवश्यकता पर एक अन्य आयाम भी है, जो कि ओ.टी.ए. की रिपोर्ट में दरशाया गया है—

जैव-विविधता का ह्रास कृषि, उद्योग और चिकित्सकीय विकास के अप्रयुक्त संसाधनों के उपयोग के विकल्पों को समाप्त कर सकता है। आनुवंशिक फसली संसाधनों की वजह से करीब 50 प्रतिशत उत्पादकता की वृद्धि हुई है तथा इनका अमेरिकी कृषि में करीब 1 अरब डॉलर का वार्षिक सहयोग भी था। उदाहरणस्वरूप, वर्ष 1960 की शुरुआत में पेरू के पहाड़ी क्षेत्र में हरे टमाटरों की खोज हुई थी, जिसकी आनुवंशिकता ने फलों से रंजकता और घुलनशीलता में ठोस तत्त्व के लिए महत्त्वपूर्ण वृद्धि में सहयोग किया जिसकी टमाटर प्रसंस्करण उद्योग में वर्तमान कीमत करीब 50 लाख डॉलर वार्षिक है। भविष्य में लाभ-प्राप्ति के लिए यह आनुवंशिकी विविधता के इस्तेमाल पर निर्भर करेगा।

पौधों की प्रजातियों की हानि का अर्थ उन पौधों से निकलनेवाले औषधीय उत्पादों की संभाव्यता की हानि अरबों डॉलर में हो सकती है। अमेरिका में दी जानेवाली औषधियों का 25 प्रतिशत पौधों से निकाला जाता है। सन् 1980 में उनकी कुल बाजार कीमत 8 अरब डॉलर थी। उष्ण कटिबंधीय वर्षा वाले जंगलों का ह्रास, जो कि प्रजातियों की एक असाधारण विविधता की शरण-स्थली है और रेगिस्तानों का ह्रास जो कि आनुवंशिक रूप से अलग तरह की वनस्पतियों का आश्रय है, इन दोनों का ही विशेष महत्त्व है। संभाव्य औषधियों के नुकसान के कारण मानव पर पड़नेवाले प्रभाव आर्थिक लाभ से परे होते हैं। रोजी पेरीविंकल (सदाबहार) जो कि एक उष्णकटिबंधीय पौधा है तथा इससे निकला क्षारोद कैंसर के कई रूपों के सफल इलाज एवं हाजकिंस रोग व बच्चों की श्वेतरक्तता में इस्तेमाल होता है।

हालाँकि जैव-प्रविधि (बॉयोटेक्नोलॉजी) में अनुसंधान उत्तेजनात्मक संभावना बताते हैं फिर भी वैज्ञानिक प्रकृति-प्रदत्त आनुवंशिक संसाधनों पर निरंतर निर्भर रहेंगे। आनुवंशिक तत्त्वों से काम लेने की नई पद्धतियों ने एक पौधे या जीव से इच्छित जीन को निकालने और पृथक् करने या इसे किसी अन्य में प्रविष्ट कराने में कार्य किया है। प्रकृति मौलिक सामग्रियाँ प्रदान करती है तथा विज्ञान इच्छित तत्त्वों को नए रूपों या संयोजनों में समाहित होने के लायक बनाती है। इसीलिए तकनीकी संभाव्यता के लिए विविधता का ह्रास समाज की अनुभूति कम कर देता है।

जीवन के विज्ञान और जैवप्रविधि की तीव्र वृद्धि के साथ मानव जैव-विविधता को बनाए रखने एवं इसे कुछ बढ़ाने के और अधिक तरीकों के बारे में जानेगा; परंतु हमें स्वयं को इस विश्वास के सहारे बुद्धू नहीं बनने देना चाहिए कि हम बहुत से लुप्त हो चुके पारिस्थितिक जीवन-तंत्र, प्रजातियाँ और जीन्स को अपने जैव-प्राविधिक ज्ञान के द्वारा पुनर्निर्मित कर सकेंगे। ओ.टी.ए. रिपोर्ट के अनुसार—

यह रिपोर्ट विविधता बनाए रखने की तकनीकों की संभाव्यता एवं संस्थानों के विकास तथा इन तकनीकों के उपयोग का आकलन करती है। तकनीक लागू करने की

तुलना में जैव-विविधता को बनाए रखना अधिक निर्भर करेगा। पारिस्थितिक जीवन-तंत्र, प्रजातियाँ और जीन्स के बृहत् समूह के पुनर्निर्माण के लिए तकनीकें नहीं मौजूद रहती हैं और इनकी बहुत ही कम आशा है कि ऐसी तकनीकें पूर्वानुमानित भविष्य के लिए विकसित की जाएँगी। इसलिए विविधता को बनाए रखने का प्रयास भी सामाजिक, आर्थिक, राजनीतिक और सांस्कृतिक कारकों के शामिल होने को दरशाता है।

आजकल जैव-विविधता को बनाए रखने में सहायतार्थ वैज्ञानिक पद्धतियों का पूरा समूह तथा तकनीकें उपलब्ध हैं। बच्चों से लेकर बड़ों तक सभी मानवों के सहयोग और सक्रिय सजगता के बिना कोई भी व्यक्ति इच्छित परिणाम नहीं प्राप्त कर सकेगा। जैव विविधता का संरक्षण एक ऐसा उत्तरदायित्व नहीं है, जिसे अब और अधिक किसी अन्य पर डाला जाए, चाहे वह सरकार हो, पर्यावरण विभाग या नेशनल पार्क्स, इस पर हम सभी को कार्य करना है।

इन पर समझदारी से कार्य करने के लिए हमें कुछ बुनियादी चीजों को जानना आवश्यक है। हम प्राकृतिक विभिन्नताओं की सिर्फ बातें ही नहीं कर सकते हैं और कुछ प्रजातियों की संख्या एवं अपने अनुसंधानकर्ताओं द्वारा खोजी कुछ खोजों पर अभिभूत हो सकते हैं। वैज्ञानिक समझ को हमारे द्वारा की गई एक सुव्यवस्थित तथा अवलोकनों की पद्धतिबद्ध क्रमबद्धता की आवश्यकता होती है। इसलिए आइए, पृथ्वी पर जीवों और जीवन के रूपों के कुछ मूल वर्गीकरणों पर एक निगाह डालते हैं।

वर्गीकरण

स्वीडन के जीव वैज्ञानिक कारोलस लिनेउस ने सन् 1735 में जानवरों और पौधों के वर्गीकरण के लिए एक पद्धति की रचना की थी। उसने पशु, वनस्पति और खनिज के समूह में सभी चीजों का वर्गीकरण किया था। प्रत्येक प्रजाति के लिए उसने दो शब्दों के नाम दिए थे। इसमें प्रथम शब्द प्रजातियों के जाति के नाम पर हैं और दूसरा विशेष नाम दिया था, जैसे—मानव होमो सेपियंस प्रजाति है। वर्गीकरण का विज्ञान या वैज्ञानिक वर्गीकरण शरीर रचना के तत्त्वों को देखने में सहायता करता है, जो कि उसी तरह से कार्य करते हुए मालूम पड़ते हैं जैसे कि वे अन्य प्रजातियों में पाए जाते हैं। प्रत्येक प्रजाति की विशेषताओं की सूची बनाई जाती है तथा इसी प्रकार दो शब्दों का वर्गीकरण बनाया जाता है।

वर्गीकरण की अनुक्रम व्यवस्था में सबसे ऊपर का वर्ग किंगडम (विश्व का एक पारंपरिक वर्गीकरण—प्राणी, वनस्पति और खनिज) है। इस स्तर पर जीवों की पहचान कोशकीय संगठनों एवं आहार के तरीकों के आधार पर की जाती है। पहले के साधारण माइक्रोस्कोप की तुलना में आज बेहतर उपकरण उपलब्ध होने की वजह से मूल तीनों जगत् (किंगडम) की अपेक्षा अधिक जगत् (किंगडम) हैं।

- प्राणी जगत् : बहुकोशकीय चर जीव जो कि अपना स्वयं का आहार संश्लेषित नहीं कर सकते हैं बल्कि दूसरों पर निर्भर रहते हैं।
- वनस्पति जगत : वह जीव, जो अपना भोजन स्वयं बनाते हैं, जैसे—सभी हरे पौधे।
- आदिजीवी जगत् : एककोशकीय एवं जटिल कोशिकाओं वाले जीव, जैसे—प्रोटोजोआ और एककोशकीय शैवाल।
- फंगी जगत् : ऐसे जीव, जो कि जीवित या निर्जीव चीजों से भी भोजन प्राप्त कर लेते हैं जैसे—यीस्ट, खमीर।
- मोनेरो जगत् : एक और साधारण कोशिकावाले जीव, जैसे—बैक्टीरिया और नीले-हरे शैवाल।

भोजन और ऊर्जा

यह स्मरण रखने की बात है कि चाहे छोटा या बड़ा, साधारण या जटिल, कैसा भी जीव हो वह अकेले जीवित नहीं रह सकता है। भोजन और ऊर्जा के द्वारा यह एक प्रजाति से दूसरे में प्रवाहित होता रहता है। हरे पौधे अपने स्वयं के भोजन के लिए सूर्य के प्रकाश से संश्लेषण करते रहते हैं और वे खाद्य शृंखला के आधार हैं। कुछ पशु (तृणभक्षी) पौधे खाते हैं और कुछ पशु (मांसभक्षी) दूसरे पशुओं को खाते हैं और अपनी ऊर्जा उसी से प्राप्त करते हैं।

यह रोचक तथ्य है कि खाद्य शृंखला में पशु जो भी ऊर्जा प्राप्त करता है, उसका केवल 10 प्रतिशत ही आगे ले जाता है, करीब 90 प्रतिशत संभाव्य ऊर्जा ऊष्मा के रूप में नष्ट हो जाती है। इसीलिए, खाद्य शृंखला के साथ-साथ जो ऊर्जा आगे चलती है वह काफी कम होती है। एक पशु जो दूसरे पशु को खाता है वह काफी ऊर्जा खर्च करता है। खाद्य शृंखला जितनी छोटी होगी, यह उतनी ही अधिक प्रभावशाली होगी। यदि हम पौधे खाते हैं तब ऊर्जा का इस्तेमाल अधिक प्रभावशाली ढंग से कर पाएँगे। भविष्य में मानव इस वास्तविकता पर अधिक ध्यान देना आरंभ कर देगा कि वह सब्जियों और मांस में क्या खाने का विकल्प रखे।

खाद्य शृंखला निम्नांकित से निर्मित होती है-

- प्राथमिक उत्पादकों (पौधों)
- प्राथमिक उपभोक्ता (तृणभक्षी)
- द्वितीयक उपभोक्ता (मांसभक्षी)
- तृतीयक उपभोक्ता (मांसभक्षियों को खानेवाला मांसभक्षी)
- अपघटक (फंगी)।

अपघटित रसायन पृथ्वी में वापस चले जाते हैं और फिर वहाँ से पौधे में आ जाते हैं। इस प्रकार यह चक्र चलता रहता है।

जीवों का वर्गीकरण पोषणज (ट्राफिक) स्तर से भी किया जाता है। वे जीव जिनका भोजन पौधों से प्राप्त होता है (जो कि सभी जीवनों के भोजन का आधार हैं), इनका भोजन उसी पोषणज स्तर से संबंधित होता है तथा वे उन्हीं चरणों में करते हैं। इसलिए हरे पौधे, जो कि प्राथमिक उत्पादक हैं, प्रथम पोषणज स्तर से संबंधित होते हैं और तृणभक्षी दूसरे पोषणज स्तर पर मांसाहारी, जो कि केवल तृणभक्षियों को ही खाते हैं, तीसरे एवं मांसाहारी, जो कि अन्य मांसाहारियों को खाते हैं, दोनों स्तर पर आते हैं। यह भी सच है कि प्रजातियाँ एक पोषणज स्तर से अधिक पर कब्जा किए रहती हैं। उदाहरण के लिए मांसभक्षी, जैसे—मानव दूसरे, तीसरे और चौथे पोषणज स्तर पर आता है।

पोषणज संरचना सामान्यतया तीन पारिस्थितिक पिरामिडों के रूप में दरशाई जाती है।

- **संख्याओं के पिरामिड :** यह प्रत्येक स्तर पर प्रत्येक की संख्या को दरशाता है।
- **जैव मात्रा का पिरामिड :** यह प्रत्येक पोषणज स्तर पर जीवों की कुल मात्रा पर आधारित होता है (इसमें प्रत्येक की संख्या का उनके वजन से गुणा होता है)।
- **ऊर्जा का पिरामिड :** इसमें भोजन चक्र के अंतर्गत आहार और अन्य चीजों के संबंधों को दरशाया जाता है।

जीव भू-रसायन चक्र

पारिस्थितिक बोध के लिए यह एक महत्त्वपूर्ण पहलू है, जिसका संबंध पृथ्वी के भू-जीव रसायन से है। सभी व्यावहारिक उद्देश्यों के लिए पृथ्वी पदार्थ के नजदीक का तंत्र है। दूसरे शब्दों में, पृथ्वी पर सभी पदार्थों को विद्यमान पदार्थों से परिवर्तित होना पड़ेगा। इसमें कहीं से कुछ भी नया नहीं उपलब्ध है, सिवाय उस बहुत थोड़ी सी मात्रा में ब्रह्मांडीय धूल के, जो कि धरती पर गिरती है। इसलिए पदार्थ के तत्त्व जो कि कई अरब वर्षों में निर्मित होनेवाली वस्तु के आधारभूत अवयव हैं। प्रथम जीव रूप जो आया था, यह उसके मूल अवयवों से निर्मित थे। पदार्थ पृथ्वी के द्वारा निरंतर चक्कर लगाते रहते हैं और भोजन एवं ऊर्जा बनते रहते हैं। यह चक्र कुछ दिनों और लाखों वर्षों तक भी रह सकते हैं। किसी दूसरी वस्तु में परिवर्तित होने से पहले ये तत्त्व भिन्न रास्तों, भिन्न संसाधनों और विभिन्न ठहराव पर रह सकते हैं। यह चक्र सामूहिक रूप से जीव भू-रसायन चक्र कहे जाते हैं और संपूर्ण जीवमंडल में विद्यमान

रहते हैं। ये जीवन के लिए अनिवार्य हैं और 'पोषक चक्र' कहे जाते हैं। अति महत्त्वपूर्ण जीव भू-रसायन चक्र जल, कार्बन और नाइट्रोजन के हैं।

होमोसेपियंस का जब अपने आधुनिक ज्ञान के साथ आगमन हुआ तब बहुत से चक्र, जिनका अपना स्वयं का स्थान और तीव्रता थी, वे गंभीरतापूर्वक परिवर्तित कर दिए गए। उदाहरण के लिए, व्यापक स्तर पर मानव के द्वारा उर्वरकों के इस्तेमाल (जो कि तेजी से बढ़ती हुई बड़ी जनसंख्या के भोजन के लिए थी) ने प्राकृतिक नाइट्रोजन और फास्फोरस के चक्र को परिवर्तित कर दिया। कृषि के इस्तेमाल से बचे हुए जल से इन तत्त्वों की अत्यधिक मात्रा जल के स्थानों में पहुँच जाएगी और उन्हें अति उर्वर बना देगी; परिणामस्वरूप संपूर्ण जलीय जैव प्रणाली प्रभावित हो जाएगी।

तात्कालिक भविष्य के लिए क्रिया

आगे आनेवाले वर्षों में यह समझना अति आवश्यक है कि मानव की क्रिया द्वारा कैसे प्राकृतिक चक्र परिवर्तित किया जा रहा है और उनके प्रभाव को कम करने की कोशिश भी की गई है। शायद यह व्यापक स्तर, स्थानीय जल के पुनश्चक्रण और सभी तरह के अपशिष्ट जल के पुनः इस्तेमाल के द्वारा संभव है। बचे हुए रासायनिक और जैविक अपशिष्ट को अलग-अलग शोधित करना पड़ सकता है।

इसी प्रकार व्यावसायिक रूप में यह हमें हमारे भोजन की खपत के लिए अधिक पैदावारवाले विशेष अनाजों, पशुओं या मुर्गियों के इस्तेमाल के लिए प्रेरित करता है, जिसके लिए हमें अन्य किस्मों (चावल, गेहूँ, मक्का, फलों व फूलों, यहाँ तक कि सुअरों और मवेशियों) का एक आनुवंशिक बैंक बनाने की आवश्यकता है, ताकि आनुवंशिक विभिन्नताएँ व प्रजातीय विभिन्नताएँ सुरक्षित बचाई जा सकें। जैसा कि जैव-विविधता में पहले कुछ विशेष उदाहरण दरशाए गए हैं, इसमें से कुछ बाद में आर्थिक रूप से महत्त्वपूर्ण बन सकते हैं। कभी-कभी व्यक्ति को विषाणुवाली महामारी से बचाने के लिए इन आनुवंशिक या प्रजातीय विभिन्नताओं का आश्रय लेना पड़ता है। इसलिए जैव विविधता का संरक्षण एक उपयोगी पहलू भी है।

साथ ही, ग्रह के स्वस्थ भविष्य के लिए पारिस्थितिक जैव-विविधता को सुरक्षित और बचाए रखने की भी आवश्यकता है। इसके लिए जैवमंडलीय, जैव-विविधता, पारिस्थितिक जीवन-तंत्र और पृथ्वी के बारे में अधिक जानना आवश्यक है। आजकल वैज्ञानिक दृष्टिकोण पहले की अपेक्षा अधिक संपूर्णतावादी तथा सबकुछ शामिल करने वाला बनता जा रहा है। इस प्रकार 21वीं सदी वैज्ञानिक पद्धतियों के द्वारा प्रकृति की महिमा की प्राप्ति और इसे महसूस करनेवाला समय होता जा रहा है तथा वर्तमान जीवित परंपराओं के साथ-साथ अतीत की सभ्यता की विरासत के आधार पर जानकारी को

भी निकालता जा रहा है। भारत इस तरह की जीवित परंपराओं को रखने में भाग्यशाली है, जो कि यह मानव को प्रकृति से जोड़ती है।

26 जून, 2003 को जम्मू में क्षेत्रीय अनुसंधान प्रयोगशाला में भारत में जैव-विविधता के विषय में डॉ. कलाम ने अपने अभिभाषण में निम्नांकित विचार व्यक्त किए थे—

☐

भारत में सोलह से अधिक जैव वातावरण मौजूद हैं, जिनसे हमें कई तरह के औषधीय पौधे प्राप्त होते हैं। प्रचुर प्राकृतिक विविधता के साथ आधुनिक जैव तकनीक का संयोजन एक अच्छा परिणाम उत्पन्न करता है, जो इस राज्य की सीमाओं को काफी दूर तक फैला देगा।

भारत के मूल सामर्थ्य में से एक जैव-विविधता भी है। जैव-विविधता और तकनीक साथ मिलकर अति उपयोगी उत्पादों को उत्पन्न करेंगे। जैव-विविधता के मामले में सिर्फ कुछ देश, जैसे—भारत, चीन, ब्राजील, इंडोनेशिया और मेक्सिको ही संपन्न हैं। आनुवंशिक रूप से प्रबंधित बीज के विकास या जड़ी-बूटी से औषधि के लिए निकाले गए अणु के परिवर्तन हेतु तकनीक की आवश्यकता है। इस क्षेत्र में तकनीकी रूप से विकसित राष्ट्र अमेरिका, ब्रिटेन, जापान, फ्रांस और जर्मनी हैं। आजकल ऐसा कोई भी राष्ट्र नहीं है, जो जैव-विविधता के साथ-साथ इस क्षेत्र में तकनीकी रूप से विकसित न हो। ऐसे भी कुछ बंजर राष्ट्र हैं, जो कि जैव-विविधता और तकनीक दोनों में ही निर्धन हैं। इसलिए भारत की चुनौती उच्च तकनीक और प्रचुर जैव-विविधता के एकीकरण की है। खेती में उच्च उत्पादकता, जैव-विविधता की सामग्री और तकनीक के समाकलन की जरूरत है।

भारत जड़ी-बूटी, जीवाणु जीव द्रव्य और सूक्ष्म जीवों में काफी धनी है। औद्योगिक रूप से विकसित देश इन जैव संसाधनों का कच्चा माल आयात कर सकते हैं और इनकी गुणवत्ता में वृद्धि करने के बाद इन्हें विकसित देशों को निर्यात कर सकते हैं, जिनमें भारत भी शामिल है, जिसे विशेष बीज, औषधियाँ और जैव सामग्रियाँ दी जा सकती हैं और साथ ही इन उत्पादों के पेटेंट को भी सुरक्षित रखना होगा। ऐसे संस्थानों के निर्यात की गुणवत्ता वृद्धि के साथ उच्च कीमत पर इन्हें आयात की अनुमति के बजाय भारत को अपनी घरेलू जरूरतों और निर्यात के लिए ऐसे संसाधनों के परिवर्तन हेतु तकनीक और गुणवत्ता वृद्धि करके उत्पाद-निर्माण में अपनी स्वयं की तकनीक विकसित करनी चाहिए।

☐

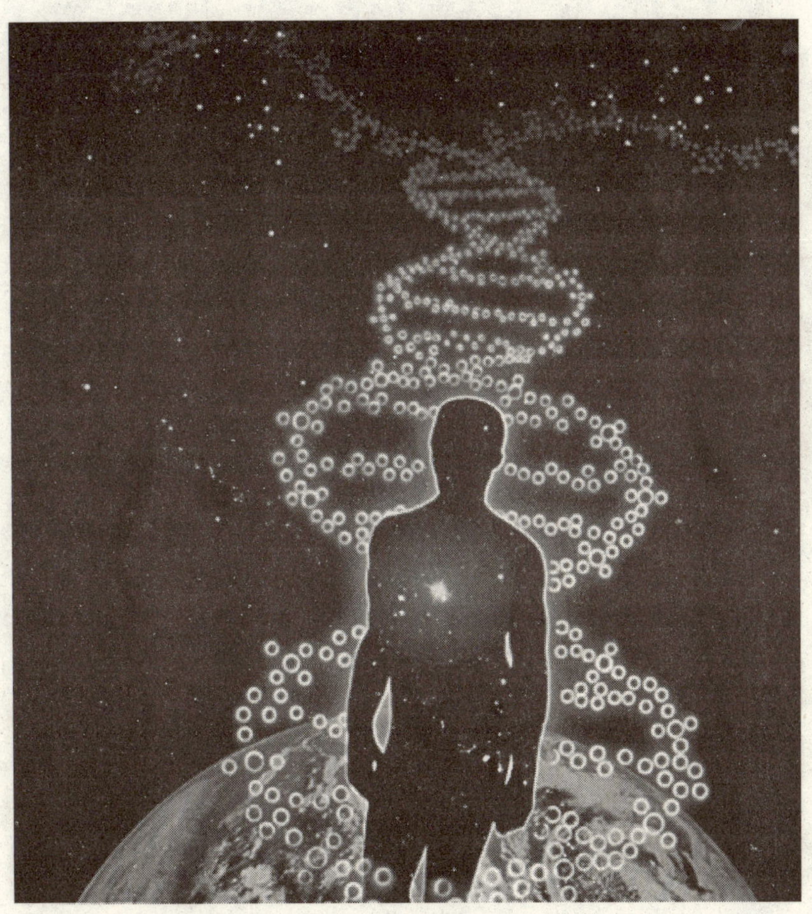

जीवन

आहार

आहार जीवन का रक्षक है। सभी जीवित जीवों के लिए जीवन के चार आवश्यक पहलू हैं—जन्म लेना, भोजन करना, प्रजनन करना और मर जाना। आहार ही है, जो सभी जीवित प्राणियों को ऊर्जा प्रदान करता है, इसलिए यह जीवित रहने और वृद्धि के लिए आवश्यक है। तदनुसार, जीवन के सभी रूप अपने जीवन का एक बड़ा हिस्सा आहार की प्राप्ति में खर्च कर देते हैं।

हममें से वे लोग, जिन्हें अपनी टेबल पर भोजन पाने की सुनिश्चितता होती है, वे किसी भी समय बाहर जाकर पका हुआ या कच्चे रूप में इसे खरीद सकते हैं। वे शायद ही कभी सोचते हैं कि यह भोजन कहाँ से आता है और इसे उत्पन्न करने में कितना प्रयास लगता है। हमारा व्यावसायिक खाद्य बाजार और विज्ञापन केवल तैयार व डब्बा-बंद खाद्य उत्पादों पर केंद्रित रहते हैं, न कि उस प्रक्रिया पर जिससे ये अस्तित्व में आते हैं। अधिकतर मध्यवर्ग परिवारों में माता-पिता निश्चिंत रहते हैं कि प्रत्येक व्यक्ति के लिए पर्याप्त भोजन उपलब्ध है और यह टेबल पर समय पर मिल जाएगा। वास्तव में, संपन्न लोगों के यहाँ भोजन इतनी अधिक मात्रा में होता है कि अकसर बच्चे खाने से मना कर देते हैं और उन्हें खिलाने के लिए उनके पीछे-पीछे भागना पड़ता है। दूसरी ओर कुपोषित या कम पोषित जनसंख्या, जो कि भोजन से संकटग्रस्त रूप में वंचित है, वह इसे उपलब्ध किए जाने पर भी पचाने या पचाने के लायक नहीं रहती है।

पौष्टिक आहार की निरंतर उपलब्धता मानव के लिए आवश्यक है। ऊर्जा प्रदान करने के लिए कैलोरी का ही काफी होना अपने आप में एक पौष्टिक आहार नहीं है। हमारे द्वारा लिए गए भोजन में प्रोटीन, वसा, कार्बोहाइड्रेट के साथ मिनरल, विटामिन और प्रचुर जल की संतुलित मात्रा होनी चाहिए। हमारे भोजन में रेशे की भी आवश्यकता है। यह पाचन में सहायक होता है और मलोत्सर्ग में आसानी उत्पन्न करता है। साथ-ही-साथ मोटे अनाज और दही में बहुत से उपयोगी बैक्टीरिया रहते हैं।

हमें यह भी याद रखना चाहिए कि मानव शरीर सिर्फ कोशिकाओं, जल और अन्य

रसायनों से ही नहीं निर्मित है। प्रत्येक मानव शरीर में मानव कोशिकाओं से करीब 10,000 गुना अधिक की संख्या में जीवाणु रहते हैं, जिनमें से अधिकतर बैक्टीरिया है। 'बैक्टीरिया' शब्द पर हमारी पहली प्रतिक्रिया होती है कि इससे छुटकारा पाने का रास्ता खोजा जाए; परंतु हमारे शरीर के अंदर रहनेवाले प्रत्येक बैक्टीरिया से मुक्त होना आसान नहीं है। वास्तव में अगर हमने ऐसा किया, तब हमारी अपनी कोशिकाएँ भी प्रभावित हो जाएँगी। इन जीवाणुओं में से अधिकतर तो बहुत उपयोगी कार्य करते हैं, जैसे—भोजन को उन रूपों में प्रदान करना, जिससे वे हमारे शरीर में आसानी से समाहित हो सकें। इसमें कोई शक नहीं है कि कुछ जीवाणुओं के कारण हमें बहुत सी बीमारियाँ होती हैं, शरीर के प्रतिरक्षा तंत्र को इन खतरनाक रोगाणुओं से लड़ना सीखना होगा। जीवाणु पृथ्वी और वायुमंडल सभी स्थानों पर विद्यमान हैं, जिनका अध्ययन हम पिछले अध्याय में कर चुके हैं।

आहार की आदतों का विकास

लाखों वर्षों में आहार पद्धति के विकास ने हमारी भोजन की आदतों को विशेष रूप में अनुकूलित किया है। कुछ विकासजनित सिद्धांत और प्रयोग अब यह मानते हैं कि मानव भोजन बनाने की खोज के लिए विकासजनित रूप से अनुकूलित था। मानव का पाचन तंत्र कच्चे वानस्पतिक खाद्य और सिर्फ सेल्युलाइज तत्त्व के अनुकूल नहीं है, जैसा कि बहुत से तृणभक्षियों में होता है। यह विशुद्ध मांसाहार (कच्चा मांस) के पाचन के लिए भी उपयुक्त नहीं है। पका हुआ भोजन शरीर में पोषक तत्त्वों के मिल जाने को बढ़ाता है। भोजन का पकाना और इस प्रकार खाई जानेवाली मात्रा का कम होना, जिसने मानव को भोजन की सुरक्षा प्रदान की है तथा मानव शरीर को तेजी से बढ़ाया है, इसने अन्य प्रजातियों की तुलना में मानव को बेहतर स्थिति में रखा है।

विकास के विभिन्न चरणों के साथ मानव के आहार के इतिहास पर एक नजर डालते हैं, जिसमें हमारे पास बहुत से पोषक व्यतिक्रम हैं, जो रोचक भी होंगे।*

शिकार करनेवाले और संग्रह करनेवाले

मानव द्वारा कृषि की खोज किए जाने से पूर्व यानी करीब 10,000 वर्ष पहले हमारे पूर्वज शिकारी और संग्रह करनेवाले लोगों के रूप में थे। वे भोजन के लिए जंगली पशु व पक्षियों का शिकार करते थे और कई तरह के फलों, जड़ों एवं पत्तियों आदि को अपने भोजन की कमी को पूरा करने के लिए इकट्ठा करते थे। आज हम इस तरह के शिकारियों और संग्रह करनेवालों को दुनिया के कुछ छोटे से हिस्से से दूर-दराज की

---

* हमने यह सूचना डेविडसन के 'प्रिंसिपल एंड प्रैक्टिस ऑफ मेडिसिन' से प्राप्त की है, इसका सत्रहवाँ संस्करण सी.आर. डब्ल्यू. एडवर्ड ने संपादित किया है।

जंगली जातियों के रूप में ही जानते हैं। इस संग्रह करनेवाले और शिकारियों के आहार में नमक, दूध या चीनी (सिवाय जंगली शहद के) नहीं होता है। उनके पास जंगली रूपों में उपलब्ध अनाज को छोड़कर बहुत ही कम अनाज था।

इन संग्रह करनेवाले और शिकारियों का जीवन बहुत ही कठिन था। इनकी पोषक स्थिति निम्नांकित थी।

- वे दुबले थे (मोटापा बिलकुल नहीं था)।
- कुपोषण नहीं होता था।
- उस समय हृदय संबंधी या रक्तचाप रोग नहीं था।
- उनके दाँतों में रोग नहीं थे।
- उस समय शराबखोरी नहीं थी।

चरागाही

शिकारी और संग्रह करनेवालों के बाद मानवों ने बड़ी संख्या में मवेशियों को पालतू बनाया और उन स्थानों पर गए, जहाँ उनके चरने के लिए बड़े चरागाह थे। आज भी कुछ तिब्बती, मंगोल, त्वारेग, फुलानी और मसाई जाति के लोग चरागाही करते हैं। ऐसे क्षेत्र जो विकसित किए गए हैं, जिसमें भारत भी शामिल है, उनमें जमीन की अनुपलब्धता की वजह से चरागाह लुप्त हो चुके हैं। वे लोग जिनका झुकाव मवेशियों की तरफ है, वे अब संगठित कृषि प्रणाली के हिस्से हैं।

चरागाही पूरी तरह से पशु के आहार और दूध पर निर्भर रहती है। उनकी पोषक स्थिति निम्नांकित तरह की रहती है।

- कुछ समूहों के लोग लंबे होते हैं।
- इनमें वयस्क आँतोंवाली दुग्धियों का स्थायित्व था।

खेती करनेवाले किसान

करीब 10,000 वर्ष पूर्व हमारे पूर्वज किसान बने। यहाँ तक कि आज भी बहुत से विकसित देशों में, जिनमें भारत भी शामिल है तथा कुछ औद्योगिक देशों में, हमें किसानों और खेतों में काम करनेवाले श्रमिक मिल जाते हैं।

कृषक अधिकतर ग्रामीण लोग ही होते हैं और ये अकसर एक ही फसल की पैदावार पर निर्भर रहते हैं। यह फसल अधिक पैदावार देती है और आसानी से बाजार में बेची जा सकती है। परिणामतः वे फसलों के रोग, फसल के जहरीले होने और सूखे से असुरक्षित रहते हैं। वे मौसम में कमी और कीटाणुओं के संकट में भी रहते हैं। चूँकि मशीनों की उपलब्धता से अनाजों की मिलों और शुद्धीकरण आजकल बहुत आम हो गए हैं, इसलिए भूसी और रेशे की कमी के कारण कुपोषण का जोखिम बढ़ता जा रहा है।

कृषकों की पोषक स्थिति निम्नांकित है–

- पोषक तत्त्वों की कमी के कारण कुपोषण।
- वर्षा की अनियमितता और कीटाणुओं आदि के कारण आहार में कमी।
- कृषि पद्धति में टॉक्सिन के कारण बीमारियाँ।

शहरी गंदी बस्ती और शहरों के पास झोंपड़ियों में रहनेवाले

यह गरीब लोगों का वह समूह है, जो तेजी से बढ़ते हुए महानगरों में और उनके चारों ओर रहता है। 19वीं सदी के लेखक चार्ल्स डिकिन्स ने भी शहरी गंदी बस्तियों में रहनेवाले लोगों की दयनीय स्थिति के बारे में लिखा है। अधिकतर लोग, जो इस स्थिति में रहते हैं, वे अपनी स्वयं की खाद्य परंपरा को भी खो देते हैं। उन्हें भोजन की कमी, रद्दी भोजन और अस्वस्थ आहार का कष्ट भोगना पड़ता है।

इस समूह के अधिकतर लोगों में पोषक अव्यवस्था देखने को मिलती है। इस तरह के बहुत से लोग दुनिया में रहते हैं और केवल भारत ही ऐसे कुछ करोड़ लोगों का घर बना हुआ है।

- कम पोषित आहार या कुपोषण।
- माँ के दूध की कमी और इसके अच्छे विकल्पों की अनुपलब्धता के कारण बच्चे संकट में रहते हैं। वे गैस्ट्रोएंटेरिटिस और अन्य रोगों से ग्रस्त रहते हैं।
- असंतुलित और अनुचित आहार।
- वयस्कों में शराबखोरी।

संपन्न समाज

इस समूह के लोगों के पास भोजन की कमी नहीं होती है। अपनी अच्छी क्रय-शक्ति के कारण मौसमी खाने का उनके लिए कोई अर्थ नहीं रह जाता है, क्योंकि वे साल भर तक अपनी रुचि के भोजन का खर्च वहन करने में सक्षम होते हैं। उनके द्वारा खाए जानेवाला अधिकतर भोजन उन्नत रूप से प्रसंस्कृत रहता है और उसमें वसा एवं स्टार्च की मात्रा काफी रहती है। वे बतौर फैशन अकसर गैर-परंपरागत या वैकल्पिक भोजन का प्रयोग करते रहते हैं। वे बहुत से सहायक आहार व विटामिंस खाते रहते हैं।

आधुनिक संपन्न समाज की पोषकता की कुछ विशेषताएँ–

- इनमें कुपोषण दुर्लभ है, परंतु आहार व्यतिक्रम के कारण इनका अस्पताल में होना सामान्य है।
- हृदय धमनी रोग, मधुमेह, उच्च रक्तचाप और अन्य रोग सामान्य हैं।
- एक तरफ तो व्यक्ति मोटापे से परेशान रहता है और दूसरी तरफ भोजन की अरुचि के कारण उसे कब्ज रहता है।

- अपर्याप्त व्यायाम और दोषपूर्ण जीवनचर्या अन्य स्वास्थ्य समस्याओं की ओर ले जाती है।

यह स्पष्ट है कि पिछली सदी में देश में जबकि खाद्य उत्पादन में काफी वृद्धि हुई है तब भोजन की पद्धति और उपलब्ध आहार के वितरण में बहुत कुछ जानना बाकी है। भारत में आज हमने लोगों की केवल पिछली तीन श्रेणियों की चर्चा की है, कृषक, निर्धन गंदी बस्ती में रहनेवाले और शहरी धनी लोग। पर हमें अभी शिकारी—संग्रह करनेवाले और चरवाहों के बारे में बहुत कुछ जानना है। मानव जाति अपने शरीर में एक आनुवंशिक भिन्नता को अभी भी ढो रही है; परंतु आधुनिक बड़े स्तर पर उत्पादित ब्रांडों के उनके आहार की समरूपता उनके विकास और भले के अनुकूल नहीं हो सकती है।

अब हम इन तीनों श्रेणियों के लोगों के आहार की उपलब्धता पर चर्चा करेंगे। आहार उपलब्धता का मूल आधार फसलों, सब्जियों, फलों, पशु मांस और मछलियों पर है। ये सब एक-दूसरे पर निर्भर हैं। पशुपालन का सीधा संबंध फसलों के विकास से है। खासतौर से उत्पादन की वर्तमान व्यावसायिक पद्धति।*

फसलें और खेती

सन् 1943 के दौर में भारत में एक भीषण अकाल पड़ा था, जिसे 'बंगाल के अकाल' के नाम से जाना जाता है। इसके बाद शीघ्र ही स्वतंत्रता आई और विभाजन के कारण गंभीर विस्थापन से एक अस्थिर खाद्य स्थिति उत्पन्न हुई। सन् 1950 में प्रथम पंचवर्षीय योजना में कृषि विकास को प्राथमिकता दी गई थी। भाखड़ा नाँगल बाँध जैसे बड़े बाँधों के निर्माण का प्रयास हुआ, जिसने सिंचाई में सहायता प्रदान की थी।

भारत ने अपनी खाद्य आपूर्ति जारी रखने के लिए अमेरिका से गेहूँ का आयात शुरू कर दिया था। इस भयावह स्थिति को देखकर मजाकिया लहजे में राष्ट्र की खाद्य आपूर्ति को 'जहाज से आहार' कहा गया और तभी हरित क्रांति के जनक सी. सुब्रमन्यन ने खाद्य अनाज की उन्नत पैदावार के लिए नॉर्मन बोरलॉग की तकनीक का प्रयोग शुरू किया। यह प्रक्रिया सन् 1968 से आरंभ हुई।

उसी समय अमेरिका ने भारत में वर्ष 1970 में एक बड़े अकाल का अनुमान लगाया था। अमेरिका के करीब 25 प्रतिशत गेहूँ का उपभोग भारत द्वारा किया जा रहा था और उन्होंने इसका अनुमान लगाया कि भारत की इस बढ़ती माँग को वहाँ की इस उपलब्ध आपूर्ति से पूरा नहीं किया जा सकता था, परंतु सन् 1975 में इस हरित क्रांति को धन्यवाद देना चाहिए कि भारत ने अपनी इस घरेलू आवश्यकता को ही नहीं पूरा

---

* अधिकतर सूचनाएँ कृषि मंत्रालय की 27 खंडों की रिपोर्ट से प्राप्त की गई हैं, जो वर्ष 2004 में 'स्टेट ऑफ दि इंडियन फार्मर : ए मिलेनियम स्टडी' के नाम से प्रकाशित हैं।

किया बल्कि खाद्य अनाज का प्रमुख निर्यातक भी बन गया।

निम्नांकित तालिका भारत की वर्तमान कृषि स्थिति को दरशाती है।

सन् 1998 में विश्व कृषि में भारत की स्थिति

मद	भारत	विश्व	प्रतिशत हिस्सा	श्रेणी	आगेवाले देश
1. क्षेत्र (मिल. हेक्टे)					
कुल क्षेत्र	329	13387	2.5	7	कनाडा, अमेरिका, चीन, ब्राजील
भूमि क्षेत्र	297	13048	2.3	7	अमेरिका, चीन कनाडा, ब्राजील
कृषि योग्य	162F	1379	11.8	2	अमेरिका
सिंचित क्षेत्र	57F	268	21.3	1	
2. जनसंख्या (मिलि.)					
कुल	982	5901	16.6	2	चीन
कृषि	549	2565	21.4	2	चीन
3. आर्थिक रूप से सक्रिय जनसंख्या (मिलि.)					
कुल	429	2865	15.0	2	चीन
कृषि	260	1308	19.9	2	चीन
4. फसल उत्पादन (मि. टन)					
अ. कुल अनाज	219	2054	10.7	3	चीन, अमेरिका
गेहूँ	66	589	11.2	2	चीन
धान	122	563	21.6	2	चीन
मोटा अनाज	31	902	3.4	3	अमेरिका, चीन
ब. कुल दाल, तिलहन	14F	57	24.6	1	
मूँगफली	8	31	25.8	2	चीन
रेप सीड	5	34	14.7	3	कनाडा, चीन
5. फल एवं सब्जियाँ (मि. टन)					
अ. सब्जियाँ व तरबूज	56F	606	9.2	2	चीन
ब. आलू	25F	296	8.5	4	चीन, रूस, पोलैंड
स. प्याज (सूखा)	4F	40	10.0	2	चीन

6 व्यावसायिक फसलें (मि. टन)					
अ. ईख	265	1252	21.2	2	ब्राजील
ब. चाय	0.87	2.96	29.4	1	
स. कॉफी	0.23	6.46	3.6	7	ब्राजील, कोलंबिया, इंडोनेशिया, मेक्सिको
द. तंबाकू पत्ती	0.64	7.06	9.1	3	चीन, अमेरिका

स्रोत : भारतीय किसान की स्थिति : ए मिलेनियम स्टडी (2004), रिपोर्ट 9

भारत विश्व के दस सबसे अधिक फसल उत्पादनवाले देशों में से एक है। भारत सबसे अधिक खाद्य अनाजवाले देशों में से भी एक है, साथ ही वह बहुत अधिक उपभोक्तावाले देशों में से भी एक है। स्वतंत्रता के बाद भारत की तेजी से बढ़ती हुई जनसंख्या के कारण इसकी खपत में लगातार वृद्धि जारी है। विश्व की कुल खेती पर आधारित जनसंख्या का करीब 20 प्रतिशत भारत के किसानों का है, परंतु इसकी तुलना में भारत की कुल खेती की भूमि काफी कम है। इसीलिए खेती की सघनता काफी अधिक है और बहुत से किसान छोटे क्षेत्रों में कार्य करते हैं। भारत में कृषि का एक और रूप यह है कि कृषि की आर्थिकता खाद्य फसल पर आधारित है, जबकि करीब 25 प्रतिशत क्षेत्र ही व्यावसायिक फसल उत्पादन में इस्तेमाल होता है। इसीलिए किसानों की आमदनी कम है और खाद्य अनाजों से आर्थिक लाभ कम होता है।

उपर्युक्त तालिका में बाईस मदों में से केवल तीन में ही भारत प्रथम श्रेणी में आता है। हालाँकि कुल कृषि भूमि के मामले में हम अमेरिका के बाद दूसरे नंबर पर आते हैं। कुल भूमि के क्षेत्र की तुलना में कृषि योग्य भूमि के प्रतिशत में भारत सबसे ऊपर है क्योंकि हमारी अधिकतर भूमि की मिट्टी कृषि कार्य के लिए सर्वोत्तम है। चूँकि हमारी मिट्टी अच्छी है, जलवायु अनुकूल है और कृषियोग्य भूमि का एक बड़ा हिस्सा उपलब्ध है (कुल भूमि का करीब 55 प्रतिशत), इसलिए अधिक प्राप्ति का अवसर हमारे पास है। हमें यह जानकर प्रसन्नता होनी चाहिए कि कुल सिंचित क्षेत्र के मामले में हम प्रथम स्थान पर हैं, परंतु हमारी फसल उत्पादकता इसके अनुरूप नहीं है, क्योंकि हम जल का इस्तेमाल प्रभावशाली ढंग से नहीं कर पाते हैं। हमें स्प्रे और ड्रिप की आधुनिक तकनीक से सिंचाई करनी चाहिए, न कि सदियों पुरानी बाढ़वाली सिंचाई का प्रयोग करना चाहिए। इजराइल में कृषि के लिए प्रयुक्त जल का 80 प्रतिशत रीसाइकिल कर दिया जाता है। यदि हम रीसाइकिल में यही स्तर प्राप्त कर लें और जल संरक्षण की तकनीकों का इस्तेमाल करें, तब आज जो जल की मात्रा है उसी से सारे भारतीय खेतों की सिंचाई कर सकते हैं। वास्तव में, हमारे पास औद्योगिक और घरेलू पारिस्थितिक नवीनीकरण के उद्देश्य के लिए पर्याप्त मात्रा में जल उपलब्ध है।

हमारी जनसंख्या का करीब 56 प्रतिशत अपनी आजीविका के लिए कृषि पर निर्भर है। सक्रिय कार्यबल का करीब 60 प्रतिशत कृषि क्षेत्र में है; परंतु यह देखते हुए कि कृषि हमारे कुल जी.डी.पी. के 20 प्रतिशत से भी कम का सहयोग करती है और यह 60 प्रतिशत, धन के मामले में औसत भारतीय, जो कि अन्य क्षेत्रों में काम करते हैं उनसे काफी कम कमाते हैं और इसीलिए वे निम्न आय दर में रहते हैं। कुछ हद तक यह वास्तविकता है कि कृषि मूल्य सरकारी नीतियों के कारण कम रखे जाते हैं; परंतु यदि कीमत बढ़ा दी जाए तो भी इसका परिणाम मुद्रा स्फीति के रूप में ही होगा। इसलिए कृषि क्षेत्र में काम करनेवाले लोगों की गरीबी को दूर करने के लिए उनकी संख्या को कम करने की आवश्यकता है। इसका अर्थ यह है कि उत्पादकता वृद्धि के लिए तकनीकी रूप से आधुनिक और विज्ञान पर आधारित निवेश करना होगा।

सन् 1998 की तालिका में जैसा दरशाया गया है कि भारत में खाद्यान्न का कुल उत्पादन 21.9 करोड़ टन है। यहाँ तक कि जनसंख्या 98.2 करोड़ होने पर भी प्रति व्यक्ति वार्षिक खाद्यान्न दर (21.9×98.2)×1000=223 कि.ग्रा. है। भारत की वर्तमान जनसंख्या करीब 1.16 अरब है, परंतु खाद्यान्न उत्पादन अभी भी 22 करोड़ टन के ही आस-पास है।

महान् कृषि वैज्ञानिक स्वर्गीय प्रो. एस.के. सिन्हा द्वारा विस्तृत विवेचना की गई है, जो कृषि और आहार 2020 की तकनीकी कल्पना-दृष्टि की टेक्नोलॉजी इन्फॉर्मेशन, फोरकास्टिंग एंड एसेसमेंट काउंसिल (टी.आई.एफ.ए.सी.) की तरफ ले जाती है। इससे यह पता चलता है कि वर्तमान प्रति व्यक्ति खाद्यान्न उपलब्धता आर्थिक दर के बढ़ने के साथ अपर्याप्त होगी। इसके साथ ही प्रो. सिन्हा विदेशी एजेंसियों की इस धारणा को नकारते हैं कि भारत में खाद्यान्न की प्रति व्यक्ति खपत यूरोप और अमेरिका के बराबर हो जाएगी। इस विषय पर खाद्यान्न खपत पर एक विशेष समझ की आवश्यकता है।

पिछले अध्याय में हम देख चुके हैं कि अनाज और सब्जियों की तुलना में मांस से ऊर्जा प्राप्त करना कितना मुश्किल है। यूरोप और अमेरिका जैसे विकसित देशों के लोग अधिकतर मांस, मुरगी या डेयरी उत्पादों की ही खपत करते हैं और अनाज कम खाते हैं। खाद्यान्न ज्यादातर पशुओं एवं चिड़ियों को खिलाया जाता है और फिर उनका मांस खाया जाता है। इस प्रक्रिया में ऊर्जा परिवर्तन की क्षमता कम होती है। प्रति व्यक्ति पशु के मांस से जितनी मात्रा की ऊर्जा प्राप्त करता है उतनी ही ऊर्जा खाद्यान्न की एक मात्रा से सीधे ही प्राप्त की जा सकती है; परंतु पशु को उतना ही मांस प्रदान करने के लिए उस खाद्यान्न से दस गुना अधिक अनाज खपत करना पड़ता है। सूअर, भेड़ आदि के मांस में अनुपात 5:1 का है और मुरगी आदि में 2:1 का है। भारत में लोगों द्वारा खाद्यान्न की सीधी खपत काफी अधिक है। इतनी ही मात्रा की ऊर्जा कुल अनाज की

खपत से काफी कम में ही प्राप्त की जा सकती है। वाकई, यह आहार के अन्य असंतुलन की ओर ले जाता है; परंतु यह दूसरा विषय हो जाएगा।

अंतरराष्ट्रीय एजेंसियाँ भविष्य में भारतीय खाद्य खपत के लिए इसी तरह की पद्धतियों के अनुमान बताती हैं, जो कि यूरोप और अमेरिका में मौजूद हैं तथा वे इस निष्कर्ष पर पहुँचती हैं कि सन् 2020 तक करीब 1.4 अरब जनसंख्या के साथ भारत में एक गंभीर खाद्य संकट उत्पन्न होगा और इसे भोजन आयात करना पड़ेगा। यह एक ऐसा अनुमान है, जो कि भारत की जमीनी हकीकत से अनभिज्ञ है। कृषि और आहार पर अपने दृष्टिकोण से प्रो. सिन्हा और उनके दल के सदस्यों ने उन लोगों के खाने की पद्धति के बदलाव पर ध्यान दिया है, जो भारत के संपन्न वर्ग में आ चुके हैं। हालाँकि भारतीयों का एक बड़ा वर्ग मांसाहारी है, फिर भी इस वर्ग में बहुत भिन्नताएँ हैं। यहाँ तक कि भारत में मांसाहारी भी बहुत दिनों तक साल में सांस्कृतिक या धार्मिक कारणों से मांस नहीं खाते हैं। साथ ही जब भारतीय समृद्ध हो जाते हैं तब उनकी सब्जियों व फलों की खपत बढ़ जाती है और इस प्रकार उनके सीधे अनाज की खपत कम हो जाती है। इन सभी कारकों को ध्यान में रखते हुए प्रो. सिन्हा इस निष्कर्ष पर पहुँचते हैं कि यदि भारत में खाद्यान्न का उत्पादन 36 करोड़ टन के करीब पहुँचता है तब यह न केवल हमारी घरेलू आवश्यकताओं को ही पूरा नहीं करेगा बल्कि निर्यात के लिए भी हमारे पास अधिक अनाज होगा।

भारत को भाग्य से कृषि के लिए जो अच्छी जलवायु और व्यापक स्तर पर कृषि योग्य भूमि मिली है, इसमें हम हरित क्रांति के बाद भी कृषि उत्पादन की वृद्धि जारी रख सकते हैं; परंतु हम देख चुके हैं कि खाद्यान्न उत्पादन ठहराव पर आ चुका है। उदाहरण के लिए, दालों के उत्पादन पर एक नजर डालते हैं। दालों के उत्पादन में हालाँकि भारत विश्व के प्रथम स्थान पर है, परंतु हमें अपनी खपत के लिए दालों को निर्यात करना पड़ता है। हमारे देश के करीब हर हिस्से में दाल भोजन का एक हिस्सा है। इसीलिए दालों के उत्पादन में वृद्धि की आवश्यकता है, क्योंकि यदि सही तकनीकों और संरचनाओं का सहारा दिया जाए तब किसानों को यह बेहतर लाभ दे सकती है।

सन् 1997 से चौदहवें भौगोलिक क्षेत्र के टी.आई.एफ.ए.सी. की 2020 की भविष्य की परियोजनाओं के हिस्से के रूप में कई प्रयोग किए जा चुके हैं, जिसमें डॉ. कलाम अध्यक्ष और वाई.एस. राजन कार्यकारी निदेशक के रूप में जुड़े हुए थे। इसने वाकई यह सिद्ध किया कि हरित क्रांति जैसे बड़े प्रयास के बिना भी हमारे किसान नई तकनीकों और तकनीक-बाजार-व्यवसाय संपर्कों को अपनाना और सीखना चाहते हैं। वे अपने अनुभवों से अर्जित जानकारियों को अन्य किसानों के साथ बाँटना और तकनीकी सूचनाओं को फैलाना चाहते हैं; परंतु जिले स्तर पर सरकारी संस्थानों द्वारा इस तरह की गतिविधियों

में सहयोग की कमी है। फिर भी, केंद्रीय सरकार द्वारा मध्यस्थता या राज्य सरकार द्वारा हिस्सेदारी के प्रयास हरित क्रांति को लाने में लाभप्रद रही, जिसने भारत के अकाल की काली छाया को दूर किया; परंतु हरित क्रांति के लाभ असामान्य रहे हैं। भारत में यह आम चलन रहा है कि मध्यम स्तर के किसान नई तकनीकों को अपनाने में अति साहसी हैं। एक बार जब वे लाभ दिखा देते हैं और शुरुआती समस्याओं में संपूर्ण तंत्र की सहायता भी कर देते हैं तब धनी किसान भी इसमें आ जाते हैं। इनके पास अधिक वित्तीय बल और अन्य संसाधन होते हैं, इसलिए वे अधिक लाभ प्राप्त कर लेते हैं। कमजोर किसान भी तकनीकों और इसके लाभ से अनभिज्ञ नहीं रहते हैं; परंतु उनकी जोखिम उठाने की योग्यता काफी कम होती है। जब केवल धनी और मध्यम स्तर के किसान नई व्यवस्था में भली प्रकार स्थापित हो जाते हैं तभी कमजोर किसानों की पहुँच मानक संचालन तक कम कीमत पर हो पाती है। हरित क्रांति के लागू होने के करीब दो दशक बाद पंजाब और हरियाणा में यही हुआ था; पर भारत के कुछ हिस्से हरित क्रांति का पूरा लाभ नहीं उठा सके थे, क्योंकि कुछ महत्त्वपूर्ण चीजें सिर्फ बीज ही नहीं बल्कि सिंचाई, उर्वरक, कीटाणुनाशक दवाइयाँ, सड़कें और वित्त भी उन तक नहीं पहुँचा था।

पिछले कुछ दशकों में हरित क्रांति के लाभ के विस्तार पर विस्तृत चर्चा हुई है। भारतीय किसानों की स्थिति पर प्रस्तुत है एक रिपोर्ट—

□

भारत में सन् 1960-63 तक कम उत्पादकतावाले जिलों की संख्या 222 थी। यह संख्या 1990-93 में कम हो गई। केवल 4.4 प्रतिशत जिले उत्तर-पश्चिमी क्षेत्र और 13 प्रतिशत दक्षिणी क्षेत्रों के जिले कम उत्पादकतावाले थे। साथ ही करीब दो-तिहाई जिले मध्य क्षेत्र के और एक-तिहाई जिले पूर्वी क्षेत्र के कम उत्पादकतावाले क्षेत्रों के रूप में बने हुए हैं। जम्मू व कश्मीर, बिहार, गुजरात, मध्य प्रदेश, महाराष्ट्र, राजस्थान और कर्नाटक के करीब एक-चौथाई से अधिक जिले हरित क्रांति के बाद भी कम उत्पादकतावाले हैं।

□

इस प्रकार हरित क्रांति ने उन क्षेत्रों में बड़ी संख्या में किसानों और क्षेत्रों की सहायता की है, परंतु अभी भी काफी क्षेत्र (कम उत्पादकतावाले क्षेत्रों का करीब 15 प्रतिशत क्षेत्र) अधिक लाभ नहीं प्राप्त कर सका है। इन क्षेत्रों पर विशेष ध्यान देने की आवश्यकता है कि इन तक तकनीक कैसे पहुँचाई जा सके। शायद उन अनाजों (दाल और मोटा अनाज) पर ध्यान देने की जरूरत है, जिन पर अभी तक ध्यान नहीं दिया गया है।

रिपोर्ट-9 में हरित क्रांति के लागू होने पर सीखे गए सभी पाठों पर एक संक्षिप्त विवेचना प्रस्तुत है—

हमारा विश्लेषण निम्नांकित महत्त्वपूर्ण पहलुओं को दरशाता है–

वे फसलें जिन्होंने हरित क्रांति के शुरुआती काल में तकनीकों का लाभ शीघ्रता से उठाया था, उनकी गति कम हो जाने की संभावना रहती है। ये फसलें सामान्यतया मध्यम और बड़े किसानों द्वारा उगाई जाती हैं। हाल ही में छोटे और मध्यम दर्जे के किसानों ने उच्च उत्पादकता एवं उच्च कीमतवाली फसलों की पद्धति को अपनाया था और इसीलिए इन फसलों की उत्पादकता के रुझानों पर ध्यान देना पड़ेगा। इन फसलों की असफलता के साथ इन्हें पैदा करने की बढ़ती हुई लागत छोटे और मध्यम दर्जे के किसानों को मुश्किल में डाल सकती है।

धीमी वृद्धिवाली फसलों की पहचान यहाँ हो चुकी है और स्थान विशेष तकनीक के लिहाज से इन पर सार्थक तरीके से ध्यान देने की आवश्यकता है। इस तरह की फसलें मुख्यतः कमजोर वर्ग और किसान समुदाय के जीवकोपार्जन करनेवाले किसानों द्वारा ही बनाई जाती हैं और इसीलिए वे गरीबी का प्रभाव दरशाती हैं।

कई तरह के हस्तक्षेपों और मूल्य-वृद्धि के रुझान के बावजूद दालें अपनी वृद्धि की क्षमता को नहीं प्राप्त कर सकी हैं। दालों और मोटे अनाजों को तकनीकी दृष्टिकोण से नई दृष्टि के साथ देखने की आवश्यकता है। संसाधन-संपन्न किसान शुरू-शुरू में तकनीकों को अपना लेते हैं, परंतु कुछ अनुभव प्राप्त करने के उपरांत छोड़ देते हैं। बचे हुए किसानों का समूह उनका अनुसरण करता है। इसीलिए अनाजों का वितरण आरंभ में बिगड़ जाएगा, परंतु कुछ समय के बाद सुधर जाएगा। हालाँकि इसका गरीबी के गणित पर अस्थायी रूप से प्रतिकूल प्रभाव पड़ेगा।

1980 के दशक में तिलहन ने एक आशावादी रुझान दिखाया था, परंतु तकनीकी सहयोग और व्यापार परिदृश्य की कमी के कारण ब्राउन (तिलहन) क्रांति धीमी हो गई। '90 के दशक के दौरान कुछ तिलहन फसलों की उत्पादकता में प्रत्यक्ष रूप से गिरावट का रुझान दिखा और तिलहन पैदा करनेवालों की विपत्ति स्पष्ट दिखी, जिसने छोटे और कमजोर किसानों को अपनी चपेट में ले लिया।

स्वतंत्रता के बाद से ही बहुत से ऐसे जिले हैं, जो फसल की आर्थिकता में लगातार पीछे रहे हैं। वे तब भी इसे न कर पानेवालों में से थे और यहाँ तक कि पाँच दशकों के प्रयासों के उपरांत अभी भी नहीं हैं। वाकई इन जिलों में गरीबी की विभीषिका दिखाई पड़ती है और किसान नुकसान की स्थिति में हैं।

□

व्यक्ति को इस धारणा में नहीं रहना चाहिए कि केंद्रीय या राज्य सरकारों ने हरित क्रांति से परे जाकर कृषि क्षेत्र के लाभ और पिछले कुछ दशकों में इसके विस्तार के लिए कुछ नहीं किया। इसमें बहुत सी केंद्रीय योजनाएँ हैं, जो कई तरह की समस्याओं

को बताने के लिए लागू की गई हैं, जैसे—शुरुआती वृद्धि के उपरांत उत्पादकता का रुक जाना। इनका एक मिला-जुला परिणाम होता है। कृषि क्षेत्र में वर्तमान समस्याओं (बहुत से किसानों द्वारा की गई आत्महत्याएँ) का संबंध इन नई योजनाओं की कुछ कमियों से है। इसका कारण किसानों पर नए विश्व व्यापार संगठन (डब्ल्यू.टी.ओ.) के निर्देशों और वैश्वीकरण तथा बाजार बलों के नए रूपों का भी है। कृषि की कम उत्पादकता के पिछले रूप में किसानों के पास आत्मपर्याप्तता का अच्छा स्तर था, परंतु इस नई प्रणाली में किसान को प्रत्येक चरण में बीज के स्तर से आगे तक बाहरी निवेश पर निर्भर रहना पड़ता है। यह नया समाधान सिर्फ विज्ञान और तकनीक पर ही आधारित नहीं हो सकता है। इन्हें बहुआयामी दृष्टिकोण रखने की आवश्यकता होती है।

देश की भविष्य की खाद्य सुरक्षा के लिए सहस्राब्दियों के अध्ययन की खोज महत्त्वपूर्ण है। यह स्पष्ट है कि कृषि क्षेत्र में निरंतर अनुसंधान और विस्तार सेवाओं की आवश्यकता है। गहन अनुसंधान और विकास से फसलों की कीटाणु-निरोधक किस्में विकसित की गई हैं; परंतु यह भी पता चला है कि सात या आठ वर्षों के बाद नए तरह के कीटाणुओं का जन्म हो गया है और वे फसलों को फिर से नुकसान पहुँचाते हैं। इसीलिए भिन्न तरह के बीजों और भिन्न कीटाणुनाशक औषधियों को समय-समय पर परिवर्तित करते रहना चाहिए। जैव तकनीक हमें आनुवंशिक विभिन्नतावाली किस्में दे सकती हैं; परंतु चूँकि प्रत्येक चीज परिवर्तित होती रहती है और स्वयं को प्रकृति के साथ समावेशित करती रहती है, हम यह कभी सोचकर निश्चिंत नहीं रह सकते हैं कि हमने एक ऐसी बीज की किस्म प्राप्त कर ली है, जो जैविक तनाव से मुक्त होगी।

स्थिर खाद्य सुरक्षा के लिए वर्तमान कार्यक्रम इन शिक्षाओं से प्राप्त किए जा सकते हैं, जो हमने हरित क्रांति से सीखे हैं तथा वे रिपोर्ट ९ में दरशाए गए हैं।

- ये योजनाएँ तकनीकी मानकों पर केंद्रित हैं तथा देश के विभिन्न क्षेत्रों में व्यापक स्तर पर आम हैं।
- सभी क्षेत्रों में तकनीकी मानक प्रत्यक्षतः परिवर्तित होते रहते हैं और इनको योजनाओं के उद्देश्यों के साथ समन्वित करने के प्रयास किए जाने हैं; परंतु ये बहुत बार नहीं किए जाते हैं।
- किसानों के लिए मूल्य, बाजार, बाजार तक पहुँच तथा अन्य ढाँचागत प्रोत्साहनों के निर्माण हेतु आर्थिक मानकों के लिए योजनाएँ मुश्किल से ही केंद्रित होती हैं।
- रोजगार और ढाँचागत रचनाओं पर कुछ योजनाएँ केंद्रित होती हैं। हालाँकि, जब योजना हटा ली जाती है तब रोजगार के साथ-साथ ढाँचागत क्षेत्र में एक रिक्तता उत्पन्न हो जाती है।
- कुछ योजनाएँ उस शुरुआती बल को नहीं बनाए रखती हैं, जो कि उन्होंने उत्पन्न

किया था तथा यह बल कुछ वर्षों में समाप्त हो जाता है। यह बल प्रोत्साहनों के वापस लिये जाने के कारण मुरझा जाते हैं और इसीलिए फसलों की वृद्धि में स्थिरता की प्राप्ति नहीं हो पाती है।

- सम्मिलित लाभ के रूप में ये योजनाएँ वाकई कुछ क्षेत्रों में सहायक होती हैं, परंतु कुछ क्षेत्र इस लाभ को प्राप्त करने से वंचित रह जाते हैं। इसीलिए, इन योजनाओं की रचना और कार्यान्वयन में समानता इनका एक महत्त्वपूर्ण तत्त्व है।
- योजनाओं में से कुछ बाधाओं के कारण लंबे समय तक जारी नहीं रह पाती हैं और वे नई योजनाओं में शामिल या परिवर्तित कर दी जाती हैं। हस्तांतरण की इस प्रक्रिया में शुरुआती योजनाओं की कुछ अच्छी उपलब्धियाँ समाप्त हो जाती हैं।

यह सच है कि जब हम कृषि क्षेत्र की इन मौजूद समस्याओं को देखते हैं तब उन विशेष क्षमताओं को कम नहीं आँकते हैं, जिन्हें हमने पिछले चार दशकों में प्राप्त किया है। संख्याओं की तीव्र वृद्धि ही इनके बारे में स्वत: बता देती हैं। सन् 1960-61 में अनाज का कुल उत्पादन 6.9 करोड़ टन था। सन् 2001-02 में यह बढ़कर 19.8 करोड़ टन हो गया। 1960-61 में प्रति हेक्टेयर पैदावार 753 कि.ग्रा./हे. थी। 2001-02 में यह 1983 कि.ग्रा./हे. हो गई।

ये उपलब्धियाँ कृषि अनुसंधानों के तीव्र उपयोग से हुई हैं। हाल के वर्षों में कृषि अनुसंधान में निजी क्षेत्र के उद्यम भी प्रवेश कर चुके हैं।

विकास के इन विभिन्न पहलुओं एवं प्रतिरोधी जीवाणुओं, स्तरहीन मिट्‌टी व कृषि भूमि से संबंधित बौद्धिक संपदा अधिकारों के अंतरराष्ट्रीय नए नियमों की नवीन चुनौतियों की रिपोर्ट 5 में भारतीय किसान की स्थिति पर चर्चा की गई है, जो कि तकनीक और आई.पी.आर. विषय पर संबोधित है। इनमें से कुछ उन लोगों के लिए महत्त्वपूर्ण है, जो भारत में कृषि के लाभ के लिए नई तकनीकों को प्रस्तुत करने में रुचि रखते हैं।

इनकी प्रस्तुति-

हमारे अनुसंधान दरशाते हैं कि इन निवेशों का केवल एक अंश ही औपचारिक सामग्री हस्तांतरण समझौते (एम.टी.ए.) के अंतर्गत प्राप्त किया गया है। अधिकतर घटनाक्रमों में तकनीकें और सामग्री पेटेंटधारकों की बिना अनुमति के ही इस्तेमाल की जा रही हैं। वास्तव में, हमें लगता है कि भारतीय अनुसंधानकर्ता जिस संपत्ति तकनीक का विस्तृत इस्तेमाल करते हैं, इसका उन्हें स्पष्ट अनुमान नहीं रहता है। आजकल वे बिना

लाइसेंस के निवेशों का इस्तेमाल कर सकते हैं, क्योंकि भारत जीवन के रूपों में पेटेंट को महत्त्व नहीं देता है और इसीलिए पेटेंट भारत में वैध नहीं है। भारत टी.आर.आई. पी.एस. के अनुसार, जब अपने पेटेंट के कानून में परिवर्तन करेगा तब परिस्थितियाँ बदल जाएँगी। जो कंपनियाँ तकनीकों की मालिक होंगी उन्हें भारत में पेटेंट लेना होगा। जब ऐसा होगा तब भारत में आनुवंशिक रूप से परिवर्तित फसलों के विकास के अनुसंधान की निरंतरता, विभिन्न स्वामित्व तकनीकों और सामग्री के अधिकृत होने की हमारी योग्यता पर निर्भर करेगी। यह हमारे बहुत से महत्त्वपूर्ण अनुसंधानों के प्रयासों के सौभाग्य को बनाएगा, जैसे—बीटी कॉटन और बीटी चावल परियोजना, जो अभी अनिश्चित हैं।

□

कृषि जैव तकनीकों में सार्वजनिक क्षेत्रों की कमजोर स्थिति गरीब किसानों के लिए जैव तकनीक के इस्तेमाल में भारत की योग्यता पर गंभीर प्रभाव छोड़ती है, जिनमें बहुत से किसान तथाकथित त्यागी हुई फसलों को पैदा करते हैं तथा अनुकूल वाले कृषि वातावरण में रहते हैं। चूँकि ये किसान गरीब हैं, इसलिए वे प्रचुर बीज बाजार नहीं बना सकते हैं। अत: हम निजी क्षेत्रों की फसलों, जो कि इन किसानों के द्वारा पैदा की जा रही हैं, इनसे आनुवंशिक परिवर्तित रूप के विकास की आशा नहीं कर सकते हैं। इस आवश्यकता की पूर्ति के लिए सार्वजनिक क्षेत्रों को जैव तकनीकों पर आधारित तकनीक और उत्पादों की पहुँच के लिए विभिन्न विकल्पों को खोजने की आवश्यकता है। इन मध्यम और छोटे किसानों द्वारा पैदा की जानेवाली फसलों के इस्तेमाल के लिए स्वामित्व तकनीक के लाइसेंस के द्वारा वृद्धि प्राप्ति की प्रत्यक्ष रणनीति होगी, जो कठोर कृषि अर्थव्यवस्था के वातावरण के अनुकूल होगी। यह दो कारणों से संभव हो सकती है।

प्रथम, इन फसलों में तकनीक के इस्तेमाल की अनुमति के द्वारा बाजार संभाव्यता की हानि तकनीक के स्वामी के लिए बाजार की हानि को शामिल नहीं करेगा। जैसे कि किसान, जो इन फसलों को पैदा करते हैं और वे कठिन वातावरण में रहते हैं तथा गरीब हैं एवं उनकी क्रय शक्ति कम है। वे आनुवंशिक परिवर्तित पौधों का एक महत्त्वपूर्ण बाजार नहीं बना सकते हैं। अत: सार्वजनिक क्षेत्र को लाइसेंस देने से तकनीक के स्वामी बाजार की हानि नहीं उठाएँगे।

द्वितीय, इस तरह की तकनीकों को लाइसेंस देने के द्वारा जैव तकनीकी कंपनियों को अपनी सार्वजनिक छवि सुधारने का एक अवसर प्राप्त होगा। वास्तव में, यह भी संभव है कि कुछ परिस्थितियों में निजी क्षेत्रों को इन तकनीकों के मुफ्त इस्तेमाल की अनुमति दी जा सकती है। यह तथाकथित 'गोल्डन राइस' के साथ पहले ही हो चुका है।

□

संक्षेप में, कृषि में अनुसंधानों और बीजों को वैश्विक रूप से सुरक्षित करने के

लिए आई.पी.आर. के इस्तेमाल में वृद्धि रही है। डब्ल्यू.टी.ओ. के सदस्य के रूप में भारत को भी पौधों की किस्मों के लिए आई.पी.आर. सुरक्षा को बढ़ाना चाहिए। इसे जीवन रूपों, सूक्ष्म जीवों और सूक्ष्म जैविक प्रक्रिया के लिए पेटेंट सुरक्षा प्रदान करनी चाहिए।

□

इस विषय पर बल देना चाहिए कि निजी कंपनियों को केवल उन फसलों और विशेषताओं पर केंद्रित करना चाहिए, जो उच्च लाभ प्रदान करें। वे गरीब किसानों द्वारा सीमांत क्षेत्रों में उपजाई गई फसलों पर काम नहीं करना चाहते हैं। इन फसलों की उत्पादकता सुधारने की जिम्मेदारी सार्वजनिक क्षेत्र की अनुसंधान प्रणाली की है। साथ ही गरीब किसान लघु बीज कंपनियों के लिए बाजार का निर्माण नहीं कर पाते हैं। इन किसानों की समस्याओं को बताने के लिए एक मजबूत सार्वजनिक क्षेत्र की आवश्यकता है। यह इसका परामर्श देता है कि निजी क्षेत्रों के बढ़ने के बावजूद सार्वजनिक क्षंत्र को इसकी सुदृढ़ता बनाए रखने की आवश्यकता है।

इसीलिए भारतीयों के सामने आधुनिक फसलों और इसे उत्पन्न करने की नई चुनौतियाँ हैं। यह केवल प्रयोगशाला पर आधारित अनुसंधान एवं सरल प्रसार सेवाओं तक ही नहीं है बल्कि बौद्धिक संपत्ति अधिकार (आई.पी.आर.), लाइसेंस, समझौतों, गरीब व छोटे किसानों के लिए जननीति, वित्त, व्यवसाय प्रबंधन आदि के जटिल सूत्रजाल की होनी चाहिए।

आइए, आहार से संलग्न एक अन्य महत्त्वपूर्ण क्षेत्र पशुपालन पर एक नजर डालते हैं—

पशुपालन

भारत में पालतू पशुओं का अस्तित्व सिंधु घाटी की सभ्यता के समय से ही रहा है। यहाँ तक कि आर्य युग के समय में भी समाज में पशुओं की एक प्रमुख भूमिका थी। पालतू पशुओं का प्रयोग आहार, परिवहन, खेती और साथी के रूप में होता था। खाद्यान्न फसलों की खाद के लिए पशुओं के मल का भी उपयोग है। पालतू पशु पशुधन के रूप में भी जाने जाते हैं, जबकि पक्षी मांस और अंडे मुरगीपालन में आते हैं।

भारतीय किसान की स्थिति की रिपोर्ट 12 के अनुसार, भारतीय पशुधन एवं मुरगीपालन की सन् 1992 की स्थिति नीचे दी गई है। आज की संख्या इनसे वाकई अधिक होगी।

पशु (गाय व बैल)	20.5 करोड़
भैंस	8.4 करोड़
बकरियाँ	11.5 करोड़
भेंड़	5.1 करोड़
सूअर	1.3 करोड़
मुरगी	30.7 करोड़ से अधिक

इसके साथ-साथ इसमें बैलगाड़ी और ढोनेवाले पशु, जैसे—गधा, ऊँट आदि आते हैं।

जब हमने सन् 1996 में इंडिया विजन 2020 का प्रयोग समाप्त किया था, उस समय भारत की कुल दुग्ध उत्पादन की स्थिति विश्व में दूसरी थी। सन् 2000 में भारत विश्व का सबसे अधिक दुग्ध उत्पादक देश बन गया था, जिसका वार्षिक उत्पादन 7.8 करोड़ मीट्रिक टन था। मांस का उत्पादन 45 लाख टन प्रतिवर्ष, 31.5 अरब अंडे प्रतिवर्ष व 40 करोड़ ब्रायलर चिकन प्रतिवर्ष था। ऊन का उत्पादन, जो कि पशु से प्राप्त होनेवाला एक महत्त्वपूर्ण उत्पाद है, यह सन् 2000-01 में 64 लाख कि.ग्रा. था।

सन् 1998-99 में भारत के कुल पशुधन की कीमत रुपए 1,23,076 करोड़ थी। पशुधन और इससे संबंधित क्षेत्रों से कुल आयात की आय 2,073 करोड़ थी, जिसमें चमड़े से संबंधित माल करीब 54 प्रतिशत और मांस करीब 37 प्रतिशत था।

भारत में कृषि और अन्य सहायक क्रियाशीलता की कुल कीमत का 25 प्रतिशत पशुधन क्षेत्र से है। पशुधन क्षेत्र में 67 प्रतिशत दूध के रूप में है। मुरगीपालन और अंडों का हिस्सा करीब 9 प्रतिशत है और इनके बढ़ने की संभावना इसलिए है कि इनका संबंध अधिकतर भारतीयों के लिए किफायती पोषक आहार से है। यह अनुमान किया गया है कि सन् 2020 तक भारत में कुल दूध की खपत करीब 16 करोड़ टन होगी तथा मांस की खपत करीब 80 लाख टन होगी। यह एक रोचक तथ्य है कि एक भारतीय की औसत दूध की खपत अभी भी इंडियन कौंसिल ऑफ मेडिकल रिसर्च के तय किए गए मानक से नीचे है। यह मानक करीब 220 ग्राम प्रति व्यक्ति है। सन् 2000 तक भारत की खपत 211 ग्राम प्रति व्यक्ति हो चुकी है।

किसानों के लिए पशुधन क्षेत्र रोजगार और आय का एक अच्छा स्रोत है। अधिकतर किसानों की 70 प्रतिशत से अधिक की आय इसी से होती है। 1.84 करोड़ लोगों को यह निरंतर रोजगार प्रदान करता है, जो देश के कुल कार्यबल का करीब 5 प्रतिशत है। इस क्षेत्र के लिए सरकार की तरफ बहुत ही कम आर्थिक सहायता दी जाती है, परंतु निजी क्षेत्र की कंपनियों की तरफ से बहुत सी बीमा योजनाएँ प्रदान की गई हैं।

पशुधन को कारखानों पर आधारित आहार की जरूरत होती है, जिसे हम आहार और चारा कहते हैं। भारत में बकरी, भेंड़ का शत प्रतिशत चारा सामान्य चरागाहों से ही आता

है। मवेशियों का करीब 33 प्रतिशत चारा इन्हीं स्रोतों से प्राप्त होता है। देश में ऐसे सामान्य चरागाह करीब 12 करोड़ हेक्टेयर हैं। इनका चरागाहों के रूप में बहुत अधिक प्रयोग होता है तथा इनमें से अधिकतर अनावृत्त स्थिति में हैं। इसका संबंध खाद्य सुरक्षा एवं पर्यावरण दोनों से ही है। 21वीं सदी के शुरुआती दशक में नए समाधानों की जरूरत इस तथ्य को ध्यान में रखते हुए पड़ी कि इस प्रकार के मवेशी और छोटे पशुओं के मालिक धनी नहीं हैं और उनके पास चारा खिलाने के बहुत ही कमजोर संसाधन हैं।

भारत में पशुओं के चारे का एक विकसित उद्योग है। सन् 2001 में इसका कुल योग 1.2 करोड़ टन था। इसमें उपलब्ध कच्चे माल का केवल 25 प्रतिशत ही शामिल है जिसमें सभी पशुओं के लिए भारतीय मानक ब्यूरो के द्वारा तय किए गए संतुलित आहार से कम मिलता है। भारत के पास करीब 200 बड़े पशु आहार के संयंत्र हैं, जिसमें 10 से 50 करोड़ टन प्रतिदिन की उत्पादन क्षमता है तथा हजारों लघु कारखाने हैं, जिनकी क्षमता 8 से 50 मीट्रिक टन प्रतिदिन है।

हालाँकि एक तरफ तो अच्छे पशु आहार की कमी है और वृहत स्तर पर कृषि अपशिष्ट (जो कि पशु आहार का एक अच्छा आधार है) निरंतर अपशिष्ट निस्तारण के रूप में जला दिया जाता है। लाखों टन गेहूँ का भूसा गुजरात में और चावल की भूसी हरियाणा और पंजाब में प्रत्येक साल जला दी जाती है। कम वर्षा का चक्र भी पशु आहार में कमी कर देता है। दुर्भाग्य से भूसे की थापी या ब्रिकेटिंग भारत में नहीं होती है। यदि वर्ष भर के अतिरिक्त भूसे की थापी लगाकर सुरक्षित रख दिया जाए तब यह कमी के समय उपयोगी होगी।

चारे और आहार के अतिरिक्त पशु धन का स्वास्थ्य भी एक अन्य महत्त्वपूर्ण विषय है। किसानों और खासतौर से कमजोर व गरीब किसानों के लिए मवेशी का मरना एक बड़ी हानि है तथा रोगी पशु कई तरह की परेशानियों की ओर ले जाते हैं। पशु चिकित्सा सेवाओं को धन्यवाद देना चाहिए कि इन्होंने '90 के दशक के मध्य में ही पशु प्लेग जैसी बीमारी को समाप्त कर दिया था। पशुओं के पैर और मुँह का रोग बड़ा रोग है तथा बकरियों आदि में जुगाली संबंधी छोटा रोग होता है। यह दुःखद है कि भारत में पशु स्वास्थ्य का क्षेत्र अभी भी अवहेलित है।

जैसे-जैसे देश विकसित होता जाता है और लोग समृद्ध होकर शहरी क्षेत्रों में रहने लगते हैं, वे यह नहीं सोच सकते कि वे उन समस्याओं से मुक्त हैं, जो ग्रामीण क्षेत्रों के केवल गरीब किसानों को ही प्रभावित करती हैं। जैसा कि हमने पिछले अध्यायों में पढ़ा है कि जीवन के सभी रूप किसी-न-किसी तरह आपस में जुड़े हुए हैं। पिछले कुछ दशकों में आपने बहुत सी नई बीमारियों जैसे बर्ड फ्लू और स्वाइन फ्लू के फैलने के बारे में सुना होगा। पशुओं में प्रचलित रोगाणु व वायरस मानवों में भी आ जाते हैं और

मानव जनसंख्या में संक्रामक रोगों के कारण बन जाते हैं। साथ ही हम जो दूध और मांस का प्रयोग करते हैं, वे भी इन रोगों को ले आते हैं। यदि पशुओं में रोग का संक्रमण अधिक है तब पशुओं के रोगाणु मानव शरीर में सब्जियों, फलों और अनाज के माध्यम से भी पहुँचते हैं।

यह काफी महत्त्वपूर्ण है कि भारत में पशुओं और पक्षियों के विज्ञान, तकनीक और स्वास्थ्य के देखभाल का अध्ययन विश्व व्यापार संगठन के निर्देशों के अनुसार ही होता है। आहार सुरक्षा और आर्थिकता के दृष्टिकोण के अतिरिक्त यह मानव स्वास्थ्य के लिए भी महत्त्वपूर्ण है। विश्व व्यापार संगठन का तंत्र मूल्य प्रतिस्पर्धा की चुनौतियों को भी शामिल करता है और इसमें भारतीय उत्पादों को अंतरराष्ट्रीय गुणवत्ता एवं सुरक्षा मानकों को सुनिश्चित करना पड़ता है।

भारत के पशुधन क्षेत्र में इस समय बहुत सी बाधाएँ हैं, क्योंकि इस क्षेत्र पर, जिसमें लाखों गरीब किसान निर्भर हैं, सरकार का बहुत ही कम ध्यान है। भारतीय किसान की स्थिति की रिपोर्ट 12 दरशाती है कि—

भारत में पशु धन उत्पादन के सुधार में बहुत सी बाधाएँ हैं, जैसे—अति कमजोर उत्पादकता, छोटे पशु जोत क्षेत्र, विस्तृत रूप से फैली हुई उत्पादन व्यवस्था, सिकुड़ते हुए जोत क्षेत्र, आहार और चारे की भारी कमी, पशु संक्रामक रोग से उनका बार-बार विनाश। सरकारी व केंद्र आधारित पशु चिकित्सा और कृत्रिम गर्भाधान एवं सामाजिक तथा धार्मिक भावनाओं पर आधारित सरकारी नीतियाँ लघु पशु धन धारकों के उत्पादन तंत्र की अपर्याप्तता को बढ़ाते हैं।

☐ पशु धन क्षेत्र के नीति-निर्धारण के लिए सरकार की एक अति निर्णायक भूमिका हो सकती है। इस भूमिका के पुनर्निर्धारण के लिए सरकार को कार्य करना तथा पशु धन सेवा प्रदान करने के लिए संस्थागत संरचना का निर्माण करना चाहिए, साथ ही यह देश के विकास के परिप्रेक्ष्य में तथा वैश्विक आर्थिक वातावरण एवं राष्ट्रीय उदारीकरण को ध्यान में रखते हुए होना चाहिए।

☐ संस्था का सूत्रजाल व्यापार, वाणिज्य, निर्यात, गुणवत्ता एवं सुरक्षा, आपसी समन्वय के साथ कार्य, भारत के हितों व सुरक्षा पर ध्यान और मध्यस्थता के स्तर पर प्रत्युपाय; प्रक्रियाओं, नियम, साथ ही विवादों के लिए विश्व व्यापार विवाद समझौते पैनल फोरम के अंतर्गत उत्तरदायी हैं।

☐ बाजार बलों और केवल निवेशकों की दया या विश्व व्यापार संगठन के मानकों

पर इस क्षेत्र को छोड़ना काफी नहीं है। पशु धन क्षेत्र के विकास के लिए विज्ञान और तकनीक बाहरी देशों से आसानी से उपलब्ध हो जाती हैं। इन्हें भारतीय आकारों के अनुरूप बनाने की चुनौती है, जो हमारी आवश्यकता के अनुसार अभी कम है। हमें यह नहीं भूलना चाहिए कि किसानों की एक बड़ी संख्या पशु धन क्षेत्र पर निर्भर है और बड़े आकार के जोत-क्षेत्र की तरफ जाने में अभी कुछ एक दशक और लगेंगे।

सन् 2020 के दृष्टि लक्ष्य को ध्यान में रखते हुए सफल परियोजनाओं में से एक परियोजना टी.आई.एफ.ए.सी. ने लुधियाना में शुरू की है, जिसका उद्देश्य बहुत ही कम बैक्टीरिया की मौजूदगी में स्वच्छ दूध का उत्पादन है। इसमें दूध उत्पादनवाले किसानों को मवेशियों को स्वच्छ चारा देने के स्तर से ही प्रशिक्षित किया जाता है, जैसे—दूध निकालने से पहले मवेशी के थन साफ करना, साधारण तरीके से दूध निकालने से पहले दूध का स्वास्थ्य परीक्षण करना, दूध निकालनेवाले व्यक्तियों के हाथ साफ होना, दूध निकालने का मशीनीकरण, तत्काल दूध ठंडा करने की व्यवस्था आदि। तकरीबन 50 पशुओं के साथ टी.आई.एफ.ए.सी. परियोजना में सफलता प्राप्त हुई है। यही तरीके अन्य राज्यों में भी लगातार अपनाए जा रहे हैं।

भारत में 7,750 पशु चिकित्सा अस्पताल हैं, साथ ही 15,555 पशु डिस्पेंसरी और करीब 27,550 पशु अस्पताल केंद्र भी हैं। इंडियन काउंसिल ऑफ एग्रीकल्चरल इंस्टीट्यूट्स (आई.सी.ए.आर.) के अंतर्गत कई असाधारण रूप से विशिष्ट पशु विज्ञान संस्थान हैं तथा उन्नत कृषि अनुसंधान व विकास सेवा संगठन इस देश में मौजूद हैं। हालाँकि ये संस्थान उतने सक्रिय नहीं हैं जितना इन्हें होना चाहिए; परंतु इनमें कुछ असाधारण वैज्ञानिक और तकनीकी विशेषज्ञ मौजूद हैं। यहाँ उन संस्थानों का संक्षिप्त विवरण प्रस्तुत है—

क्रम सं.	संस्थान	वैज्ञानिक	तकनीकी कर्मचारी	रु. लाख में
1.	इंडियन वेटनरी रिसर्च इंस्टीट्यूट	294	412	1661.55
2.	नेशनल डेयरी रिसर्च इंस्टीट्यूट	219	418	1181.52
3.	सेंट्रल शीप एंड वूल रिसर्च इंस्टीट्यूट	82	10	257.62
4.	सेंट्रल इंस्टीट्यूट फॉर रिसर्च ऑन गोट	38	66	70.68
5.	सेंट्रल एवियन रिसर्च इंस्टीट्यूट	37	56	198.48
6.	नेशनल ब्यूरो ऑफ एनीमल जेनेटिक रिसोर्सेज	12	18	36.24
7.	इंडियन ग्रासलैंड फाडर रिसर्च इंस्टीट्यूट	109	15	159.52
8.	नेशनल रिसर्च सेंटर फॉर कैमल	7	10	72.55

9.	नेशनल रिसर्च सेंटर फॉर याक	5	–	24.73
10.	नेशनल रिसर्च सेंटर फॉर इक्वाइन	6	11	118.48
11.	नेशनल रिसर्च सेंटर फॉर मिथुन	2	4	12.49
12.	सेंट्रल इंस्टीट्यूट फॉर रिसर्च ऑन बफैलो	20	5	157.27
	कुल	**831**	**1,025**	**3,951.13**

खाद्य प्रसंस्करण

रिपोर्ट 12 के अनुसार, देश में घरेलू मांस की खपत जैसे—गोमांस, बछड़े का मांस, भेंड़, बकरे, मुरगे और सूअर का मांस आदि के प्रसंस्करण के लिए करीब 3,643 कसाईबाड़े हैं। इनमें से केवल कुछ हैं, जो महानगरों में ही स्थित हैं। उनके ही पास आधुनिक उपकरण और सुविधाएँ हैं, जो स्वास्थ्यकर प्रक्रिया के लिए आवश्यक हैं। बाकी बचे हुए कसाईबाड़ों में इस्तेमाल की गई तकनीक में समस्या है और यही कारण इसकी गुणवत्ता में भी है। विशेष रूप से ध्यान देने के लिए यही वह अन्य क्षेत्र है।

इस समय देश में करीब 1,00,000 बड़े और मध्यम आकार के अंडों को सेने वाले और भूनने वाले फार्म्स मौजूद हैं, परंतु कुल कुक्कुट पालन मांस का केवल 4 प्रतिशत ही प्रसंस्कृत होता है और फिर भी यहाँ कोल्ड चेन सुविधाओं में गंभीर समस्याएँ हैं। देश में अंतरराष्ट्रीय सहयोग से 4 अंडे प्रसंस्करण संस्थानों का निर्माण हो चुका है, जिनकी प्रक्रिया क्षमता करीब 10 लाख अंडे प्रतिदिन है। ये संस्थान तकनीकी रूप से काफी परिष्कृत हैं।

उपकरण और मशीन निर्माण स्थिति पर रिपोर्ट 12 की सूचना निम्नांकित है-

भारत के पास खाद्य और आहार क्षेत्र में अच्छे ढंग का विकसित उपकरण निर्माण उद्योग है। डेयरी उद्योग में काम आनेवाली मशीनों और उपकरणों का करीब 90 प्रतिशत देश में ही निर्माण होता है। आयातकों की आवश्यकता पैकिंग क्षेत्र, बैक्टीरिया निर्जीवीकरण, हीट एक्सचेंजर, क्रीम मिलानेवाले उपकरण और इसी तरह के अन्य परिष्कृत क्षेत्रों में पड़ती है। प्रसंस्करण उपकरणों के अन्य पशु धन उत्पाद निर्माता भी अभी विकास की आरंभिक अवस्था में ही हैं, क्योंकि इस तरह के उपकरणों की माँग निर्माण उद्योगों पर अपना दबाव बनाए हुए है। पशु धन के आहार मिल क्षेत्र में पारंपरिक आहार मिल, जिसमें पेलेट मिल भी शामिल हैं, इनके सारे उपकरण देश में ही बनाए जाते हैं। विदेशी निवेशकों के लिए आर्थिक उदारीकरण से आधुनिक निर्माताओं और खाद्य आहार प्रसंस्करण उद्योग के उपकरणों के लिए भारत में एक संभावना का निर्माण हो रहा है।

व्यय करने योग्य आय के साथ मध्यम वर्ग के विकास और स्वच्छता व स्वास्थ्य के

अंतरराष्ट्रीय मानकों के दबाव के कारण भी पशु धन आधारित खाद्य उपायों के प्रसंस्करण एवं उत्पादन में महत्त्वपूर्ण परिवर्तन होने वाले हैं। यदि कसाई बाड़ों के अपशिष्ट का उचित रूप से उपयोग होता है या इनके उप-फलों (बाई प्रोडक्ट) से भी अतिरिक्त आय और रोजगार मिल सकता है। जब उनका उपयोग सही ढंग से नहीं होता है तब वे स्वास्थ्य और पर्यावरण के लिए हानिकारक होते हैं।*

पशु धन और पर्यावरण

पशु धन उत्पादन और चरागाह दोनों का ही पर्यावरण के साथ अंतर्संबंध है। स्वतंत्रता के बाद से इन छह दशकों में भारत की जनसंख्या पाँच गुना बढ़ चुकी है और यह अभी भी बढ़ रही है। जैसे-जैसे जनसंख्या में वृद्धि हो रही है वैसे-वैसे आहार (फसल, सब्जियाँ, मांस, मुरगीपालन, मछली आदि) भी बढ़ने के लिए बाध्य हैं।

पुराने समय में पशु धन अधिकतर घरों में सीमित रहता था। लोग गाय, बकरी, सूअर आदि अपने सीमित खेतों व स्थानीय क्षेत्र से उपलब्ध चारे के आधार पर पालते थे। अधिकतर पशु धन उनकी जीविका के अतिरिक्त आय का साधन थे; परंतु वर्षों पुरानी परंपरा तेजी से बदल रही है। घरेलू व्यक्ति अब आत्म-पर्याप्तता के लिए पारंपरिक रूपों को उद्देश्य नहीं बना रहे हैं, चाहे वह आहार, चारा या दूध, मांस आदि ही हो। वे अब बाजार आर्थिकता की तरफ जुड़ गए हैं, जिससे वे संसाधन प्राप्त करते हैं और फिर उत्पाद करते हैं। जीविकोपार्जन से बाजारीकरण की तरफ बढ़ता हुआ यह परिवर्तन है।

इसके अतिरिक्त अधिकतर पशु धन का प्रकृति के साथ एक तर्कसंगत संतुलन बना हुआ है। वे भूमि के अनाज और घास खाते हैं तथा उनके मल जमीन में जाकर दूसरे पौधों के लिए खाद बन जाते हैं। यदि वे बहुत अधिक चर जाएँगे तब उन्हें परिणामत: भूख का सामना करना पड़ेगा और उनकी संख्या स्वत: ही नियंत्रित हो जाएगी। यहाँ तक कि मानव, जो जीविकोपार्जन के स्तर पर पशु धन के साथ स्थानीय रूप से आत्मपर्याप्त स्थिति में रहते हैं, जैसे कि बहुत से भारतीय गाँवों में सदियों से रहते चले आ रहे हैं, उन्होंने एक पर्यावरणीय संतुलन बनाया हुआ है; परंतु बाजार अर्थव्यवस्था की संबंधित समृद्धि ने पर्यावरण पर एक तेज दबाव बना दिया है, क्योंकि हमारी जनसंख्या के घनत्व के साथ ही कुल जनसंख्या बहुत ही अधिक है और इसमें तेजी से वृद्धि भी हो रही है।

जैसे-जैसे पशु धन उत्पादों में वृद्धि हो रही है, उसी प्रकार मवेशियों और अन्य घरेलू पशुओं की संख्या भी बढ़ रही है; परंतु संसाधनों और सुविधाओं की कमी के कारण वे अकसर अनदेखी स्थिति में रहते हैं। जल और चरागाह की भूमि जिनका

---

* टी.आई.एफ.ए.सी. द्वारा कसाईघरों से उत्पन्न होनेवाले कूड़े पर टी.आई.एफ.ए.सी. द्वारा जारी पूरी रिपोर्ट www.tifac.org.in पर देखी जा सकती है।

इंतजाम मुश्किल है, इनकी संख्या में वृद्धि के लिए इन्हें खोजना आवश्यक है। इसका पर्यावरण पर अनावश्यक दबाव पड़ता है और यह वन के नाश की तरफ ले जाता है। दूसरी तरफ अधिक उत्पादकता और बेहतर पैदावार के लिए यह कुछ ही प्रजातियों के चयन की ओर तीव्र प्रजनन के लिए प्रेरित करता है। इसे गहन पशु धन प्रबंधन कहते हैं। इसका पुनः अर्थ जैव-विविधता की हानि है। दूसरे स्तर पर अतिरिक्त पशु धन अपशिष्ट, जैसे—मूत्र, गोबर, मृत और बेकार फेंके गए पशुओं के हिस्से जल-संस्थानों को प्रदूषित ही नहीं करते हैं बल्कि पशुओं से निकली तीव्र मीथेन गैस ग्लोबल वार्मिंग को भी बढ़ावा देती है।

इन समस्याओं का समाधान मानव और घरेलू पशु/पक्षियों की कई गुना बढ़ी हुई संख्या के स्तर से पहले के समय में जाने की कोशिश के द्वारा नहीं प्राप्त की जा सकती है। इनका समाधान आर्थिक तंत्र के दबाव के अंतर्गत तकनीकी और वैज्ञानिक जानकारियों के विवेकपूर्ण उपयोग में निहित है। आधुनिक सामाजिकता की माँग केवल पर्यावरणीय नुकसान या प्रदूषण के नियंत्रण और इसे कम करने के लिए नहीं है बल्कि प्राकृतिक संसाधनों की सुरक्षा एवं उनकी वृद्धि करना है।

इसके कुछ लक्ष्य निम्नांकित हैं—

- शून्य अपशिष्ट
- पुनश्चक्रण और पुनः उपयोग
- ऊर्जा का बहुत कम प्रयोग
- निकाले गए अति जल का पुनश्चक्रण
- वनों का पुनर्निर्माण
- जैव-विविधता की हानि को कम करना।

अधिक-से-अधिक प्रजातियों की रक्षा एवं उन्हें प्राकृतिक स्थितियों में जीवित रखना।

रिपोर्ट 12 उन चरणों की विवेचना करती है, जिन्हें लागू किए जाने की आवश्यकता है—

पशु धन उत्पादन के नकारात्मक पर्यावरणीय प्रभावों को सही करने की नीतियों की रचना करना। इन नीतियों को पर्यावरणीय स्तरहीनता के कारणों को बताना चाहिए और इन्हें लोचदार, स्थल विशेषता-युक्त तथा उचित रूप से लक्ष्य सिद्ध होना चाहिए। इन नीतियों का मुख्य उद्‌देश्य प्रतिपुष्टि प्रणालियों के उपयोग को स्थापित करना है, जो कि सामाजिक उद्‌देश्यों के साथ पशु धन के उपयोग को सुनिश्चित करता है। इसका लक्ष्य केवल प्रदूषण के बोझ को कम करने के द्वारा पर्यावरणीय नुकसान को कम करना ही नहीं है बल्कि प्राकृतिक संसाधनों को जितना अधिक संभव है, उन्हें बढ़ाना और सुरक्षित करना है।

1. तकनीकों का उपयोग, जो कि प्रयुक्त संसाधनों की क्षमता की वृद्धि करते हैं—

आहार एक महत्त्वपूर्ण कारक है, विशेष तौर से इसमें उत्पादन लागत का 60 से 70 प्रतिशत लगता है। बेहतर आहार परिवर्तन पशु के अपशिष्ट भार को कम करते हुए इसके उत्पादन के उपयोग के साथ भूमि की सुरक्षा करता है। भारतीय स्थिति के लिए कुछ तकनीकें बहुत ही उपयुक्त हैं—

(क) यूरिया मिश्रित सीरा आहार पिंड

(ख) यूरिया के साथ भूसे का उपयोग

(ग) बाईपास प्रोटीन आहार और

(घ) बाईपास वसा।

यूरिया मिश्रित सीरा आहार पिंड में तकनीक बहुत ही साधारण है। पशुओं को रुचिकर लगने के लिए यूरिया और अन्य पोषक तत्त्वों को शीरे के साथ मिलाकर दिया जाता है। जीवाणुओं की वृद्धि को महसूस करने के लिए यह शीरा ऊर्जा प्रदान करता है, जो कि बढ़े हुए अमोनिया स्तर से प्राप्त हुआ परिणाम है।

आमाशय में पाचन की कमी को आहार की जरूरत होती है, जो खमीर-युक्त सूक्ष्म जीवों के लिए आवश्यक पोषक तत्त्व रखता है। पोषक तत्त्वों की कमी पशु उत्पादकता में कमी उत्पन्न करती है और उत्पाद की प्रति इकाई मीथेन निस्सरण को बढ़ाती है। पशुओं की कम उत्पादकता के बारे में पर्याप्त पाचन की प्राथमिक कमी का कारण आमाशय में अमोनिया की सांद्रता है। अमोनिया की आपूर्ति पाचन क्षमता को तेजी से बढ़ाती है तथा आहार ऊर्जा को उपलब्ध कराती है। भूसे के साथ यूरिया के व्यवहार का उपचार इसी सिद्धांत पर आधारित है। आमाशय में यूरिया अमोनिया बनाने के लिए विखंडित हो जाता है और आहार में यूरिया को बढ़ाना आमाशय में अमोनिया के स्तर की वृद्धि करने का प्रभावशाली तरीका है।

प्रोटीन की बाईपास तकनीक और वसा का आहार, संसाधन सुरक्षा प्रदान करने में बहुत सहायक होता है तथा यह उन्नत पशु उत्पादकता, जैसे—संकर प्रजाति व विदेशी नस्ल के मवेशियों की उत्पादकता में भी उपयोगी होता है।

2. बेहतर नमी और पोषक तत्त्वों की आपूर्ति व संरक्षण के द्वारा चारे तथा आहार की उपलब्धता में वृद्धि—वास्तविक माँग और आपूर्ति की स्थिति के बीच आहार और चारे का स्पष्ट अंतर अभी भी एक चर्चा का विषय है तथा यह निश्चित है कि समस्या की गंभीरता आनेवाले वर्षों में और बढ़ेगी तथा यदि परिस्थिति के सुधार के लिए आवश्यक कदम नहीं उठाए गए तो पर्यावरण के लिए गंभीर खतरा होगा।

संरक्षणात्मक कृषि दृष्टिकोण संसाधनों के एकीकृत व तालमेल युक्त प्रबंधन से परती पड़ी भूमि को समृद्ध करना, वानिकी, फसल आच्छादन या फसल के अवशेषों का बेहतर प्रबंधन।

- एकीकृत फसल और पशु धन उत्पादन दोनों में ही अनाज आधारित खेती और कृषि पशु चरागाही प्रणाली के द्वारा सूखे मौसमों में चारे की फसलों का संरक्षण और उत्पादन, फसल अवशेष से आहार और प्रजनन का बेहतर इस्तेमाल, भूमि को उर्वरक प्रदान करना और कृषि योग्य भूमि पर चरागाही से नियंत्रण।
- बाँध पर चारा उत्पादन द्वारा किसानों की भूमि पर छोटे-छोटे चारा कोषों को विकसित किया जा सकता है।
- चारे की घास, फली और चारेवाले पेड़ों का सार्वजनिक और जंगलों में उत्पादन।
- संकर प्रजातियों और अधिक पैदा होनेवाले पशुओं को थन से आहार का प्रसार।
- सहयोग को बढ़ावा एवं पारिस्थितिक उन्मुख एवं सह-वन प्रबंधन, जिसमें वन विभाग, स्थानीय लोग, एन.जी.ओ. का सहयोग पूरी तरह से हो तथा इसमें पशु धन, ईंधन की लकड़ी, आहार और आजीविका तथा वह सभी कुछ जिसकी स्थानीय समुदाय में जरूरत है, वह जंगल एवं बंजर भूमि प्रबंधन से संलग्न हो।

3. गोमलें एवं चरने पर शुल्क लगाकर चरागाही के भार को कम करना तथा अन्य सार्वजनिक संपत्ति संसाधनों या काटने और ले जानेवाली वैकल्पिक नीति को लागू करना। ऐसी नीतियों के प्रस्तुतीकरण के लिए संस्थागत क्षमताओं की आवश्यकता के साथ-साथ ईमानदारी के साथ इसको लागू करने के लिए राजनीतिक इच्छा-शक्ति की आवश्यकता होती है, जिसमें बड़े पशुओं के स्वामी प्रति पशु के आधार पर अधिक भुगतान करेंगे।

4. बैलों के साथ-साथ ट्रैक्टर के लिए लीज बाजार को बढ़ावा देना, ताकि किसान अपनी आवश्यकतानुसार दोनों में से एक को लीज पर ले सके। ऐसे बाजार पर्यावरणीय स्थिरता एवं आर्थिक धनादेश की व्यवहार्यता के लिए बहुत सहयोग कर सकते हैं।

5. ऐसे अभियान और कार्यक्रमों को बढ़ावा देना, जिनमें देशी गाय और बैलों की संख्या में कम होते रुझानों को बढ़ाने की सहायता हो। नाटे बैलों का बधियाकरण और संकर प्रजनन कार्यक्रम ने पिछले कम होते रुझानों में बहुत सहयोग किया।

6. चमड़ा, टेनरी और अन्य पशु धन प्रक्रिया इकाइयों, जिसमें डेयरी इकाई भी शामिल है, इनके निस्सारण पर अधिक बी.ओ.डी. स्तर के लिए नियमन लागू करना।

इनके साथ-साथ डब्ल्यू.टी.ओ. प्रणाली के कारण और भी बहुत सी चुनौतियाँ हैं, जो तकनीकों की उपलब्धता (जो कि विदेशी कंपनियों की बौद्धिक संपदा यानी खरीद पर अतिरिक्त लागत लागू करना) से लेकर घरेलू क्षेत्र में स्वच्छता और स्वास्थ्य के नए मानकों को लागू करने तक हैं, जिसमें वैश्विक कंपनियाँ एक बाजार देखती हैं। इन पर काबिलियत पाने के लिए हमें नीतियों के संयोजन की आवश्यकता है, जो

लोगों के हितों, बाजार अर्थव्यवस्था और विज्ञान एवं तकनीक से निकले ज्ञान के सदुपयोग पर काम करे।

मत्स्य उद्यम

आइए, खाद्य उत्पादन के अन्य महत्त्वपूर्ण पहलू की ओर चलें। भारतीय किसान की स्थिति की रिपोर्ट 13 में इस क्षेत्र पर विस्तार से चर्चा की गई है।

भारत में सदियों से तटीय क्षेत्रों व नदियों, सरोवरों एवं तालाबों के किनारे मछली-पालन, सरोबरों किया जाता रहा है। अधिकतर मछुआरे गरीब होते हैं। दूसरी तरफ, इस क्षेत्र में आधुनिक विज्ञान और तकनीकी जानकारी तेजी से बढ़ी है। इसीलिए उन मछुआरों, जो कि परंपरागत तरीके से मछली पकड़ते हैं और उनमें जो आधुनिक तकनीकें अपनाते हैं, उनकी आय में काफी अंतर है।

भारत के पास करीब 8,118 कि.मी. लंबा समुद्र-तट है। तटीय जल के अतिरिक्त महासागर का एक बड़ा क्षेत्र भी है, जो खासतौर से भारत के लिए उपलब्ध है। विशेष आर्थिक क्षेत्र (एस.ई.जेड.) के अंतर्गत करीब 20 लाख वर्ग कि.मी. क्षेत्र आता है, जिसमें पूर्वी तट करीब 8.6 लाख वर्ग कि.मी. है और 6 लाख वर्ग कि.मी. अंडमान और निकोबार आइलैंड है तथा शेष अन्य तटीय क्षेत्र हैं। भारत के पास इन क्षेत्रों की सुरक्षा, संरक्षण और उपयोग का विशेषाधिकार है।

इन विशेष आर्थिक क्षेत्रों से समुद्री मत्स्य संसाधन का कुल उत्पादन करीब 39 लाख टन है। इनका 58 प्रतिशत तटीय रेखा के काफी नजदीक है, जो 0 से 50 मीटर गहरा तथा करीब 35 प्रतिशत 50 से 200 मीटर के बीच और 7 प्रतिशत 200 मीटर से भी दूर है। जैसा कि पहले ही बताया जा चुका है, यहाँ की अधिकतर मछली पकड़ने की प्रक्रिया पारंपरिक नावों या जहाजों की सहायता से ही की जाती है। करीब 2,30,000 मछली पकड़नेवाली नावें लकड़ी की ही बनी होती हैं और इनमें से करीब 45,000 नावों में तेज चलने के लिए इंजन लगा है। इन परंपरागत क्राफ्ट की प्रत्येक बार की मछली पकड़ने की उत्पादकता काफी कम है। जापान, ताइवान, चीन, कोरिया और थाईलैंड जैसे एशिया के देश तथा विश्व के अन्य दूसरे देश मछली पकड़ने के लिए आधुनिक उपकरणों और बड़े यांत्रिक तरीके अपनाते हैं। इनमें से बहुत से तो केवल मछली ही नहीं पकड़ते हैं, बल्कि नाव पर ही उन्हें पैक करते और प्रसंस्कृत भी करते हैं। डॉ. कलाम ने जब राष्ट्रपति के रूप में इन द्वीपों की यात्रा की थी तब वे इस तरह के कई जहाजों पर भी गए थे।

भारत के पास इस तरह के ऊँचे दर्जे के व्यावसायिक मछली पकड़ने के उद्यम बहुत ही कम हैं। इस समय हमारे पास करीब 170 बड़े पोत हैं, जिनकी कुल लंबाई करीब 21 मीटर है। करीब 54,000 नावें अच्छी तरह से यांत्रिक हैं तथा वे बेहतर और गहराई में मछली पकड़ने के लिए उपयोगी हैं; परंतु यहाँ तक कि आधुनिक नावें भी

सिर्फ 0 से 80 मीटर गहराईवाले छिछले क्षेत्र में ही मछली पकड़ती हैं।

भारत का करीब 51 प्रतिशत मछली उत्पादन समुद्री क्षेत्र से आता है तथा 49 प्रतिशत देश के अंदर के जल से प्राप्त होता है। ताजे जल की मछलियों का प्रमुख स्रोत देश की नदियाँ और तालाब हैं। भारत में 14 प्रमुख नदियाँ हैं, जिनमें प्रत्येक का मछली पकड़ने का क्षेत्र करीब 20,000 वर्ग कि.मी. है। 44 छोटी नदियाँ हैं, जिनमें प्रत्येक का मछली पकड़ने का क्षेत्र करीब 2,000 से 20,000 वर्ग कि.मी. है तथा कुछ बड़ी और छोटी जलधाराएँ हैं, जिनमें अधिकतर तो मौसमी ही हैं। इन विभिन्न नदियों की सामूहिक लंबाई करीब 29,000 कि.मी. है तथा वे विश्व के समृद्ध जलीय संसाधनों में से एक हैं।

समय-समय पर आनेवाली बाढ़ और इन नदियों के रिसाव से कई बड़े बाढ़वाले सामान्य सरोवर बन जाते हैं। इनमें अधिकतर पूर्वी उत्तर प्रदेश, उत्तरी बिहार, पश्चिम बंगाल, आसाम और मणिपुर में पाए जाते हैं। ये सरोवर भारत के आंतरिक मछली-पालन स्थिति में अपना एक महत्त्वपूर्ण स्थान रखते हैं, क्योंकि वे आकार में बड़े तथा उत्पादन संभाव्यता में अधिक हैं। इसके साथ ही छोटे तालाब और गड्ढे आंतरिक मछली पकड़नेवाले क्षेत्र में 22.5 लाख हेक्टेयर की वृद्धि कर देते हैं। अंततः समुद्री क्षेत्र की फिन और शेल मछली की उत्पादन संभाव्यता करीब 12 लाख हेक्टेयर है।

उपर्युक्त प्राकृतिक जल संस्थानों के अतिरिक्त मानव-निर्मित तालाब भी मछली-पालन को बढ़ाने का एक प्रमुख स्रोत हैं। देश में मछली पालने के करीब 19,000 मानव-निर्मित जलाशय हैं, जो कि करीब 2 से 3 मिलियन हेक्टेयर के क्षेत्र में वृद्धि करते हैं। भारत में इन तालाबों से औसत मछली उत्पादन करीब 20 कि.गा./हेक्टेयर/ वर्ष है। तुलनात्मक रूप से थाईलैंड 65 कि.ग्रा./हेक्टेयर/ वर्ष, रूस 88 कि.ग्रा./ हेक्टेयर/ वर्ष और श्रीलंका 100 कि.ग्रा./हेक्टेयर/ वर्ष का उत्पादन करता है। कृषि के संबंध में अधिकतर क्षेत्रों की ही तरह उत्पादन के क्षेत्र में भारत का स्तर काफी नीचे है। इनके कारण स्पष्ट हैं, जैसे— मत्स्य बीजों के संग्रह की कमी, अनुपयुक्त उपकरण तथा नावें व माल उतारने की सुविधाओं की कमी, उचित बाजार ढाँचे की कमी आदि। साथ ही हमने देश के रूप में आधुनिक विज्ञान एवं तकनीक आधारित सहयोग प्रणाली और प्रक्रिया को साधारण गरीब जनता तक पहुँचाने में कष्ट नहीं उठाया है, जो इस देश में बहुसंख्यक हैं। इसी के परिणामस्वरूप हमारे खाद्य उत्पादन में मात्रात्मक और गुणात्मक दोनों ही रूपों में कमी आती है।

इन समस्याओं के बावजूद भारत में मछली उत्पादन की दर अनाजों, अंडों और कई अन्य खाद्य सामग्रियों की तुलना में काफी ऊँची है। भारत की करीब 56 प्रतिशत जनसंख्या मछली खाती है, परंतु मछली खानेवाली जनसंख्या की प्रति व्यक्ति मछली की खपत केवल 9 कि.ग्रा. वार्षिक है। भारतीय जी.डी.पी. (सन् 1998-99) में मछली-पालन का सहयोग

करीब 1.4 प्रतिशत है तथा इसके विस्तार की भी संभावना है। इसमें निर्यात की एक अच्छी संभावना है। सन् 1994-95 में भारत के समुद्री उत्पादों का निर्यात 1 अरब अमेरिका बिलियन डॉलर पहुँच गया था और यह आँकड़ा बहुत ऊपर जा सकता है।

यदि हम स्वतंत्र भारत में मछली उद्योग पर एक नजर डालें तो पाएँगे कि सन् 1962 तक यह उद्यम बिना किसी यांत्रिकी के पारंपरिक तकनीकों की सहायता से ही स्थिर था और इसका औसत वार्षिक उत्पादन 8 लाख टन से भी कम था। सन् 1988 तक इसमें यांत्रिकी की एक धीमी प्रगति थी और इसका वार्षिक उत्पादन 18 लाख टन तक पहुँचा था। केवल सन् 1988 से हमने समुद्र-तटीय क्षेत्रों का पूर्णरूपेण उपयोग किया है तथा इसका वार्षिक उत्पादन करीब 28 लाख टन हो गया है, परंतु अभी भी यह संभाव्य क्षमता 39 लाख टन से काफी नीचे है; फिर भी, भारत में मछली उत्पादन पूरी तरह से वैज्ञानिक ढंग से प्रबंधित नहीं किया गया है।

अधिकतर समस्याओं का समाधान अपर्याप्त प्रबंधन और ढाँचे की कमी के साथ ही किया जाता है। भारत के सक्रिय मछुआरों की संख्या सन् 1961-62 के दौरान करीब 2,34,000 थी। सन् 1996-97 तक यह 10,00,000 हो गई थी। पैंतीस वर्षों में इसमें पाँच गुना वृद्धि हुई। अधिक मछुआरों की संख्या बढ़ने के साथ ही प्रति सक्रिय मछुआरों के क्षेत्र में बहुत कमी आई है। समुद्र में मछली पकड़ने की क्षेत्रीय सीमाबंदी नहीं है। यह एक तरह की खुली पहुँच है। मछुआरों की बढ़ती भीड़ के कारण बेहतर मछली पकड़ने की प्रतिस्पर्धा बढ़ी है। इस बढ़ती हुई भीड़ ने उपलब्ध मत्स्य संसाधनों के अति दोहन एवं अंधाधुंध मछली पकड़ने को भी बढ़ाया है। एक ऐसा भी समय आता है, जब मछलियों को प्रजनन और अंडे देने की अनुमति मिलनी चाहिए तथा मछली के छोटे बच्चों को बढ़ने देना चाहिए। मछलियों की बेहतर पैदावार के लिए और इसके जीवन-चक्र को पूरा होने देने के लिए केवल बड़ी मछलियों को ही पकड़ना चाहिए। अंधाधुंध मछली पकड़ने के कारण विकास-चक्र नष्ट होता है तथा संसाधन की संपूर्ण हानि होती है। यांत्रिक नाव आधारित मछली पकड़ने में तकनीकी रूप से बेहतर प्राप्ति होती है, परंतु सामाजिक वातावरण में जहाँ बहुत से मछुआरों की आजीविका इसी पर निर्भर रहती है, उनमें आपसी संघर्ष रहता है और बड़ी संख्या में मछुआरे छोटे-से-छोटे क्षेत्र में आजीविका के लिए प्रतिस्पर्धा कर लेते हैं। इस संचालन को नियंत्रित करने के लिए राज्य सरकारें, जैसे—महाराष्ट्र, गुजरात, केरल, कर्नाटक, तमिलनाडु और आंध्र प्रदेश को यांत्रिक बड़े पोतों का समुद्र-तटीय (तट से 5 से 10 कि.मी. दूर तक) क्षेत्रों में संचालन बंद कर देना चाहिए तथा यह मानसून सीजन में भी होना चाहिए, क्योंकि यह समय मछलियों के विकसित होने का होता है।

परंतु इसका दीर्घकालीन समाधान क्या है? जैसे-जैसे स्वास्थ्य की देखभाल और

आयु वृद्धि में सुधार होता जाता है, उसी के अनुसार मछुआरों की जनसंख्या में भी वृद्धि होती है; पर तटीय और मछली पकड़ने के आंतरिक क्षेत्र आकार में सीमित हैं और मछलियों की संभाव्य पैदावार की मात्रा भी सीमित है। बेहतर गुणवत्ता के लिए उपभोक्ता की बढ़ती माँग और उन्नत मानक की वजह से ही यांत्रिक प्रणाली की तरफ प्रेरित करने के लिए बाध्य है। इसका वास्तविक समाधान मछुआरों की संख्या में कमी करना है, जो अपनी आजीविका के लिए इन पर सीधे तौर पर निर्भर हैं। यह ठीक वैसे ही है जैसे हमारे कुछ सीमांत किसान अपनी छोटी जमीनों पर अपनी आजीविका छोड़कर कृषि के अन्य कार्यों और अन्य क्षेत्रों में कार्य करते हैं। वे तटीय क्षेत्रों के मत्स्य प्रसंस्करण क्षेत्रों में काम कर सकते हैं या पास के शहरों के उत्पादन, निर्माण और सेवा क्षेत्र आदि में भी कार्य कर सकते हैं। नए क्षेत्रों में आजीविका और आय प्राप्त करने में सरकार इन मछुआरों के रोजगार परिवर्तन के लिए एक बड़ी भूमिका अदा कर सकती है। मछुआरों और उनके परिवारों को साधारण तरीके से नए विकल्पों और उनके लाभ की विवेचना की जा सकती है और उनका आत्मविश्वास बढ़ाया जा सकता है।

मछुआरों को नई तकनीकों की सहायता और बेहतर नियंत्रण प्रणालियों की सहायता से हम 39 लाख टन के वार्षिक उत्पादन के लक्ष्य को प्राप्त कर सकते हैं, परंतु 28 लाख टन से 39 लाख टन की छलाँग आसान नहीं होगी। गहरे समुद्र में मछली के इस अतिरिक्त 11 लाख टन की प्राप्ति के लिए अधिक जटिल तकनीक की आवश्यकता होगी और इसमें अधिक लागत भी आएगी। इस गहरे समुद्री मछली उद्यम में सबसे आकर्षक लाभ टूना मछली से होता है, जिसकी निर्यात के क्षेत्र में अधिक कीमत है। टूना मछली भ्रमणशील होती है। यदि इसे भारत के विशेष आर्थिक क्षेत्र में नहीं पकड़ा गया तब यही मछली भारत के बाहर अन्य क्षेत्रों में चली जाएगी। रिपोर्ट 13 दरशाती है कि गहरे समुद्री मछली पकड़ने के क्षेत्र में अधिक लागत व जटिल तकनीक में क्षेत्रीय सहयोग की आवश्यकता है। पास-पड़ोस के देश आपसी सहयोग, सामूहिक बड़े जहाजों और प्रशिक्षित मजदूरों आदि में हिस्सेदारी कर सकते हैं। मत्स्य क्षेत्र में उन्नत जटिल तकनीक से नई दिशाओं पर ध्यान दिया जा सकता है।

मछली पकड़ने के क्षेत्र और नई तकनीकों को लागू करने में चर्चा करते समय आधुनिक उपग्रहों की भूमिका पर भी ध्यान देना रोचक होगा। रिपोर्ट 13 के अनुसार—संपूर्ण ई.ई.जेड. को समेटते हुए क्लोरोफिल और समुद्री सतह के तापमान के आँकड़े उपग्रह के छायाचित्र से लगातार प्राप्त होते रहते हैं। इन आँकड़ों के कई कार्य हैं, जिसमें संभाव्य मत्स्य क्षेत्रों का मानचित्र बनाना और लघु तथा दीर्घकालीन आधार पर मछलियाँ पकड़ने की भविष्यवाणी भी शामिल है। ये भविष्यवाणियाँ प्रयोगात्मक आधार पर संभाव्य मत्स्य क्षेत्रों में मछली पकड़ने की दर को बताती हैं कि असंभाव्य मत्स्य क्षेत्रों की तुलना में संभाव्य मत्स्य क्षेत्र में 60 प्रतिशत

अधिक हैं, फिर भी तटीय जल (10 कि.मी.) व मछलियों के लिए संभाव्य मत्स्य क्षेत्र की वर्तमान उपलब्ध दूरस्थ संवेदी आँकड़ों पर आधारित भविष्यवाणी नहीं की जा सकती है।

अंतरदेशीय अधिकृत मत्स्य उद्यम

हमने अपने अंतरदेशीय जल के प्रचुर आनुवंशिक जलचर संसाधनों को व्यक्त किया है। भारतीय अंतर्देशीय जल में मूल अंकुर जीवद्रव्य, जो कि मूल आनुवंशिक तत्त्व है तथा वे विश्व के प्रचुर एवं अति विविध मत्स्य प्राणी समूह में से एक हैं। विश्व की मछलियों की कुल 25,000 प्रजातियों में से भारत में 326 विशिष्टतावाली मछलियों की 930 प्रजातियाँ हैं।

इसलिए जब हम अंतरदेशीय मत्स्य उद्यम पर नजर डालते हैं तब हमें केवल इसके उत्पादन आँकड़ों और आर्थिकता पर ही नहीं बल्कि इसके संरक्षण, सुरक्षा और इसकी समृद्ध जैव-विविधता की वृद्धि के दृष्टिकोण पर भी ध्यान रखना चाहिए। यहाँ तक कि आपस में संलग्न नदी प्रणालियों के साथ लाभप्रद परियोजनाओं को भी इस जैव विविधता पर एक महत्त्वपूर्ण तत्त्व के रूप में ध्यान देना चाहिए। नदी संगम पर मत्स्य उद्यम (वह क्षेत्र जहाँ बड़ी नदियाँ समुद्र में मिलती हैं) दुनिया में एक अति उत्पादक पारिस्थितिक तंत्र है। भारतीय संगम मत्स्य उद्यम बहुत ही लाभप्रद है तथा यह जीवन-निर्वाह के स्तर से काफी ऊपर है और इसकी औसत उत्पादकता 45 से 75 कि.ग्रा./हेक्टेयर/ वर्ष है।

अंतरजलीय कृषि (एक्वाकल्चर)

अब तक हम प्राकृतिक रूप से उत्पन्न मछलियों और उन्हें विभिन्न स्रोतों (समुद्र, नदियाँ, मुहाने, तालाब आदि) से पकड़ने की चर्चा कर चुके हैं। अंतरजलीय कृषि नियंत्रित परिस्थिति में मछलियों की संगठित रूप से की जानेवाली खेती है। हालाँकि मछली के लिए जल मूल आधार है तथा इनकी वृद्धि कई वैज्ञानिक व तकनीकी कारकों के उपयोग पर आधारित है और इनकी खेती सुव्यवस्थित रूप से ठीक वैसे ही की जाती है जैसे दूसरे तरह की खेती होती है। भारत ने सन् 1980 से अंतरजलीय कृषि आरंभ की है। अब यह देश के तीव्रतम खाद्य उत्पादन क्रियाशीलता के रूप में उभरा है।

स्वच्छ जल अंतरजलीय संसाधन भारत में इस प्रकार है—

- तालाब और गड्ढे 22.5 लाख हेक्टेयर
- बेकार पड़ा जल 13.5 लाख हेक्टेयर
- झील और जलाशय 20.9 लाख हेक्टेयर
- सिंचाई की नहरें 12 कि.मी.
- धान के खेत 23 लाख हेक्टेयर (इसका कुछ भाग अंतरजलीय कृषि के लिए प्रयोग होता है)।

इनमें तालाब और झीलों का करीब 45 प्रतिशत अंतरजलीय कृषि के काम आता है। अंतरजलीय कृषि उत्पादन का वर्तमान स्तर करीब 28 लाख टन प्रतिवर्ष है। वार्षिक विकास दर करीब 6 प्रतिशत। कार्प (भारत के अंतरजलीय उत्पादन का करीब 84 प्रतिशत तीन प्रमुख कार्प से ही है) कैट फिश, झींगा और सीपी भारत के प्रमुख अंतरजलीय उत्पाद हैं।

जहाँ तक अंतरजलीय उत्पादन की वैज्ञानिक विविधताओं का संबंध है, इसमें भारत को अभी बहुत आगे जाना है। यहाँ तक कि खारा जल भी अंतरजलीय कृषि के लिए प्रयोग किया जा सकता है। केवल 1.4 लाख हेक्टेयर खारे जल स्थान, जो कि अधिकतर पूर्वी तट पर हैं तथा वे वर्तमान समय में अंतरजलीय कृषि के अंतर्गत आते हैं और 82,000 टन वार्षिक उत्पादन करते हैं। जम्मू व कश्मीर और हिमाचल प्रदेश में ठंडे जल में अंतरजलीय उत्पादन होती है।

मत्स्य उद्यम के खाद्य पहलुओं पर चर्चा करते समय इसके अखाद्य आर्थिक लाभप्रद पहलुओं पर ध्यान देना भी उपयोगी है। इनके बारे में रिपोर्ट 13 एक विचार व्यक्त करती है—

स्वच्छ जल पर्ल कल्चर (मोती निर्माण) : स्वच्छ जल सीपियों में नाभिकीय रोपण के द्वारा संवर्धित स्वच्छ जल मोती का उत्पादन हाल के वर्षों में भी एक बड़ी उपलब्धि रही है। इसने अंतरजलीय उत्पादन की विविधताओं के नए रास्ते खोले हैं और नए अ-खाद्य अंतरजलीय उत्पादन तत्त्वों को भी उत्पन्न किया है। इसने अंतरजलीय उत्पादन कार्य से आर्थिकता के नए आयाम भी जोड़े हैं।

सजावटी मत्स्य कल्चर : केवल अकेले केरल में ही सजावटी मछली की 106 संभाव्यता है, जिसमें से 51 स्वच्छ जल की प्रजातियों की आयात के क्षेत्र में अधिक संभाव्यता है। सन् 2001 में नेशनल ब्यूरो ऑफ फिश जेनेटिक रिसोर्स (आई.सी.ए.आर.) ने पश्चिमी घाट की स्थानीय 64 प्रजातियों की सूची बनाई है। अंडमान और लक्षद्वीप के समुद्र अधिकतर सुंदर समुद्री सजावटी मछलियों के लिए अछूते स्थान हैं।

मत्स्य उद्यम क्षेत्र से एक अन्य आकस्मिक आय फिशिंग के खेलों के रूप में भी है।

ठंडे जल की मछली का सबसे महत्त्वपूर्ण पहलू यह है कि वे एक असाधारण खेल प्रदान करते हैं। ट्राउट और महासीर पकड़ना एक उल्लसित आनंद प्रदान करता है। पर्यटकों और बंसी से मछली पकड़नेवालों के लिए कश्मीर, हिमाचल प्रदेश, उत्तर प्रदेश के कुछ भाग और उत्तराखंड, उत्तरी बिहार, नीलगिरि एवं कोलाई हिल्स व मुन्नार के ऊँचे क्षेत्र असाधारण खेल के अवसर प्रदान करते हैं। मत्स्य उद्यम के खेल में जम्मू व कश्मीर एक अच्छा आर्थिक लाभ देता है तथा ट्राउट से करीब 40 प्रतिशत कर का

लाभ राज्य को प्राप्त होता है।

जैसे-जैसे इसका विकास होता है, अंतरजलीय उत्पादन के पारिस्थितिक तंत्र पर पड़नेवाले दबाव के प्रति सचेत होना चाहिए। रिपोर्ट 13 हमें इसकी चेतावनी देती है।

जनसंख्या का दबाव ऊपर की भूमि के पारिस्थितिक तंत्र पर विपरीत प्रभाव डालता है। पारिस्थितिक संसाधन, जलीय वासी और इनकी जैव-विविधता—ये सभी वनों के गिरते पेड़ों और नदियों व धाराओं पर बने बाँधों के कारण गंभीर तनाव में आ जाते हैं। परिणामस्वरूप कश्मीर, कुमाऊँ, ऊटी और मणिपुर की झीलें अब उष्णकटिबंधीय स्तर पर आ चुकी हैं तथा पहले की भाँति मछलियों की प्रजातियाँ नहीं बनाए रख सकती हैं।

इसीलिए यह आवश्यक है कि हम नए आर्थिक अवसरों को देखें। रिपोर्ट 13 नई संभावनाओं को सावधानी के साथ दरशाती है।

मैरी कल्चर : आनेवाले वर्षों में मैरी कल्चर एक महत्त्वपूर्ण क्रिया-कलाप के रूप में होगा। कृषि-योग्य प्रजातियों और उपलब्ध तकनीकों का विस्तृत प्रतिबिंब प्रदान करते हुए एक लंबी सागर तटीय रेखा और अनुकूल वातावरण में मैरी कल्चर तटीय जनसंख्या के मध्य पर्याप्त रुचि उत्पन्न करेगा। साथ ही जब हम तटीय जल के पास अति दोहन की बात करते हैं तब मछलियाँ पकड़ने की सीमित पहुँच और विविधताओं की आवश्यकता के लिए मैरी कल्चर एक उपयुक्त विकल्प हो सकता है। देश में कुछ एक प्रजातियों के लिए तकनीकें उपलब्ध हैं तथा बहुत सी महत्त्वपूर्ण व्यावसायिक प्रजातियों (जैसे—समुद्री बास, समुद्री ब्रीम) के लिए एक पैकेज विकसित करने की आवश्यकता है।

पर्ल कल्चर : खुले समुद्र में पर्ल ओएस्टर (पिंक्टाडा फुकुटा) की खेती व समुद्री मोती के संवर्धन के लिए तकनीक एवं तटीय आधारित प्रणाली का विकास और मानक, व्यावसायिक इस्तेमाल के लिए किया जाता है।

भारत के उष्णकटिबंधीय जल में विकास की दर जापान के गरम जल की तुलना में अधिक है। खाद्य ओएस्टर (क्रासोट्रेया मद्रासेनसिस), हरी सीप (पेर्ना विरडिस), भूरी सीप (पेनी इंडिका), बड़ी सीप (मेरीट्रिक्स) और आंद्रा ग्रानोसा को अपने में समेटे रखने में इन्हें व्यावसायिक रूप से अच्छी सफलता प्राप्त हुई है। शंख नियंत्रित प्रजनन से उत्पन्न किए जाते हैं और इनकी देखभाल पिंजरों, नाव में बँधनेवाले लकड़ी के फट्टों, समुद्र में तैरती या लटकती रस्सी के सहारे की जाती है। सीप संवर्धन में उद्यम की रुचि तटीय क्षेत्रों में बढ़ रही है।

भारत से हालोयूरिया स्काब्रा (समुद्री ककड़ी) के प्रमुख निर्यात के लिए इसे पैदा किया गया तथा बढ़ाया जा रहा है। इसी के समान समुद्री खर-पतवार ग्रासीलारिया इड्युलिस, जिसकी व्यावसायिक उत्पादक क्षमता वानस्पतिक खंड व्यवहार के द्वारा तीन महीने की है तथा यह कई तटीय क्षेत्रों में सफल उद्यम है।

समुद्री बास और मोती का सफलतापूर्वक प्रजनन कराया जा रहा है तथा इनके बीज उत्पादन की तकनीकों का भी मानकीकरण हो चुका है। इनकी उद्यमिता आवश्यक संस्थागत वित्त सुनिश्चितता के साथ व्यावसायिक परियोजनाओं को निर्धारित करेगी। ये प्रजातियाँ छोटे किसानों को क्षमतायुक्त विकल्प प्रदान करेंगी तथा साथ ही तटीय अंतरजलीय तंत्र के पारिस्थितिक संतुलन के लिए एक वैज्ञानिक फसल भी प्रदान करेंगी।

हालाँकि, आगामी भविष्य में समुद्री व्यवहार की क्रियाशीलता के एक बड़े स्तर का परिदृश्य संभव है तथा झींगा की खेती से संबंधित परिस्थितियाँ निर्मित की जा सकती हैं और जहाँ अनियोजित व तीव्र वृद्धि ने सामाजिक द्वंद्व व तटीय पर्यावरण में बने रहने के लिए चुनौतियाँ भी उत्पन्न कर दी हैं। इस झींगावाली स्थिति को दुहराए जाने से बचने के लिए पूरे तटीय क्षेत्र में एक सुव्यवस्थित खोज आवश्यक है, जिससे उपलब्ध समुद्री व्यवहार की तकनीकों; पारिस्थितिक तंत्र को चलाने; सामाजिक, कानूनी व पर्यावरणीय प्रभावों, अनुसंधानों और नीति सहयोग, ऋण उपलब्धता तथा आगे और पीछे के संपर्कों की तैयारी हो सके।

जलीय पारिस्थितिक तंत्र एवं प्रदूषण

जब हम जलीय पारिस्थितिक तंत्र पर नजर डालते हैं तब पाते हैं कि प्रदूषण एक बड़ी समस्या है। रिपोर्ट 13 में प्रदूषण के स्रोतों को दरशाया गया है।

नदियों को विकृत करनेवाले प्रमुख उद्योग हैं—लुगदी और कागज, कपड़ा, चमड़ा, चीनी, शराब, हाइड्रोजन-युक्त वनस्पति तेल, कोयला धुलाई, पेट्रोकेमिकल और कई विभिन्न उत्पाद, जैसे—एंटीबायोटिक्स, केमिकल, डेयरी, उर्वरक, पेंट, वार्निश, रबर और जूट आदि।

उद्योगों से निकलता कचरा, जो नदियों में सीधा गिरता है और फिर तालाबों, झीलों व नदियों में मिल जाता है, यही वह गंभीर कारण है जिसकी वजह से अंतरदेशीय मत्स्य उद्यम प्रभावित होता है तथा जल का प्रदूषण बढ़ता जाता है। मैदानों से बहता हुआ यह निस्सरण, जिसमें कई तरह के रसायन मौजूद रहते हैं तथा ये काफी जहरीले होते हैं और जल में घुली हुई ऑक्सीजन को नष्ट करके मछलियों की जनसंख्या पर प्रभाव डालते हैं, साथ ही पीएच, लवणता, कार्बन डाइऑक्साइड की मात्रा को परिवर्तित करके एवं जैव रासायनिक स्तर पर मछलियों की उपापचय क्रियाशीलता को प्रभावित करते हुए यह प्रत्यक्ष व अप्रत्यक्ष रूप से इनके जीवन-चक्र को भी प्रभावित करते हैं।

औद्योगिक व सामुदायिक कचरे के साथ नदियों, जलधाराओं और यहाँ तक कि सीमाबद्ध जल केंद्रों का प्रदूषण आम है। इस तरह का कचरा जल का ऑर्गेनिक स्तर (बी.ओ.डी.) बढ़ा देता है, परिणामत: ऑक्सीजन का स्तर कम हो जाता है। ऐसी

स्थितियों में नदी के मुहाने पर जैव समूहों की पूर्ण हानि असामान्य नहीं है, परंतु बहती हुई धारा में इस अवमिश्रण के कारण मुहाने से कुछ दूरी पर प्लवक (प्लैंकटन) के पुनर्जीवित होने की संभावना रहती है। ऐसी स्थिति में पुनर्जीवन क्षेत्र का विस्तार सामान्यतया प्रदूषक की शक्ति और स्वच्छ जल के प्रवाह की मात्रा पर निर्भर करता है।

नदी के जल ग्रहण क्षेत्र में, विशेष तौर से नदी के उद्गम पर, बड़े स्तर की वनों की कटाई जलीय पर्यावरण पर एक गंभीर खतरा है। लकड़ी और आग के लिए जंगलों की बड़े स्तर पर कटाई न केवल जंगल के पारिस्थितिक तंत्र के नाजुक संतुलन को बिगाड़ता है बल्कि ऊपर पहाड़ों की मिट्टी के कटाव से नदी के बेसिन में सिल्ट (गाद) भी भरता है। गाद का बहुत अधिक होना पानी की मात्रा को कम कर देता है और निरंतर नदी के मार्ग को भी परिवर्तित करता रहता है तथा मछलियों की पैदावार की हानि भी महत्त्वपूर्ण नदियों, जैसे—ब्रह्मपुत्र, गंगा, यमुना और उनकी सहायक नदियों में मत्स्य उद्यम को कम करने के उत्तरदायी प्रमुख कारकों में से हैं।

अंतरतलीय कृषि एकमात्र क्रियाशील नहीं है। यह पर्यावरण के संबंध बनाती है और प्राकृतिक संसाधनों का इस्तेमाल करती है। चूँकि यह एक जीवित तंत्र है, इसलिए यह पारिस्थितिक तंत्र से निरंतर जीवाणुओं का आदान-प्रदान करती रहती है तथा इसी में संचालन भी करती रहती है। इसलिए इनका वैज्ञानिक प्रणाली से अध्ययन करना आवश्यक है, ताकि वे स्वयं पर प्रतिकूल प्रभाव न डालें और कहीं भी समस्या न उत्पन्न करें।

नदी के मुहाने के प्रदूषण पर रिपोर्ट 13 के अनुसार—

मानव-जनित प्रदूषण संभवतः मुहाने का सबसे बड़ा खतरा है। मुहाने के पर्यावरण के विशेष गुणों के कारण इनके प्रदूषण का अनुमान लगाना कठिन होता है। नदी के प्रदूषण से मुहाने का प्रदूषण भिन्न होता है, क्योंकि ज्वार के दोलन से पारिस्थितिक तंत्र में प्रदूषक एक लंबे समय तक फँसे रहते हैं। यह भी एक तथ्य है कि विशेष मुहानों के जैविक संसाधन उन विशेष स्वच्छ जल के संसाधनों से अधिक महत्त्वपूर्ण हैं, झींगा और मछली के अतिरिक्त वे ओएस्टर, घोंघा, समुद्री झींगा और जल के विभिन्न जीवों को भी आश्रय देते हैं।

प्रदूषण का खतरा एक वास्तविक संकट है, परंतु इसका यह अर्थ नहीं है कि मानवता को अंतरजलीय कृषि और मत्स्य उद्यम के विकास को त्याग देना चाहिए। अपने वैज्ञानिक और तकनीकी ज्ञान का इस्तेमाल करते हुए जोखिम को कम करना ही इसकी प्रमुख कुंजी है।

यह विश्वास करना संभव है कि प्रदूषण मत्स्य उद्योगों और अंतरजलीय कृषि

के लिए एक सर्वव्याप्त संकट है, परंतु फिर भी यह जोर देते हुए बहुत से तर्कों की वृद्धि हो रही है कि संकट क्षेत्र बहुत अधिक विस्तृत किया जा रहा है। फिर भी, औद्योगिक प्रदूषण के मानक और अनुभूतियाँ विश्व के कुछ भागों में चेतावनी की स्थिति में है, जिसमें भारत भी शामिल है। इस तरह के प्रदूषण पर नियंत्रण के लिए तकनीकी मानकों को तैयार करना बहस का विषय है। कारण और परिणाम के संदर्भ में सुनिश्चितता के अभाव में हमें यह महसूस करना चाहिए कि अति तर्कसंगत रूप से होनेवाले प्रभाव वाकई उत्पन्न होंगे और तथाकथित तार्किक जोखिम के अनुसार हमारी नीतियाँ बननी चाहिए। यह प्रदूषण नियंत्रण के लिए सभी संभव रणनीतियों पर ध्यान देंगी।

मत्स्य उद्यम क्षेत्र में और भी कई बहुमूल्य क्रिया-कलाप हैं। यह मत्स्य प्रसंस्करण उद्योग एक बड़ी संख्या में लोगों को रोजगार प्रदान करता है। मछली के ऊपरी परत से निकाले जानेवाले कई उप-उत्पाद जैसे—ग्लूकोजामिन, हाइड्रोक्लोरिक रसायन आदि बुढ़ापे में चिकित्सा और जोड़ों के दर्द में लाभप्रद होते हैं। रिपोर्ट 13 कुछ महत्त्वपूर्ण मत्स्य उत्पादों और उप-उत्पादों की सूची प्रस्तुत करती है।

मछली और मछली उत्पादों का भारतीय निर्यात न केवल पूरी मछली का ही बल्कि इसके उप-उत्पादों का भी भारतीय ब्रांड के नाम से अमेरिका और यूरोप के खुदरा बाजार में हो रहा है। इसके अति मूल्यवान् उत्पाद हैं—फ्रोजन फिश, फिल्टर्ड फिश प्रोडक्ट्स, शेल फिश, लाइव फिश, लोबस्टर, क्राब्स, कैंड फिश और तुरंत खानेवाली करी फिश, जो लंबे समय तक रखनेवाली पैकेटबंद फिश है, नमकयुक्त फिश, ड्राई फिश, आई. क्यू.एफ. फिश प्रोडक्ट्स, निर्जलित जेली फिश, बीशी-डी-मेर (समुद्री ककड़ी), मसमिन/मसमिन फ्लेक (टूना), फिश वेफर/सूप पाउडर, कुटी और ब्रेड के लिए उत्पाद, अचार आदि।

फिश और शेलफिश से उनके प्रसंस्करण के दौरान कई तरह के उप-उत्पाद प्राप्त किए गए हैं। इन उत्पादों का चिकित्सा, सर्जरी, उद्योग और खाद्य प्रसंस्करण में महत्त्वपूर्ण उपयोग है। इनमें से कुछ के नाम हैं—चितिन एंड चितोशन, फिश पीड, सर्जिकल सीवन, जो स्वच्छ जल के कार्प गट्स से निकलता है, कोलाजेन—चितिन फिल्म (कृत्रिम चमड़ी में प्रयुक्त होता है), शार्क कार्टिलेज, शार्क के लिवर ऑयल से स्वालीन, शार्क फिन रेज, शराब उद्योग के लिए इसिनग्लास, फिश ऑयल से ओमेगा 3 फैटी एसिड के साथ सांद्र पी.यू.एफ.ए., समुद्री घास से अगार-अगार और अगारोज, इंसुलिन, फिश एल्बुमिन, ग्लूकोसामीन हाइड्रोक्लोराइड, निकला हुआ पित्त, समुद्री घास से औषधियाँ एवं रसायन, समुद्री जीवों से प्राप्त स्टेरायड व अन्य तत्त्व आदि।

हमने विभिन्न खाद्य स्रोतों का एक विस्तृत सर्वेक्षण किया है। आधुनिक विज्ञान,

तकनीक और प्रणालियों की भूमिका खाद्य कृषि जीविकोपार्जन के परिवर्तन में समाधान करना है, ताकि पैदावार बढ़े और प्रचुर मात्रा में भोजन उपलब्ध हो, साथ ही व्यक्ति खाद्य संबंधी सेवाओं में योजनाबद्ध तरीके से अधिक कार्य करे और अधिक कमा सके। अधिक वैज्ञानिक तकनीकें लागू हों और लोग सीधे जीविकोपार्जन के स्तर से हटकर अन्य बहुमूल्य क्रियाकलापों में संलग्न हों। इसमें विशेष मात्रा की शिक्षा, प्रशिक्षण और सामुदायिक सहयोग की आवश्यकता पड़ती है। साथ ही पारिस्थितिक तंत्र एवं जैव-विविधता के ध्यान के लिए विशेष समझदारी चाहिए। हमें यह भी जानना चाहिए कि भारत बहुत से अंतरराष्ट्रीय समझौतों और संगठनों का एक हिस्सा है, जैसे—डब्ल्यू.टी.ओ., जो कई प्रतिबंधों के साथ-साथ अवसरों को भी प्रदान करता है। इसमें वैज्ञानिक समझ और नीति के स्तर से व्यक्ति के स्तर तक इसके आने की भी आवश्यकता है।

भारत के पास इन सबको करने की क्षमता है, बशर्ते हम इन कार्यों में स्वयं को समर्पित कर दें और समय बरबाद न करें।

डॉ. कलाम ने आहार पर अपनी चर्चा में बिहार में पैदावार की वृद्धि के उदाहरण को दरशाया है, जो कि टी.आई.एफ.ए.सी. विजन 2020 कृषि परियोजना के एक भाग के रूप में बिहार ने प्राप्त किया है तथा जिसमें यह दरशाया गया है कि उचित वैज्ञानिक प्रयोगों और तकनीकी जानकारी से कृषि की प्रगति जीविकोपार्जन के स्तर से ऊपर उठ सकती है। इन्होंने टी.आई.एफ.ए.सी. के स्वच्छ दुग्ध विजन परियोजना को भी दरशाया है तथा कृषि खाद्य प्रसंस्करण पर भी बल दिया है। 25 सितंबर, 2003 को कक्कनचेरी, केरल में खाद्य प्रसंस्करण पार्क के उद्घाटन भाषण में इस विषय पर अपने मुख्य विचारों और सुझावों को प्रकट किया।

□

मैंने यह पाया है कि इकाइयों को प्रशिक्षण और अनुसंधान में सहायता प्रदान करने के लिए, मालापुरम के के.आई.एन.एफ.आर.ए. फूड पार्क ने यूनाइटेड नेशंस इंडस्ट्रियल डेवलपमेंट ऑर्गेनाइजेशन के साथ एक गठबंधन किया है। उद्यमी यहाँ नारियल एवं अन्य उत्पादों में प्रशिक्षण और यू.एन.आई.डी.ओ. स्वीकृति-प्रक्रिया तकनीक को प्राप्त करेंगे। इस पार्क की एक बहुत ही उत्तम निर्यात इकाई बनने की संभावना है तथा मैं सुनिश्चित हूँ कि स्थानीय किसान और उद्यमी इस उपक्रम का लाभ प्राप्त करेंगे।

इस इकाई के पास वर्तमान में 15 आवंटी हैं तथा इनमें से तीन ने तो स्थल पर उत्पादन शुरू कर दिया है। इस पार्क का प्रमुख उत्पाद वनस्पति तेल है और इसका 75 करोड़ रुपए का एक अच्छा टर्नओवर भी है। हालाँकि, मुझे लगता है कि रिफाइनिंग के लिए आवश्यक पामोलीन दूसरे देशों से मँगाया जा रहा है। इस परिस्थिति को परिवर्तित करना है। हमारे किसानों को स्थानीय खेतों में पामोलीन की खेती के लिए

प्रशिक्षित करना है तथा इस अधिक लाभ देनेवाली किस्म पामोलीन को इस इकाई द्वारा तैयार होना चाहिए, जो हमारे किसानों के साथ-साथ उद्यमियों को भी लाभ पहुँचाएगा। इसी तरह की बहुमूल्य संलग्नता हम अपने उद्यमियों के लिए खोज रहे हैं। वे राज्य सरकार के सहयोग से पंजाब की तरह अनुबंधित खेती का भी सहारा ले सकते हैं। दूसरी दो इकाइयाँ तेल उद्योग और आइसक्रीम इकाई के लिए पैकिंग की जरूरत हेतु शुरू की गई हैं। इन इकाइयों के टर्नओवर को बढ़ाने की आवश्यकता है।

आधारभूत संरचना और संयोजन

19.5 करोड़ रुपए की लागत से निर्मित इस पार्क और जल, ऊर्जा, जल निकासी की आधारभूत संरचना एवं सड़क के साथ यह पार्क वाकई इस क्षेत्र की आर्थिक सक्रियता की वृद्धि करेगा। अब यह समय आ चुका है कि इस पार्क में इस तरह की इकाइयों का निर्माण करके हमें आर्थिक सक्रियता की वृद्धि करनी चाहिए तथा इसके लिए डिफेंस फूड रिसर्च लेबोरेटरी तथा सेंट्रल फूड टेक्नोलॉजी रिसर्च इंस्टीट्यूट, मैसूर से तकनीक प्राप्त की जा सकती है। ये संस्थान खाद्य प्रक्रिया और प्रसंस्करण में तीन से चार दशकों से कार्य कर रहे हैं। इनके पास सशस्त्र बलों और व्यापार की आवश्यकता के लिए संरक्षण और मात्रात्मक उत्पादकता व जाँच की आधारभूत संरचना एवं प्रसंस्करण सुविधाएँ हैं। यह पार्क स्थानीय उद्यमियों के साथ समय-समय पर सभाएँ करता रहता है तथा इन संस्थानों के लिए उत्पादों की सुनिश्चितता हेतु सूत्रजाल की भी व्यवस्था करता है, जिससे स्थानीय और निर्यात बाजार का व्यावहारिक उठाव भी हो सकता है।

केरल के बहुत से लोग खाड़ी या मध्य-पूर्व के देशों में रहते हैं। वे अपने घरेलू आहार में अति रुचि रखते हैं, जिसे यह पार्क निर्यात एवं निर्माण कर सकता है। कुछ इस तरह के भी उत्पाद हैं, जो कि पहले से ही विकसित किए गए हैं और कहीं ले जाने के लिए उनकी तकनीक भी उपलब्ध है, जैसे—हलवा, उपमा, रवा इडली, पुलाव, खिचड़ी, बीसे-बेल भात, एवियल, आलू-मटर करी, मटन और सब्जी का सूप, आमलेट, अंडे आदि। पार्क में इन मदों के उत्पादन इन क्षेत्रों में किसानों को अपने आप ही तैयार बाजार एवं उनके कृषि उत्पाद के लिए अच्छा लाभ प्रदान करेगा। हमारे कृषि विश्वविद्यालय भी इन खाद्य प्रक्रिया इकाइयों के साथ कार्य कर सकते हैं और इन्हें इन उत्पादों के लिए तकनीक व जानकारी प्रदान कर सकते हैं।

मत्स्य प्रसंस्करण और अवसर

मैं आपके साथ समुद्र के साथ वाले देशों में मत्स्य उद्योग के अनुभव बाँटना चाहता हूँ। एक जहाज समुद्र में जाता है और बहुत सी मछलियाँ पकड़ता है तथा फिर उन्हें डेक पर इकट्ठा करता है। वे मछलियाँ फिर दूसरे जहाज पर ले जाई जाती हैं।

धुलाई, सफाई, कटिंग और इनके संरक्षण की सारी तैयारी खाद्य के रूप में प्रक्रिया प्रयोगशाला में की जाती है। तब एक तीसरा जहाज आता है और इन सभी बढ़ी कीमतवाले माल के संपूर्ण पैकेज को इकट्ठा करता है और अंतरराष्ट्रीय बाजार में ले जाता है।

मैं इसी तरह की स्थिति की इस खाद्य प्रक्रियावाले पार्क में भी कल्पना करता हूँ जिसमें कृषि उत्पाद पार्क में आ जाता है और फिर तैयार होकर कीमत वृद्धि के साथ डिब्बाबंद होकर दूसरे यान से बाजार की ओर जाता है।

नारियल, सब्जियाँ और फलों की प्रक्रिया

नारियल, मछली, केला, काजू और कटहल के क्षेत्र में केरल बहुत समृद्ध है। ये सभी चीजें धन देनेवाले उत्पादों में परिवर्तित की जा सकती हैं। उदाहरण के लिए, यदि हम नारियल को ही लें, नारियल के पेड़ के सभी हिस्से घरेलू उत्पाद के लिए लाभप्रद हैं। इसकी पत्तियाँ छप्पर की छत बनाने में, इसकी टहनी झाड़ू की सींक बनाने में, तना बीम के काम और नारियल का पानी पेय के रूप में तथा इसका खोपरा तेल निकालने में काम आता है। यदि इसे उचित ढंग से इस्तेमाल किया जाए तो नारियल की संपूर्ण आर्थिकता हमें कई गुना लाभ दे सकती है। इस कार्य को बड़ी कोऑपरेटिव इकाइयों के द्वारा खाद्य प्रक्रिया की सहायता से किया जाना चाहिए, ताकि नारियल उगानेवालों को पर्याप्त लाभ प्राप्त हो सके।

केरल में इसी तरह की अन्य परियोजनाओं को लेकर अन्य कृषि उत्पादों, जैसे—फलों, सब्जियों, दूध और मुरगीपालन पर कार्य किया जा सकता है।

इस तरह की प्रक्रिया की मूल तकनीकों में कोल्ड स्टोरेज श्रृंखला, पैकेजिंग, प्रसंस्करण, बैक्टीरिया—मुक्त पैकिंग और वजन तथा संवेदी उपकरण की आवश्यकता होती है। ये सुविधाएँ संरचनात्मक विकास कॉरपोरेशन द्वारा स्थापित की जाती हैं और विभिन्न उद्यमियों को किराए पर भी प्रदान की जाती हैं।

भारत 2020 के दस्तावेज में भारत को विकसित राष्ट्र के रूप में परिवर्तित होने की कल्पना-दृष्टि को दिखाया गया है। इसमें कृषि और खाद्य प्रक्रिया, शिक्षा और स्वास्थ्य, सूचना और संचार तकनीक, विवेचनात्मक तकनीकों में आत्म-विश्वास का एकीकृत विकास शामिल है। इस पार्क के विकास से संबंधित महत्त्वपूर्ण क्षेत्र कृषि और खाद्य प्रक्रिया है। कृषि के क्षेत्र में इस देश की 70 प्रतिशत से भी अधिक जनसंख्या कार्य कर रही है। हालाँकि वे 20 करोड़ टन का उत्पाद उत्पन्न कर रहे हैं, परंतु वे अपने प्रयासों का पर्याप्त प्रतिफल नहीं प्राप्त करते हैं। ऐसे हिस्सों में उत्पन्न खाद्य मदों की तकनीक के द्वारा कीमत वृद्धि की आवश्यकता है। विशेष तौर पर मैं चाहता हूँ कि केरल में खाद्य प्रक्रिया उद्योग गुणवत्ता के क्षेत्र में आधुनिक रुझान तय करे तथा

उचित समय पर उचित मूल्य की उपलब्धता कराए। इस केंद्र से बाहर आनेवाले प्रत्येक उत्पाद पर यह लेबल होना चाहिए कि इसमें क्या है, कौन सी चीजें मिली हैं, कौन से संरक्षक तत्त्वों का प्रयोग हुआ है, इसकी रखे जाने की अवधि कितनी है और साथ ही उत्पाद की गुणवत्ता की सुनिश्चितता होनी चाहिए। इस दृष्टिकोण के साथ केरल फूड प्रोसेसिंग यूनिट वैश्विक रूप से प्रतिस्पर्धी बन सकेगी। के.आई.एन.एफ.आर.ए. एक चलित कृषि प्रक्रिया इकाई बनाने के कार्यक्रम को भी सहायता प्रदान कर सकती है, जो पूरे क्षेत्र में यात्रा कर सकती है। इसी नमूने के साथ स्थानीय आवश्यकताएँ और संसाधनों पर निर्भर उद्यमी इस क्षेत्र में लघु खाद्य प्रक्रिया उद्योगों को स्थापित कर सकते हैं।

□

ऊर्जा, विद्युत्, जल

पिछले अध्याय में जिन संसाधनों पर विचार किया गया था उनमें से एक संसाधन आहार था और यही आहार मानव जीवन के अस्तित्व का आधार भी है। इस अध्याय में हम अन्य महत्त्वपूर्ण तत्त्वों के बारे में चर्चा करेंगे, जो जीवन और सभ्यता दोनों के लिए ही आवश्यक है, जिसे हम ऊर्जा और जल के नाम से जानते हैं।

मानव जाति ने आहार एकत्रित करनेवालों के रूप में शुरुआत की थी तथा अपने जीवित रहने के लिए प्रकृति के समीप आए। बाद में आग की खोज ने उन्हें खाना पकाने में सहायता की और धातुओं से बेहतर हथियार बनाने के लिए इसे इसमें तपाया भी। इस प्रकार वे शिकारी बने। इसके बाद की खोजों, जैसे कि पहिए, ने मानव को तेजी से चलाया और ऊर्जा का उपयोग सिखाया और इस प्रकार इसने सभ्यता की सीढ़ी चढ़ी।

करीब 10,000 साल पहले कृषि युग के आगमन के साथ एक बड़ी नई शुरुआत हुई। ऊर्जा और जल के उपयोग ने बहुत से नए आकार लिए, जैसे—बाँध, नहरें और कुएँ बनाए गए तथा पशु शक्ति का उपयोग परिवहन के साथ-साथ खेती के लिए किया गया। आग के इस्तेमाल से मकान निर्माण की कई तरह की सामग्रियों की रचना हुई और घर बनाने की परियोजनाएँ गंभीरतापूर्वक शुरू हुईं। जल का उपयोग कृषि के लिए जल संग्रह किए जाने में बढ़ा और सामूहिकता विकसित हुई। शीघ्र ही ऊर्जा और जल सभ्यता की सूची बन गए।

उन्नीसवीं सदी में औद्योगिक क्रांति के दौरान इंटरनल कंबश्तन इंजन ने ऊर्जा व जल का उपयोग बहुत अधिक और अति उपयोगिता के स्तर तक किया था। भाप के इंजनों ने कोयले को ईंधन एवं पेट्रोलियम आधारित इंजनों ने निर्माण, परिवहन और यहाँ तक कि कृषि क्षेत्र में भी क्रांतिकारी परिवर्तन किए। व्यापक स्तर पर विद्युत् शक्ति के उपयोग से सभ्यता ने आधुनिकता प्राप्त की। आज हम बिना बिजली के जीवन की कल्पना भी नहीं कर सकते हैं। यह हर कदम पर हमारे जीवन का एक हिस्सा है, परंतु अभी भी करीब 60 करोड़ भारतीयों तक बिजली की पहुँच नहीं है। यही बहुत से प्रमुख

कारणों में से एक है कि हम बहुत सी नई लाभप्रद जानकारियों, कुशलताओं या तकनीकी अवसरों को उन तक नहीं पहुँचा पाते हैं। ई.डी.यू.एस.ए.टी. की शिक्षा सामग्री भी उन जगहों तक नहीं पहुँच पाती है, जहाँ बिजली का प्रसारण संभव नहीं है। वहाँ आधुनिक विद्युतीय औजार और मशीनें, जिनमें चिकित्सकीय उपकरण भी शामिल हैं, इस्तेमाल नहीं किए जा सकते हैं।

ऊर्जा और बिजली की आसान उपलब्धता के साथ जीवन स्तर ऊपर उठता है। जीवन स्तर के ऊपर उठने के साथ कई उपभोक्ता सामग्रियों की खपत, खासतौर से स्वच्छ जल की खपत, बढ़ जाती है और स्वास्थ्य एवं स्वच्छता की समझ पर बल बढ़ता है। शुद्ध जल के उत्पादन में ऊर्जा का खर्च शामिल होता है और जल की सीमित आपूर्ति पर दबाव पड़ता है, जो कि इस ग्रह पर हमारे उपयोग भर के लिए ही है।

आधुनिक सभ्यता में यह देखना कितना आसान है कि ऊर्जा, बिजली और जल का आपस में निकट का संबंध है। हमें इन तीनों चीजों की कम-से-कम उपलब्धता तो सभी भारतीयों तक पहुँचानी ही चाहिए। आज भारत की इन चीजों के इस्तेमाल में प्रति व्यक्ति खपत बहुत ही कम है। हमारा स्तर 100 से ऊपर है जबकि देश आहार और संसाधन के मामले में हम ऊपर के 20 में से हैं। यह सिर्फ हम अपने संसाधनों के पर्याप्त इस्तेमाल और बरबादी को रोककर ही प्राप्त कर सकते हैं। जल के लिए हमारा लक्ष्य कम उपयोग, पुन:प्रयोग, अक्षय ऊर्जा का प्रयोग होना चाहिए। बिजली के क्षेत्र में कुशलता और स्वच्छ उत्पादन की हमारी प्राथमिकता होनी चाहिए।

आइए, इन तीनों चीजों के महत्त्वपूर्ण पहलुओं को खोजें और इनकी वैज्ञानिक संभावना तथा बाध्यता को समझें।

ऊर्जा

पृथ्वी पर ऊर्जा का एकमात्र स्रोत सूर्य है। आप यह पूछ सकते हैं कि क्या पृथ्वी पर ऊर्जा के रूप, जैसे—कोयला या पेट्रोलियम या जंगलों से प्राप्त अक्षय ऊर्जा झरनों व सागरों से उत्पन्न की जानेवाली ऊर्जा के अन्य रूप नहीं हैं? सौर ऊर्जा नाभिकीय फ्यूजन से प्राप्त होता है। परंतु मौलिक रूप से पृथ्वी स्वयं सूर्य से ही उत्पन्न हुई है। इसीलिए पृथ्वी के भीतर की ऊष्मा और पृथ्वी के ईंधन का स्रोत सूर्य ही है। पृथ्वी पर जीवन सौर ऊर्जा से ही संभव है, जो कई तरह की फोटोकेमिकल्स की गतिविधियों की ओर प्रेरित करता है, जिसका परिणाम पौधों, शाकाहारी व मांसाहारी पशुओं का विकास है। यहाँ तक कि जब हम मानवीय ऊर्जा या पशु-शक्ति का भी उपयोग करते हैं तब भी इसका मूल आधार सौर ऊर्जा ही है। यह बात अलग है कि सूर्य हमसे 15 करोड़ कि.मी. दूर है।

आइए, नाभिकीय फ्यूजन को समझने के लिए मूल तत्त्व हाइड्रोजन पर एक दृष्टि डालते हैं। हाइड्रोजन का एक अणु अपने नाभिक (न्यूक्लियस) में एक प्रोटोन रखता है और अपने परिक्रमा-पथ में एक इलेक्ट्रॉन रखता है। सूर्य की ही तरह की अत्यंत गरम स्थिति में जब सभी अणु और परमाणु तेजी से उत्तेजित होते हैं और घूमते हैं तब वे स्वभावतः आपस में टकराते हैं। इनका उन्नत घनत्व एक गुरुत्वाकर्षण खिंचाव उत्पन्न करता है और इन्हें पास-पास ला देता है। टकराव की इस प्रक्रिया में प्रोटॉन (जो कि धनात्मक आवेश रखते हैं) और इलेक्ट्रॉन (जो कि ऋणात्मक आवेश रखते हैं) मिलकर एक न्यूट्रॉन (उदासीन तत्त्व) की रचना करते हैं; परंतु अभी भी बहुत से प्रोटॉन, इलेक्ट्रॉन और न्युट्रॉन टकराते रहेंगे। इनमें से कुछ दो प्रोटॉन और दो न्यूट्रॉन आपस में मिलकर एक हीलियम नाभिक की रचना कर देते हैं। दो धनात्मक आवेशों के साथ यह नाभिक दो इलेक्ट्रॉनों को आकर्षित करता है और हीलियम के अणु का निर्माण करता है। यही वह प्रक्रिया है जिससे निम्न तत्त्व जुड़कर उच्च तत्त्व की रचना करते हैं और इस प्रकार यूरेनियम 238 की तरह भारी तत्त्व के रूप में बढ़ जाते हैं।

आइए, अब टकराव द्वारा निर्मित हीलियम नाभिक पर एक नजर डालते हैं। यदि हम इसके परिणाम का वजन करेंगे तब यह दो प्रोटॉन और दो न्यूट्रॉन के बराबर के वजन का नहीं होगा बल्कि कुल परिमाण 0.7 प्रतिशत कम होगा। यह लुप्त परिमाण कहाँ चला गया? यह थर्मोन्यूक्लियर ऊर्जा में परिवर्तित हो गया। यह लघु लुप्त परिमाण C^2 से गुणा हो जाता है (जहाँ C शून्य में प्रकाश का वेग है), जो कि थर्मोन्यूक्लियर फ्यूजन ऊर्जा के लिए उत्तरदायी है। (यह आइंस्टीन द्वारा प्रतिपादित प्रसिद्ध सिद्धांत $e=mc^2$ का अनुसरण करता है) ठीक इसी प्रकार यदि यूरेनियम की तरह बड़ा नाभिक दो लघु वजन के तत्त्वों में खंडित हो जाता है तब आप उस नाभिक के परिणामतः न्यूट्रॉन और प्रोटॉन के वजनों को जोड़ते हैं, जबकि वे एक समान नहीं होते हैं; एक लघु वजन लुप्त हो जाएगा, जो कि पुनः थर्मोन्यूक्लियर ऊर्जा में परिवर्तित होगा और $e=mc^2$ के सिद्धांत का अनुपालन करेगा।

अणुओं के जुड़ने की पहली प्रक्रिया फ्यूजन कहलाती है और अणुओं को अलग करने की दूसरी प्रक्रिया को फिजन कहते हैं। नाभिकीय शक्ति का संपूर्ण विज्ञान (चाहे वह विद्युत् शक्ति उत्पन्न करे या नाभिकीय बम को शक्ति दे) इसी साधारण सिद्धांत के अंतर्गत आता है।

सूर्य की संपूर्ण ऊर्जा थर्मोन्यूक्लियर फ्यूजन से ही उत्पन्न होती है।

इस लघु (लुप्त) परिमाण का सीधा ऊर्जा में परिवर्तन एक अति ऊर्जा परिणामदायक

प्रक्रिया है। जब हम लकड़ी या कोयले का तापमान बढ़ाकर उन्हें जलाते हैं तब अणु उत्तेजित हो जाते हैं और वायु में ऑक्सीजन के साथ मिलकर नए अणु बन जाते हैं, परिणामस्वरूप आग या ऊष्मा के रूप में ऊर्जा उत्पन्न हो जाती है। परंतु यह बहुत ही अपर्याप्त प्रक्रिया है, क्योंकि इसमें केवल अणु और घूमते हुए इलेक्ट्रॉन शामिल हैं, केंद्रक (न्यूक्लियस) किसी भी हाल में परिवर्तित नहीं होता है।

समान मात्रा के कोयले को रासायनिक प्रक्रिया द्वारा जलाए जाने पर जितनी ऊर्जा प्राप्त होती है उतनी ही मात्रा का न्यूक्लियर फ्यूजन 1 करोड़ गुना अधिक ऊर्जा उत्पन्न करेगा, परंतु प्रोटॉन और न्यूट्रॉन का केवल एक छोटा सा प्रतिशत (0.7 प्रतिशत) ही न्यूक्लियर फ्यूजन में ऊर्जा में परिवर्तित होगा। 50 वाट का बल्ब केवल 1 सेकंड के लिए जलाने पर 10 लाख आणविक फ्यूजन की आवश्यकता होगी।

यह अपने आप में एक बहुत बड़ी संख्या मालूम पड़ती है, परंतु वास्तविकता यह है कि सूर्य पर 2 ट्रिलियन (10^{36}) हाइड्रोजन अणु प्रति सेकंड फ्यूज्ड होते हैं। इसलिए परिणामत: ऊर्जा, जो सूर्य से पृथ्वी पर प्रकाश के रूप में पड़ती है, वह करीब 200 ट्रिलियन किलोवाट होती है।

क्या आप परेशान हैं कि सूर्य अपने इस उग्र फ्यूजन की गति से स्वयं ही जल जाएगा? वास्तव में सूर्य पर हाइड्रोजन की उपलब्धता इतनी है कि यदि वह इसी गति से भी जलता रहे तो भी यह 10 करोड़ वर्षों तक बचा रहेगा। कई अन्य कारणों की वजह से सूर्य 10 अरब साल से अधिक अपने इस वर्तमान स्वरूप में नहीं रह पाएगा; परंतु अब तक 4.5 अरब वर्षों में यह अपने हाइड्रोजन का केवल 4 प्रतिशत ही जला या फ्यूज कर पाया है।

यह स्पष्ट है कि हाइड्रोजन का थर्मोन्यूक्लियर फ्यूजन ऊर्जा के प्रभावशाली स्रोतों में से एक है। इसीलिए पृथ्वी पर हम न केवल सौर ऊर्जा पर आधारित रचना खोज रहे हैं बल्कि ऐसी ऊर्जा प्रणाली की तलाश में हैं जो थर्मोन्यूक्लियर फ्यूजन से निकल सके।

सौर ऊर्जा पृथ्वी पर कई रूपों में परिवर्तित की गई है। आइए, मानव जाति को उपलब्ध ऊर्जा के विभिन्न रूपों पर एक दृष्टि डालें।

शारीरिक ऊर्जा

हम जो भी भोजन करते हैं, उससे जो ऊर्जा मिलती है वह हमारी शारीरिक ऊर्जा है। फिर भी, बहुत से भारतीय अपनी आय अपने शारीरिक श्रम से ही प्राप्त करते हैं।

पशु आधारित ऊर्जा

मानवीय क्षमताओं को बढ़ाने एवं सहायता प्रदान करने में पशुओं, जैसे—साँड़, बैल, घोड़े, गधे आदि की ऊर्जा का प्रयोग होता है। करीब 10,000 वर्ष पूर्व से ही पशु ऊर्जा ने

मानव जाति को सँभाले रखा है। आज भी विश्व के बहुत से देशों में, जिसमें भारत भी शामिल है, लोग श्रमसाध्य कार्यों के लिए पशु शक्ति का इस्तेमाल करते हैं; जैसे—परिवहन, माल ढोने, पानी खींचने, खेत जोतने, तेल निकालने, बीजों को कुचलने आदि में। तकनीकों के विकास और उपर्युक्त कार्यों के लिए प्रभावशाली एवं आर्थिक संसाधनों के आगमन से शारीरिक श्रम व पशु-शक्ति का इस्तेमाल तेजी से घटा है; परंतु अभी भी बहुत से आदमी और औरतें भारत में भारी बोझ ढोते हैं और ले जाते हैं। यदि हमें स्वयं को विकसित देश के रूप में समझना है तब हमें मानव ऊर्जा को दूसरों के लिए शारीरिक श्रम से कार्य करने को खत्म करना होगा।

इसी प्रकार विकसित देशों में सामान्य आर्थिक क्रियाओं के लिए पशु-शक्ति का इस्तेमाल काफी कम हो गया है। व्यक्ति कभी-कभी ही हाथी, घोड़े या ऊँट की सवारी मनोरंजन के लिए करता है, परंतु आवश्यक आर्थिक गतिविधियों के लिए पशुओं का प्रयोग बहुत ही कम हो गया है। यह केवल पशुओं का शोषण रोकने के लिए ही नहीं है। पशु ऊर्जा का इस्तेमाल अपर्याप्त है। इसमें व्यक्ति के ऊपर समान मात्रा का कार्य लेने के लिए अधिक संसाधन (आहार एवं जल) खर्च करना पड़ेगा। उन्नत तकनीक से परिचय हमें ऊर्जा के अधिक लाभप्रद इस्तेमाल के लायक बनाता है; परंतु हमें कुछ क्षेत्रों में लाभ प्राप्त होने के बजाय अन्य कारणों से पशु शक्ति को वापस लाने की आवश्यकता पड़ती है, जैसे—जैव-विविधता की रक्षा के लिए। यह गंभीर विचार का विषय है।

अग्नि

डॉ. कलाम ने एकीकृत मिसाइल विकास कार्यक्रम के शक्तिशाली मिसाइल का नाम 'अग्नि' दिया। अग्नि, ऊर्जा का एक बड़ा प्रतीक है। पृथ्वी पर आग कई रूपों में रहती है, जैसे—जंगल की आग, ज्वालामुखी, पृथ्वी के क्रस्ट से निकलती जलती हुई गैसें या नष्ट हो चुके कॉर्बनिक तत्त्वों से निकलती मीथेन की आग; परंतु आदिकालीन और अभी तक भारत के बहुत से हिस्सों में आग का जिस तरह से इस्तेमाल किया गया है, वह बहुत लाभप्रद नहीं है।

विज्ञान और अभियांत्रिकी की भाषा में कुशलता का एक सुस्पष्ट अर्थ है। यह उत्पादन के लिए आवश्यक निवेश का मापन करता है। प्रकृति में कुछ भी शत प्रतिशत कुशलता-युक्त नहीं हो सकता है। आप चाहे जितनी भी दक्षतापूर्वक कार्य करते हैं, कुछ ऊर्जा अवश्य ही लुप्त हो जाएगी। इसका मापन उत्क्रम-माप (एंट्रोपी) के रूप में होता है। (यह थर्मोडायनेमिक्स के दूसरे नियम को दरशाता है।)

उदाहरण के लिए, जब आप अपने कमरे को ठंडा करने के लिए एयर कंडीशनर का इस्तेमाल करते हैं तब वायु और कमरे में स्थित अन्य चीजों के अणु-संचालन में अव्यवस्था की मात्रा अस्थायी रूप से कम हो जाती है। इसे स्थानीय एंट्रोपी में कमी कहते हैं, परंतु

यह एक कीमत पर आता है। कमरे को ठंडा करने या अव्यवस्था को कम करने में पूर्ण ऊर्जा का इस्तेमाल नहीं होता है। एयरकंडीशनर के द्वारा ऊर्जा की एक बड़ी मात्रा ऊष्मा और ध्वनि में परिवर्तित हो जाती है।

वैज्ञानिक और अभियंता एक ऐसी पद्धति खोजने की कोशिश कर रहे हैं, जिसमें जहाँ तक संभव हो, अधिक-से-अधिक ऊर्जा का इस्तेमाल हो सके। पहले की तुलना में आजकल की कारें अधिक ईंधन कुशल हैं। खासतौर से पंखे बिना आवाजवाले हैं, इसलिए अनचाही आवाज के रूप में ऊर्जा की बरबादी कम-से-कम हो गई है। अधिकतर कारखाने इस्तेमाल की गई थर्मल ऊर्जा को अन्य ऊष्मा की जरूरतों के लिए पुन: इस्तेमाल कर रहे हैं। ऊर्जा के रिसाव को कम करने के तरीकों को खोजने के लिए ऊर्जा नियंत्रण परीक्षण भी चल रहा है।

आपने ऐसे बहुत से वातानुकूलित कमरों को देखा होगा, जिनमें खिड़की और दरवाजे ठीक से बंद नहीं होते। परिणामस्वरूप कुछ ठंडी हवा बाहर चली जाती है और गरम हवा भीतर प्रवेश कर जाती है, जिसे फिर से ठंडा करना पड़ता है। यह अनावश्यक रूप से ऊर्जा का अपव्यय है। इसी तरह बहुत से घरों में रबड़ का वाशर खराब होने से प्रेशर कुकर में रिसाव होता रहता है, परिणामस्वरूप स्टीम बाहर निकल जाती है और ऊष्मा बरबाद होती है। ऐसे बहुत से लोग हैं, जो कि रेफ्रिजरेटर से खाना सीधे निकालकर गरम कर देते हैं। हम जानते हैं कि यदि आप खाने को कुछ देर के लिए कमरे के तापमान में रख दें तब यह स्वयं ही कुछ गरम हो जाता है और आपके जलनेवाले ईंधन की आवश्यकता कम हो जाती है, क्योंकि इसे अधिक तापमान से गरम करना पड़ता है।

अग्नि ऊर्जा पर हम पुन: वापस आते हैं, जिसमें आदिकालीन मानव लकड़ियों की आग बहुत ही अकुशलता के साथ इस्तेमाल करते थे। यदि लकड़ी जलानेवाले चूल्हे का निर्माण आधुनिक वैज्ञानिक सिद्धांतों के आधार पर किया जाए तो यह न केवल धुआँ-रहित होगा बल्कि लकड़ी की आग को भी लाभप्रद बनाएगा; परंतु इस तरह की दक्षता की भी सीमाएँ हैं। हमें आग को अधिक लाभप्रद बनाने के लिए ऊर्जा के कई रूपों की आवश्यकता है।

चूँकि खपत की आधुनिक आवश्यकताएँ बहुत अधिक हैं और इन जरूरतों के लिए अग्नि एवं ऊष्मा ऊर्जा ईंधन को अति कुशलता से इस्तेमाल करना चाहिए, ताकि हम वास्तविक ऊर्जा के कम खपत के साथ अधिक लाभ प्राप्त कर सकें। वैज्ञानिक सिद्धांतों पर आधारित इस तरह के कई उपकरण बनाए गए हैं।

कोयला

इस पुस्तक में पहले हम यह चर्चा कर चुके हैं कि पृथ्वी पर कोयले की रचना कैसे

हुई और इसकी खनन प्रक्रिया क्या है? कोयले का इस्तेमाल जलाने के लिए होता है, जो अपनी ऊर्जा को अग्नि और ऊष्मा में परिवर्तित कर देता है। लकड़ी, जो कि सैल्युलोज और अन्य दूसरे तत्त्वों के ढीले बंधनों में जकड़ी रहती है, जबकि कोयला कार्बन का अति ठोस रूप होता है, इसलिए इसका ऊर्जा का अंश बहुत अधिक होता है। कोयले से प्राप्त ऊर्जा ने औद्योगिक क्रांति के क्षेत्र में मानव की सहायता की है।

प्रकृति से प्राप्त कोयले में सघन कार्बन नहीं रहती है। चूँकि यह पृथ्वी के भीतर पाया जाता है, अत: इसमें अन्य कण और तत्त्व भी होते हैं। अधिकतर कोयले में राख की भी मात्रा होती है। कोयले की गुणवत्ता हर खान में भिन्न होती है। सारांश में, भारतीय कोयले में अन्य देशों, जैसे—ऑस्ट्रेलिया की खदानों की तुलना में अधिक राख पाई जाती है; परंतु आजकल कोयले से इन बाहरी तत्त्वों को दूर करने की तकनीक उपलब्ध हो चुकी है। यह इस्तेमालकर्ता के दृष्टिकोण से अच्छा है, क्योंकि साफ किया गया कोयला अधिक सुरक्षित और लाभप्रद है। पर्यावरणीय दृष्टिकोण से भी उत्सर्जन को बेहतर तरीके से नियंत्रित किया जा सकता है।

अब तक के कोयले के इस्तेमाल का सर्वोत्तम तरीका इसको गैस में परिवर्तित करना है, जो प्राकृतिक गैस की ही भाँति जलाया जा सकता है। यह पद्धति एकीकृत कोल गैसीकरण प्रणाली कहलाती है। डॉ. कलाम सन् 2001 तक जब भारत सरकार के मुख्य वैज्ञानिक सलाहकार थे, तब उन्होंने इस विचार को प्रोत्साहित किया था और इस बड़ी आदर्श प्रणाली के विकास के लिए धन भी प्रस्तावित किया था। दुर्भाग्य से यह परियोजना चल नहीं पाई।

अभी भी कोयले की ऊर्जा को आधुनिक उपयोगी रूपों में परिवर्तित करने की तकनीकें मौजूद हैं, जैसे—तरल ईंधन और बिजली। सरकार ने हाल ही में निजी क्षेत्रों की कुछ परियोजनाओं को अनुमति प्रदान की है, जो इन तकनीकों का इस्तेमाल करेंगी तथा सरकार ने उन्हें कुछ कोयले की खदानें भी प्रदान की हैं।

बहुत से पर्यावरणविद् कोयले के इस्तेमाल को ऊर्जा में परिवर्तित करने का पूरी तरह से निषेध करते हैं। ऐसा इनमें अधिक कार्बन की मात्रा मौजूद होने की वजह से है, क्योंकि जब कोयला जलाया जाता है तब ऊर्जा उत्पन्न करने के लिए इसमें मौजूद कार्बन ऑक्सीजन के साथ मिल जाता है और इस प्रकार कार्बन डाइऑक्साइड (co_2) उत्पन्न होती है।

सारी विकसित दुनिया ने पिछली सदियों में कार्बन और पेट्रोलियम का इस्तेमाल इतनी लापरवाही के साथ किया कि पृथ्वी अब परिणामी प्रदूषित उत्सर्जन से ढँक गई है और यह केवल कार्बन डाइऑक्साइड से ही नहीं बल्कि अन्य हानिकारक प्रदूषकों, जैसे—सल्फर और नाइट्रोजन के ऑक्साइडों से भी भर गई है। यह सच है कि वे अब सौर ऊर्जा, जैव ईंधन के उन्नत स्तर व हाइड्रोजन आदि से प्राप्त अधिक स्वस्थ तकनीकों की ओर जाने में सक्षम हैं; पर इन्हें विकसित या उत्पन्न करना महँगा है और इसमें

अधिक निवेश की भी जरूरत है।

प्रदूषण की वैश्विक समस्या के समाधान के लिए विकसित देश घनी आबादीवाले विकासशील देशों, जैसे—भारत और चीन की तरफ इन तकनीकों को तत्काल अपनाने के लिए देख रहे हैं; परंतु इन तकनीकों के बौद्धिक संपदा अधिकार विकसित देशों के पास ही रहेंगे। यह बौद्धिक संपदा अधिकार, जैसे—पेटेंट रचना और ट्रेड मार्क के रूप में रहेंगे। आजकल बौद्धिक संपदा अधिकार एक बड़े व्यापार के रूप में आ चुका है, जिसमें बहुत से वैज्ञानिक, तकनीकी और कानूनी विशेषज्ञ मिलकर कार्य कर रहे हैं।

एक तरह से विश्व व्यापार संगठन के परिणामी समझौते से संचालित बौद्धिक संपदा अधिकार के कारण—जिसमें भारत एक पक्ष है—वैज्ञानिक विचार अब स्वतंत्र और सबके इस्तेमाल के लिए नहीं रह गए हैं। यदि हम नई खोज का इस्तेमाल करना चाहते हैं तब हमें यह खोजना होगा कि इसके बौद्धिक संपदा अधिकार किसके पास हैं और हमें उसके साथ समझौता करना होगा। इसकी लाइसेंस फीस इतनी अधिक हो सकती है कि आपका व्यवसाय इसे सह ही नहीं सके। यह एक ऐसा व्यावसायिक तथ्य है, जिसे हम सभी को स्मरण रखना चाहिए। अब किसी के लिए स्वयं ही तकनीक विकसित करना ही काफी नहीं है—वास्तव में चूँकि जानकारी विशेष का कानूनी अधिकार दूसरों के पास होता है, अत: यह बहुधा संभव नहीं है।

आजकल जबकि विज्ञान और तकनीकों ने संभावनाओं और व्यावसायिक समझदारी के कई मार्ग खोल दिए हैं, फिर भी भू-राजनीति इनके मुक्त प्रवाह में कई अड़चनें पैदा करती है, अत: हमारी विज्ञान और तकनीक नीतियों को इन नई वास्तविकताओं की तरफ केंद्रित होने की आवश्यकता है, ताकि सभी भारतीय इनसे लाभ प्राप्त कर सकें। अब यह ऐसा विषय नहीं रह गया है, जिसे व्यक्तिगत वैज्ञानिक या संस्थानों को निर्धारित करने के लिए छोड़ा जा सके।

भारत पर बौद्धिक संपदा अधिकार के प्रभावों का विचार प्राप्त करने के लिए उभरती हुई अक्षय ऊर्जा क्षेत्र में करीब तीन-चौथाई बौद्धिक संपदा अधिकार अमेरिकी कंपनियों या संस्थानों या व्यक्तियों के द्वारा रखे गए हैं। इसी के समान जैव ईंधन की तीसरी उत्पत्ति के विकसित क्षेत्रों में, जिसमें बहुत ही कम कार्बन दीख पड़ते (जैसे नीले, हरे शैवालों से निकला ईंधन) हैं। इनकी बौद्धिक संपदा अधिकार अमेरिका और कुछ एक यूरोपीय देश तथा जापान के पास हैं।

हालाँकि जलवायु परिवर्तन समूह कोयले के इस्तेमाल के खिलाफ है, परंतु भारत को अपने अधिकतर विद्युत् उत्पादन और बहुत से कारखानों के लिए कोयले पर ही निर्भर रहना पड़ता है। फिर भी हम पुरानी तकनीकें, जो वातावरण को प्रदूषित करती हैं, इनका इस्तेमाल नहीं कर सकते हैं। फ्लाई ऐश, जो कोयले का एक उप-उत्पाद है, पर्यावरण पर विशेष प्रभाव

डालता है। जब डॉ. कलाम और वाई.एस. राजन टी.आई.एफ. ए.सी. के शीर्ष पर थे तब राष्ट्रीय फ्लाई ऐश उपयोग का एक बड़ा मिशन कार्यान्वित हुआ था। भारत अब फ्लाई ऐश को ईंट और सीमेंट के एक घटक के रूप में इस्तेमाल करता है, जो ईंट और सीमेंट उत्पादन के अधिकांश कार्बन को कम करता है। बहुत सी आधुनिक 'हरित' इमारतें, जो कि फ्लाई ऐश से निर्मित सामग्रियों का इस्तेमाल करते हैं, जिनके निर्माण में बहुत ही कम ऊर्जा इस्तेमाल होती है तथा वे आसानी से उपलब्ध भी हैं।

चूँकि भारत के पास कोयले की पर्याप्त आपूर्ति है, अत: इस कोयले को तरल शक्ति और इसी तरह की नई तकनीकों में तेजी से काम करना चाहिए; परंतु जहाँ तक संभव हो, यदि वैकल्पिक तकनीक, जो कि आर्थिक रूप से व्यावहारिक ऊर्जा के समाधान के लिए उपलब्ध हो तब कोयले का उपयोग कम करना चाहिए, क्योंकि यह वैश्विक तापमान में वृद्धि करता है।

जल (जल विद्युत् ऊर्जा)

सामान्य अर्थ में जल ऊर्जा का ईंधन नहीं है। इसकी ऊर्जा दहनशील प्रक्रिया से नहीं निकल पाती है। बहता हुआ पानी अपने साथ बहुत अधिक गतिज ऊर्जा लिए रहता है। यहाँ ऊर्जा गति से उत्पन्न होती है। यह गतिमान वस्तु के द्रव्यमान का समानुपाती और इसके वेग का वर्ग होता है, यानी $1/2mv^2$।

जल अपनी गतिज ऊर्जा कहाँ से प्राप्त करता है? वर्षा के बादल, जो पृथ्वी से 1 कि.मी. या और भी अधिक ऊँचाई पर रहते हैं, वे जब ठंडे होते हैं तब पानी बरसाते हैं। जब जल ऊपर बादलों में रहता है तब इसमें बहुत ही अधिक स्थितिक ऊर्जा रहती है और वह mgh (वस्तु का द्रव्यमान × गुरुत्वाकर्षण बल × ऊँचाई) से मापी जा सकती है। जल जितना ही ऊपर होगा, इसकी स्थितिक ऊर्जा उतनी ही अधिक होगी। जब जल पृथ्वी पर पहुँचता है तब इसकी स्थितिक ऊर्जा गतिज ऊर्जा में परिवर्तित हो जाती है।

चूँकि बहुत सी नदियाँ पहाड़ों से शुरू होती हैं तथा वे बारिश के पानी या ग्लेशियरों के पिघले हुए पानी से भर जाती हैं और फिर मैदानी क्षेत्र की तरफ तेजी से बहती हैं। यह गतिज ऊर्जा जल विद्युत् शक्ति में परिवर्तित की जाती है, परंतु नियंत्रित ऊर्जा उत्पादन के लिए हम केवल प्राकृतिक रूप से बहते पानी पर ही निर्भर नहीं रह सकते हैं। इसलिए बड़े बाँध बनाकर अधिक मात्रा में जल एकत्रित किया जाता है और फिर प्रवाह की गतिज ऊर्जा को विद्युत् में परिवर्तित करने के लिए इसे छोड़ा जाता है। बाँध सिविल इंजीनियरिंग की जटिल चुनौती होते हैं, क्योंकि एकत्रित जल इस क्षेत्र में मिट्टी और चट्टानों पर बहुत ही अधिक दबाव बनाता है। हमको उस मानव जनसंख्या के प्रति भी अवगत रहना चाहिए, जो वहाँ से विस्थापित हो सकती है और इस जल विद्युत् परियोजना से पर्यावरण भी खराब हो सकता है।

जल विद्युत् शक्ति परियोजनाएँ टरबाइन घुमाने के लिए जल की गतिज ऊर्जा का उपयोग करती हैं, जो डायनेमो प्रभाव के कारण बदले में विद्युत् उत्पन्न करती हैं। जल ऊर्जा के उपयोग से विद्युत् उत्पन्न करने का एक अन्य तरीका भी है। यदि कॉपर के तार के क्वायल के बीच एक चुंबक को एक खास गति से घुमाया जाता है तब भी विद्युत् पैदा की जाती है। चुंबक का घूर्णन जल टरबाइन के द्वारा किया जाता है। चुंबक का निरंतर घूर्णन प्रत्यावर्ती धारा (अल्टरनेटिंग करेंट) के निरंतर चक्र में विद्युत् प्रवाह को बनाता है। इस प्रभाव की खोज फराडे ने की थी।

इस सिद्धांत के उपयोग से बहुत ही छोटे (सूक्ष्म जल विद्युतीय) और लघु जल विद्युत् स्टेशन निर्मित किए जा सकते हैं। नदी या नहर के प्रवाह को बिना गंभीरतापूर्वक बिगाड़े ही सूक्ष्म या लघु टरबाइनों के द्वारा प्रवाह से गतिज ऊर्जा प्राप्त की जा सकती है। ये पॉवर स्टेशन छोटे होते हैं, जिनसे 10 किलोवाट से लेकर कुछ सौ किलोवाट तक की विद्युत् उत्पन्न की जा सकती है। इन सूक्ष्म और लघु जल विद्युत् स्टेशनों का सबसे अधिक लाभ है कि ये कठिन भूभागों और दूर-दराज के क्षेत्रों में भी इस्तेमाल किए जा सकते हैं, परंतु बाध्यता यह है कि इन स्टेशनों की ऊर्जा पूरी तरह जल के प्रवाह पर ही निर्भर रहती है। गरमी में जब जलधारा सूख जाती है तब पॉवर की उपलब्धता काफी कम हो जाती है। यदि सूक्ष्म और लघु जल विद्युत् स्टेशनों को प्रचलन में आना है, तब इन्हें अन्य ऊर्जा स्रोतों, जैसे—सौर ऊर्जा या जैव ईंधन के साथ निरंतर काम करना होगा।

एक ऐसी प्रणाली भी हो सकती है, जिसमें सूक्ष्म और लघु जल विद्युत् स्टेशन एक क्षेत्रीय ग्रिड से जोड़ दिए जाते हैं, जो विभिन्न स्टेशनों से विद्युत् शक्ति ले जाती है। जब उपलब्धता प्रचुर मात्रा में रहती है तब यह सूक्ष्म और लघु स्टेशन न केवल स्थानीय निवासियों को बिजली देते हैं बल्कि वे ग्रिड से अन्य क्षेत्रों में विद्युत् आपूर्ति प्रदान कर सकते हैं। जब उनका उत्पादन कम होता है तब सूक्ष्म और लघु स्टेशन अपने लिए ऊर्जा ग्रिड की सहायता से बाहर से भी प्राप्त कर सकते हैं।

सार्वजनिक ग्रिडों से विभिन्न विद्युत् पॉवर स्टेशन के सूत्रजाल की तकनीकों और विद्युत् नियंत्रक से विद्युत् के प्रवाह का नियंत्रण भविष्य के लिए समाधान प्रदान करता है। जैसे ही ये उन्नत तकनीकी वस्तुएँ सस्ती होती जाती हैं, वे उन साधारण लोगों को बिजली प्रदान करने में सहायता करती हैं, जो बिजली के लिए ऊँची कीमत नहीं दे सकते हैं।

पर्यावरण के दृष्टिकोण से जल विद्युत् ऊर्जा स्वच्छ होती है। इसके संचालन में बहुत ही कम कार्बन अवशेष होते हैं। यह पुन: उत्पादित की जानेवाली ऊर्जा है, परंतु यह मौसम के परिवर्तन पर निर्भर रहती है। इसलिए गरमी में सभी पॉवर ग्रिड, जो जल विद्युत् प्राप्त करते हैं, इन्हें अपनी आपूर्ति कम करनी पड़ती है, जिसके परिणामस्वरूप पॉवर कट हो जाता है।

पेट्रोलियम और प्राकृतिक गैस

यह विलक्षण प्रकार का ऊर्जा ईंधन का रूप, जो कि पृथ्वी की सतह के नीचे से प्राप्त हुआ है, इसने बीसवीं सदी में एक क्रांति पैदा कर दी है। बहुत हद तक पेट्रोलियम ने मानव जाति को परिवहन के आर्थिक और तीव्र साधन प्रदान करके वैश्वीकरण को एक गति प्रदान की है। इसने अनाज, सब्जियाँ, मशीनें, उपकरण, कच्चा माल और तैयार माल की व्यापक स्तर पर गति संभव की है तथा उपभोक्ता संस्कृति को ऊपर उठाया है।

ऊर्जा स्रोत के साथ-साथ पेट्रोलियम ने प्लास्टिक जैसे आश्चर्यजनक तत्त्व का आधार तैयार किया है, जो अपरिष्कृत पेट्रोलियम से निकाला गया है। अपरिष्कृत पेट्रोलियम आधुनिक कृषि उर्वरकों का भी स्रोत है, जो कि बढ़ती हुई मानव जनसंख्या के लिए सुरक्षा सुनिश्चित करता है।

सभी देश पेट्रोलियम के विपुल भंडार से संपन्न नहीं हैं। वे देश जिनके पास यह संसाधन है, वे समृद्ध हो चुके हैं; क्योंकि आधुनिक विश्व में पेट्रोलियम एक बहुमूल्य तत्त्व है। पेट्रोलियम के परिष्करण, निकास और उपयोग में शामिल तकनीकें और वैज्ञानिक अनुसंधान के द्वारा वे निरंतर विकास कर रहे हैं। भारत में कई बड़ी कंपनियाँ हैं, जो पेट्रोलियम और गैस के निकास व परिष्करण पर केंद्रित हैं।

पेट्रोलियम और प्राकृतिक गैस की ऊर्जा परिवहन क्षेत्र के लिए निकाली जाती है तथा आंतरिक दहन इंजन (इंटरनल कंबश्चन इंजन) में उपयोग होता है, जिसमें तेल केवल जलता ही नहीं है बल्कि एक जटिल प्रक्रिया के तहत ऑक्सीजन के साथ मिल जाता है और अति कुशल प्रक्रिया में ऊर्जा की एक बड़ी मात्रा उत्पन्न करता है। पहले के बने कार इंजन इतने कुशल नहीं थे। उनसे निकलती हुई बेकार गैसें वायुमंडल को प्रदूषित करती थीं, परंतु विज्ञान और तकनीक ने बहुत ही कम उत्सर्जनवाले स्वच्छ इंजनों का निर्माण किया है। अब उत्सर्जन के लिए कठोर मानक बन चुके हैं, जो अंतिम उपभोक्ता द्वारा बिना अधिक कीमत चुकाए ही प्राप्त हो सकते हैं। कम ईंधनवाली कारों में माइलेज भी बढ़ा दिया गया है तथा प्रदूषण फैलानेवाले तत्त्वों, जैसे—सल्फर ऑक्साइड, नाइट्रस ऑक्साइड, बेंजीन आदि का भी उत्सर्जन कम किया है।

चूँकि पेट्रोलियम और प्राकृतिक गैसों के संसाधन सीमित हैं, इसलिए परिवहन के लिए अन्य ऊर्जा स्रोतों से इसे बदलने के अनुसंधान चल रहे हैं। ऐसी कारों को भी विकसित करने का प्रयास जारी है, जो विद्युत् या हाइड्रोजन आधारित ईंधन पर चल सकें। कुछ हद तक जैव ईंधन भी पेट्रोलियम के 10 से 20 प्रतिशत तक संयोजी के रूप में प्रतिस्थापित कर सकता है। नए परिष्कृत इंजन कुछ पेट्रोलियम या डीजल और कुछ विद्युत् शक्ति या सौर ऊर्जा का भी इस्तेमाल करते हैं।

यहाँ तक कि विद्युत् उत्पादन में भी पेट्रोलियम और प्राकृतिक गैस एक असाधारण

विकल्प प्रस्तुत करते हैं। थर्मल पॉवर के उत्पादन में पेट्रोलियम और प्राकृतिक गैस कोयले के विकल्प हैं। वे कम प्रदूषण उत्पन्न करते हैं, परंतु उनका कार्बन अवशेष बहुत कम नहीं है। अत: उनके इस्तेमाल को कम करने की आवश्यकता है।

नाभिकीय शक्ति

जब पर्यावरणीय स्वच्छता का विषय आता है तब नाभिकीय ऊर्जा वाकई अन्य ईंधनों से आगे निकल जाती है। बीते वर्षों में आर्थिक रूप से नाभिकीय शक्ति प्रतिस्पर्धा में नहीं थी—आरंभिक निवेश या संचालनों में कोयला या पेट्रोलियम आधारित थर्मल पॉवर स्टेशन काफी सस्ते थे; परंतु अब बहुत सी कंपनियों के आर्थिक विकास के साथ पेट्रोलियम, गैस और कोयले की माँग बहुत अधिक हो चुकी है तथा तेल की कीमत भी बहुत ऊपर जा चुकी है। इसी के साथ नाभिकीय ऊर्जा उत्पादन तकनीकें, सुरक्षा तकनीकें और नाभिकीय ठोस अपशिष्ट प्रबंधन तकनीकें पिछले तीन दशकों में काफी बढ़ चुकी हैं। वर्तमान जलवायु परिवर्तन के संबंध के साथ नाभिकीय ऊर्जा एक नया सम्मान भी प्राप्त कर चुकी है। लोगों के इस्तेमाल के लिए नाभिकीय शक्ति से विद्युत् उत्पादन किए जाने के डॉ. कलाम पक्षधर रहे हैं।

नाभिकीय ऊर्जा स्टेशन फिजन के द्वारा काम करते हैं। इसमें यूरेनियम के तत्त्व का एक बड़ा न्यूक्लियस न्यूट्रॉनों के विस्फोट से छोटे-छोटे हिस्सों में विभक्त किया जाता है। जैसा कि हम पहले ही जान चुके हैं, विभक्त तत्त्वों के द्रव्यमान का जोड़ मूल यूरेनियम नाभिक के द्रव्यमान से थोड़ा सा कम होता है। यह लुप्त द्रव्यमान $e=mc^2$ के नियम के अनुसार ऊर्जा में परिवर्तित हो जाता है। यह ऊर्जा बहुत ही अधिक ऊष्मा के रूप में निकलती है और यही विद्युत् में परिवर्तित की जाती है।

अब एक या कुछ यूरेनियम नाभिकों को विभक्त करना काफी नहीं है। इस प्रक्रिया को जारी रखने के लिए इस बाँटने को लगातार जारी रखना होगा। ऐसा करने के लिए आपको कई नाभिकों में ऊर्जा-संपन्न न्यूट्रॉनों के विस्फोट की आपूर्ति निरंतर जारी रखनी होगी—विघटन (पुनर्निर्मित और किसी अन्य दिशा में, लुप्त होने) के बाद भी वहाँ बहुत अधिक न्यूट्रॉन होने चाहिए। दूसरे शब्दों में, इस शृंखलाबद्ध प्रतिक्रिया को एक निश्चित दर पर जारी रखना होगा। यदि यह बहुत तेज होगा तब यह शृंखलाबद्ध प्रक्रिया नियंत्रण के बाहर चली जाएगी और एक विस्फोट होगा। (ऐसा ही न्यूक्लियर बम में होता है।) यदि यह बहुत धीमी होगी तब कुछ फिजन या ऊर्जा-मुक्ति के बाद यह प्रक्रिया रुक जाएगी और यह पॉवर प्लांट विद्युत् आपूर्ति नहीं कर सकेगा।

नाभिकीय विद्युत् शक्ति प्लांट की संपूर्ण तकनीक और विज्ञान की रचना पॉवर प्लांट को चलाए रखने के लिए उचित संतुलन पर पहुँचने की है। नाभिकीय स्तर पर जब प्रतिक्रिया होती है तब उपलब्ध यूरेनियम कई वर्षों तक जारी रह सकता है। विभक्त (बिना फिजन

का) यूरेनियम एक नाभिकीय ठोस अपशिष्ट के रूप में एकत्रित कर लिया जाता है। यह बाद में संवर्धित किया जा सकता है और ईंधन के रूप में पुनः इस्तेमाल हो सकता है।

भारत में यूरेनियम की सीमित उपलब्धता के कारण भारत का दीर्घकालीन लक्ष्य थोरियम के इस्तेमाल का है, जो भारत में प्रचुर मात्रा में उपलब्ध है तथा इसका इस्तेमाल ऊर्जा उत्पादन में हो सकता है; परंतु इसके लिए विशेष वैज्ञानिक और तकनीकी चुनौती सामने मौजूद है। जब थोरियम का इस्तेमाल नाभिकीय प्लांट में किया जाता है तब बहुत से मध्यवर्ती उत्पादों की रचना होगी तथा यह शृंखलाबद्ध प्रतिक्रिया की सरल प्राप्ति अवरुद्ध करते हुए पॉवर प्लांट के संचालन को मुश्किल कर देगी। इन मध्यवर्ती उत्पादों को दूर करने के लिए वैज्ञानिक और नाभिकीय अभियंता इसकी युक्ति ढूँढ़ रहे हैं। एक बार जब यह हो जाएगा तब थोरियम एक समृद्ध स्रोत बन जाएगा। डॉ. कलाम थोरियम के इस्तेमाल के बड़े समर्थक हैं, क्योंकि भारत में यह विपुल मात्रा में उपलब्ध है और यह ऊर्जा ईंधन के लिए भारत के अन्य देशों पर निर्भरता कम कर देगा।

भू-ऊष्मीय शक्ति (जियो थर्मल पॉवर)

इसमें पृथ्वी के अंदर के गरम तत्त्वों तक पहुँचना और उस गरम ऊर्जा का इस्तेमाल विद्युत् उत्पादन के लिए करना होता है। नए बने पृथ्वी के सतह, जैसे—आइसलैंड में यह शक्ति प्रचुर मात्रा में है। भारत में यह सीमित मात्रा में हैं; परंतु यह वह क्षेत्र है जहाँ सक्रिय खोज और विकास की आशा की जा सकती है।

सागरीय ज्वार-भाटा से ऊर्जा

इसका संचालन जल विद्युत् शक्ति के सिद्धांत के अनुसार ही होता है। इसमें समुद्री लहरों की ऊर्जा विद्युत् उत्पादन के लिए इस्तेमाल की जाती है। भारत इस क्षेत्र में केरल और तमिलनाडु के समुद्र-तटों पर आरंभिक प्रयोग कर चुका है। समुद्र में जीवित संसाधनों और तटीय पर्यावरण पर इस विद्युत् उत्पादन से पड़नेवाले प्रभाव का विशेष महत्त्व है, जिस पर ध्यान देना आवश्यक है।

वायु शक्ति

वायु शक्ति के विज्ञान का आधार जल विद्युत् ऊर्जा उत्पादन के ही समान है। वायु ऊर्जा का इस्तेमाल चुंबकीय कोर के चारों तरफ लिपटे तारों को घुमाने के लिए किया जाता है, जो विद्युत् उत्पन्न करता है। इसकी तकनीकी चुनौती इसके पंखे के ब्लेड को इतना हलका बनाने की है जिससे वायु ऊर्जा इसको तेजी से कुशलतापूर्वक घुमकर सके। ब्लेड हलके होने के साथ-साथ मजबूत भी होने चाहिए, ताकि यह तेज हवा में न टूटें। वायु ऊर्जा को उत्पन्न करनेवाले पंखे अब आधुनिक मिश्र धातुओं के आश्चर्यजनक तत्त्वों से बने होते हैं,

जो कि पहले हवाई जहाजों और प्रक्षेपण यानों में इस्तेमाल होते थे। डॉ. कलाम एक बार फाइबर रेनफोर्स्ड प्लास्टिक डिवीजन (एफ.पी.आर.डी.) तिरुअनंतपुरम में मुख्य पद पर थे। टी.आई.एफ.ए.सी. में भी एक प्रमुख आधुनिक मिश्रित धातुओं का मिशन था। यहाँ पर हवाई जहाज से लेकर कारों, फर्नीचर छत और विकलांगों की सहायतार्थ मिश्रित धातुओं का प्रयोग होता था।

मिश्र धातु अपनी ताकत कहाँ से प्राप्त करते है? मिश्रित धातु तैयार करने के लिए मजबूत धातुओं के कई पतले तंतुओं को उच्च तापमान एवं दबाव पर आपस में पिघला (फ्यूज) कर दिया जाता है। इस मिश्रित धातु के पीछे बहुत ही साधारण विज्ञान है; क्योंकि पारंपरिक तत्त्व जैसे स्टील सभी तरफ से मजबूत होता है। मिश्रित धातु की ताकत सिर्फ इच्छित दिशा की तरफ ही कम सामग्री से बनाई जाती है। इसलिए हलका होने के साथ-साथ इसका मजबूत होना भी संभव है।

वायु शक्ति का एक प्रमुख नुकसान यह है कि हवा 24 घंटे नहीं चलती है। अत: यह अकसर विद्युत् ग्रिड को सहायता प्रदान करने में ही इस्तेमाल होती है, क्योंकि हवा की उपलब्धता पर ही इस शक्ति का प्रयोग हो सकता है और अन्य समय यह ऊर्जा के अन्य रूप में परिवर्तित हो जाती है। अकेले संचालन करने में वायु ऊर्जा का उपयोग विशाल कृषि क्षेत्रों की जमीन से पंप द्वारा पानी निकालकर सिंचाई करने में की जा सकती है या एकत्रित किए हुए पानी से खेतों की सिंचाई में हो सकती है।

सौर ऊर्जा

पृथ्वी के वायुमंडल से ठीक ऊपर ही सूर्य के विकिरण की शक्ति करीब 1,400 वाट प्रति वर्ग मीटर है, परंतु इतनी ऊँचाई पर सौर शक्ति को प्राप्त करना आसान नहीं है। जमीन पर विकिरण के फैलाव और परावर्तन के कारण वायुमंडल में काफी हानि का अनुमान करते हुए और वायुमंडल में मौजूद विभिन्न गैसों के द्वारा समावेशन से हम औसत रूप से करीब 1,000 वाट प्रतिवर्ग मीटर ही सौर ऊर्जा सूर्य के पूरी तरह से चमकने पर ही प्राप्त करते हैं। हमारे पास प्रतिदिन 8 से 10 घंटे तक सूर्य का अच्छा प्रकाश रहता है। बहुत ही अधिक मात्रा में ऊर्जा इस्तेमाल होने के लिए इंतजार कर रही है।

इस संपूर्ण ऊर्जा पर कब्जा करने की बात छोड़ें। हम दुर्भाग्य से इसका 50 प्रतिशत भी प्रभावशाली रूप में परिवर्तित नहीं कर पाए हैं। वे लोग, जो गरम जगहों जैसे दिल्ली में रहते हैं, उन्होंने यह ध्यान दिया होगा कि छत पर रखी प्लास्टिक की पानी की टंकी में पानी सूर्य की गरमी से काफी गरम हो जाता है; परंतु जब आप इसकी क्षमता की गणना

करेंगे तब इस पानी को गरम करने में लगी सूर्य की ऊर्जा का स्तर काफी कम होता है यानी करीब 1 प्रतिशत। उपयुक्त ढंग से बने सौर हीटर अब व्यावसायिक रूप से उपलब्ध हैं। इतना होने के बाद भी लाभ करीब 5 प्रतिशत ही होगा। सौर ऊर्जा को विशेष बिंदु पर केंद्रित करने के लिए और इसकी ऊर्जा को वहाँ से उठाने के लिए ऑप्टिकल लेंस और मिरर प्रणाली के साथ एक जटिल रचना की गई है; परंतु ये काफी महँगे हैं। रोजमर्रा के इस्तेमाल के लिए इनके लगाने और संचालन की लागत कम होनी चाहिए।

हमें सौर विद्युत् शक्ति प्राप्त करने के लिए कम खर्चीले और लाभप्रद तरीके खोजने होंगे। अंतरिक्ष उपग्रह सौर शक्ति का ही इस्तेमाल करते हैं, क्योंकि वहाँ अन्य कोई विकल्प उपलब्ध नहीं है और वे वजन के मामले में अधिक होंगे। दूर-दराज के इलाकों में सूर्य की रोशनी प्रचुर मात्रा में रहती है और जहाँ ईंधन का परिवहन भी कठिन है, यहाँ पर बैकअप बैटरियों के साथ अकेली सौर ऊर्जा प्रणाली ही एक अच्छा विकल्प है। ऐसी पॉवर प्रणालियाँ सौर ऊर्जा से विद्युत् उत्पादन के लिए सीधे परिवर्तकों का इस्तेमाल करते हैं, जिन्हें 'फोटोवोल्टिक तत्त्व' कहते हैं। सिलिकॉन जैसे कुछ तत्त्व सूर्य के प्रकाश को कुशलतापूर्वक विद्युत् में परिवर्तित कर देते हैं। कैडमियम सल्फाइड जैसे यौगिक भी अच्छे फोटोवोल्टिक तत्त्व हैं।

सौर ऊर्जा परियोजना के प्रस्तावक इसे भविष्य की ऊर्जा का स्रोत कहते हैं और यह दावा करते हैं कि सौर विद्युत् से कुछ भी कार्बन उत्सर्जन नहीं होगा। यह पूरी तरह से सच नहीं है। इसको स्थापित करने के बाद वाकई उत्सर्जन नहीं है, परंतु सौर बैटरी और इसकी बैकअप सामग्री बनाने में काफी ऊर्जा खर्च होगी, जिसका कार्बन उत्सर्जन भी ध्यान में रखना होगा। आज की वर्तमान तकनीकें इस प्रकार हैं कि हमें सौर बैटरी बनाने में विद्युत् के बहुत से अन्य तरीकों को इस्तेमाल करने की जरूरत है। आजकल वैज्ञानिक और अभियंताओं ने उत्पादन की शुरुआत से लेकर अंतिम उत्पाद तक के इस्तेमाल में हमारे द्वारा इस्तेमाल किए गए तत्त्व में कार्बन अवशेषों को मापना शुरू कर दिया है। इससे उन चीजों पर केंद्रित करने में सहायता मिलेगी, जो वाकई कार्बन उत्पादन में कम हैं। टिटेनियम डाइऑक्साइड भी ऐसा ही एक तत्त्व है और यह भारत में प्रचुर मात्रा में उपलब्ध भी है।

हाइड्रोजन ऊर्जा

हम यह बता चुके हैं कि हाइड्रोजन सूर्य की ऊर्जा का प्राथमिक स्रोत है, जो कि नाभिकीय फ्यूजन के द्वारा ही पैदा किया जाता है। भारत सहित पूरी दुनिया में हाइड्रोजन से ऊर्जा उत्पादन के प्रयास चल रहे हैं, परंतु संचालन सफलता मिलने में अभी बड़े स्तर के प्रयास बाकी हैं। इसमें बहुत ही अधिक वैज्ञानिक और तकनीकी चुनौतियाँ शामिल हैं। यदि आप जिज्ञासु हैं तो प्लाज्मा रिसर्च, अहमदाबाद से अधिक जानकारी प्राप्त कर सकते हैं।

□

डॉ. कलाम की उत्कट इच्छा है कि भारत 'ऊर्जा सक्षम' बने, यानी अपने स्वयं के संसाधनों से ऊर्जा की अपनी सभी आवश्यकताओं को पूरा करने के योग्य बने। यह हाल ही के भविष्य में पूरा नहीं हो सकता है, परंतु सभी भारतीयों को बिजली और अन्य ऊर्जा स्रोतों तक पहुँचाने के लिए नए समाधानों को ढूँढ़ने का प्रयास करवा एक महत्त्वपूर्ण राष्ट्रीय चुनौती है।

14 अगस्त, 2005 को डॉ. कलाम के द्वारा दिए गए उनके प्रसिद्ध राष्ट्रपतित्व भाषण के अंश यहाँ उद्धृत हैं।

□

ऊर्जा आत्मनिर्भरता

आज इस 59वें स्वतंत्रता दिवस पर मैं आप सबके साथ एक अन्य महत्त्वपूर्ण विषय 'ऊर्जा सुरक्षा' पर चर्चा करना चाहूँगा जो कि संपूर्ण 'ऊर्जा आत्मनिर्भरता' की तरफ एक परिवर्तन है। ऊर्जा आधुनिक वैज्ञानिकों की एक जीवन रेखा है। आज भारत में विश्व की 17 प्रतिशत जनसंख्या निवास करती है, पर इसके पास केवल 0.8 प्रतिशत ही विश्व की जानकारी में तेल और प्राकृतिक गैस संसाधन हैं। हम अपने कोयले के भंडार का कुछ और समय तक के लिए इस्तेमाल कर सकते हैं और वह भी एक कीमत और पर्यावरणीय चुनौतियों पर ही। दुनिया की जलवायु पूरी तरह से बदल रही है, हमारे जल के स्रोत भी तेजी से कम हो रहे हैं। जैसा कि यह कहा गया है कि इक्कीसवीं सदी में शीघ्र ही ऊर्जा और जल की माँग हमारे लोगों के जीवन को निर्धारित करनेवाला विषय होना चाहिए।

ऊर्जा सुरक्षा दो सिद्धांतों पर निर्भर करती है—पहला, सेवाएँ प्रदान करने के लिए कम-से-कम मात्रा की ऊर्जा का उपयोग और ऊर्जा की हानि कम करना; दूसरा, ऊर्जा के सभी स्रोतों की पहुँच सुनिश्चित करना जिसमें कोयला, तेल और विश्व भर की गैस आपूर्ति है तथा यह ईंधन जीवाश्म युग के अंत तक हो, जो कि तेजी से वहाँ पहुँच रहा है। साथ ही विश्वसनीय, सह्य और पर्यावरणीय धारणीय ऊर्जा की विविध आपूर्ति प्रदान करनेवाली तकनीकों तक हमें पहुँचना चाहिए।

जैसा कि आप जानते हैं, तेल की हमारी वार्षिक आवश्यकता 11.4 करोड़ टन है। इसका एक महत्त्वपूर्ण हिस्सा परिवहन क्षेत्र में खपत होता है। हम अपनी आवश्यकता का केवल 25 प्रतिशत ही उत्पन्न करते हैं। वर्तमान ज्ञात संसाधन और तेल व गैस की भविष्य की खोजें एक मिला-जुला परिणाम दे सकती हैं। तेल और प्राकृतिक गैस की आयात कीमत 1,20,000 करोड़ रुपए से अधिक है। तेल और गैस की कीमतें बढ़ रही हैं। एक वर्ष के भीतर ही तेल के बैरल की कीमतें दुगुनी हो गई हैं। इस परिस्थिति से हमें लड़ना होगा। ऊर्जा

सुरक्षा, जिसका अर्थ है यह सुनिश्चित करना कि हमारा देश अपने सभी नागरिकों को हमेशा एक आसान कीमत पर जीवन-रक्षा ऊर्जा की आपूर्ति कर सकता है। यह एक अति महत्त्वपूर्ण और अर्थपूर्ण आवश्यकता है तथा यह आगे का एक आवश्यक कदम है, परंतु इसे एक संक्रमणकालीन रणनीति के रूप में ध्यान देना चाहिए, जो कि हमें हमारे वास्तविक लक्ष्य की तरफ ले जाने में सक्षम बनाती है। यह एक ऐसी ऊर्जा आत्मनिर्भरता या एक ऐसी अर्थव्यवस्था है, जो तेल, गैस या कोयले के आयात से पूर्ण मुक्ति के साथ कार्य करेगी। क्या यह संभव है?

ऊर्जा आत्मनिर्भरता हमारे राष्ट्र की प्रथम और पहली प्राथमिकता होनी चाहिए। हमें इसे अगले 25 वर्षों में यानी वर्ष 2030 तक प्राप्त कर लेने के लिए दृढ़ प्रतिज्ञ होना चाहिए। यह प्रमुख 25 वर्षीय राष्ट्रीय मिशन बिना विलंब के सूत्रबद्धता, निधि की सुनिश्चितता और नेतृत्व सुपुर्दगी के साथ अपनी युवा पीढ़ी को सार्वजनिक-निजी हिस्सेदारी के रूप में सौंपना चाहिए जो अभी 30 वर्ष के आपपास युवा हैं, उनका राष्ट्र-निर्माण के प्रति अपने संपूर्ण जीवन के लक्ष्य के रूप में इसे एक नई शुरुआत की तरह से लेना चाहिए।

उद्‍देश्य और नीतियाँ

ऊर्जा आत्मनिर्भरता को प्राप्त करने के लिए मैं आपके साथ कुछ उद्‍देश्यों, रणनीतियों और बड़े राष्ट्रीय मिशन पर चर्चा करना चाहूँगा।

सन् 2005 में भारत में ऊर्जा खपत की पद्धति

हमें ऊर्जा आत्मनिर्भरता के लिए इसके दो प्रमुख क्षेत्रों में विभिन्न तरीकों से विवेचनात्मक रूप से देखने की आवश्यकता है। वे क्षेत्र हैं—विद्युत् शक्ति उत्पादन और परिवहन। वर्तमान समय में हमारी बिजली की स्थापित क्षमता करीब 1,20,000 मेगावाट है, जो विश्व की क्षमता का 3 प्रतिशत है। हम प्रतिवर्ष 11.4 करोड़ टन तेल के ऊपर निर्भर हैं, जिसका 75 प्रतिशत आयात किया जाता है और यह पूरी तरह से परिवहन क्षेत्र में ही इस्तेमाल होता है। वर्ष 2030 तक हमारी ऊर्जा आवश्यकता का अनुमान 1,20,000 मेगावाट से बढ़कर 4,00,000 मेगावाट हो जाएगी और तब तक हमारी जनसंख्या बढ़कर 1.4 अरब हो जाएगी। यह माना जाता है कि ऊर्जा वृद्धि की दर 5 प्रतिशत प्रतिवर्ष होगी।

विद्युत् शक्ति उत्पादन क्षेत्र

भारत में विद्युत् शक्ति उत्पादन के लिए चार प्रमुख स्रोत हैं—जीवाश्म ईंधन जैसे तेल, प्राकृतिक गैस और कोयला, जल-विद्युत्, नाभिकीय शक्ति और अक्षय ऊर्जा स्रोत, जैसे—जैव ईंधन, सौर, जैव संहति, वायु और सागर। सौभाग्य से आज ऊर्जा उत्पादन के लिए

इस्तेमाल ऊर्जा का 89 प्रतिशत देशज है, जैसे—कोयला (56 प्रतिशत), जल विद्युत् (25 प्रतिशत) नाभिकीय शक्ति (3 प्रतिशत) और अक्षय ऊर्जा (5 प्रतिशत)। सौर ऊर्जा हमारे ऊर्जा उत्पादन में केवल 0.2 प्रतिशत का ही सहयोग प्रदान करती है।

विद्युत् शक्ति उत्पादन में आत्मनिर्भरता

इस प्रकार यह देखा गया है कि विद्युत् शक्ति उत्पादन का केवल 11 प्रतिशत ही तेल एवं प्राकृतिक गैस पर आधारित है और यह बहुत ही अधिक कीमत पर आयात किया जाता है। विद्युत् उत्पादन में प्रत्येक वर्ष तेल का केवल 1 प्रतिशत ही इस्तेमाल किया जा रहा है, जो करीब 20-30 लाख टन तेल है। फिर भी 10 प्रतिशत तक का ऊर्जा उत्पादन ऊँची कीमत की गैस आपूर्ति पर ही निर्भर रहता है। हम अन्य देशों से प्राकृतिक गैस प्राप्त करने के प्रयास कर रहे हैं।

अब हम दूसरे ईंधन जीवाश्म कोयले के बारे में चर्चा करेंगे। यद्यपि भारत के पास प्रचुर मात्रा में कोयला मौजूद है, फिर भी यह क्षेत्रीय स्थानों तक ही सीमित है तथा इसमें राख की मात्रा बहुत अधिक है, साथ ही यह हमारे ऊर्जा संयंत्रों की तापीय क्षमता को प्रभावित करता है तथा इसके पर्यावरणीय संदर्भ भी हैं। इस प्रकार ऊर्जा आत्मनिर्भरता की तरफ की गति कोयले के क्षेत्र से एकीकृत गैसीकरण और संयुक्त चक्रीय मार्ग के द्वारा ऊर्जा उत्पादन के संचालन के काम को तीव्र करने की माँग करेगी। वर्ष 2030 में ऊर्जा की कुल आवश्यकता करीब 4,00,000 मेगावाट होगी। उस समय तक कोयले पर आधारित संयंत्रों से उत्पन्न की गई ऊर्जा वर्तमान 67,000 मेगावाट से बढ़कर 2,00,000 मेगावाट हो जाएगी। यह तापीय शक्ति केंद्र के निर्माण और कोयले के क्षेत्रों को विस्तृत विस्तार की माँग करेगी।

ऊर्जा स्रोतों के परिवर्तित ढाँचे

वर्ष 2030 तक ऊर्जा आत्मनिर्भरता के लिए रणनीतिक लक्ष्य ऊर्जा स्रोतों की संरचना में परिवर्तन की माँग करते हैं। सर्वप्रथम ईंधन जीवाश्म के आयात को कम करना चाहिए तथा उनकी सुलभता सुनिश्चित करनी चाहिए। अधिकतम जलीय और नाभिकीय संभाव्यता प्राप्त करनी चाहिए। एक महत्त्वपूर्ण पहलू यह है कि अक्षय ऊर्जा की तकनीकों के द्वारा ऊर्जा उत्पादन का लक्ष्य वर्तमान 5 प्रतिशत की तुलना में 20 से 25 प्रतिशत का होना चाहिए। यह प्रत्यक्ष होना चाहिए कि वास्तविक ऊर्जा आत्मनिर्भरता के लिए जीवाश्म से पुनः उत्पादन करनेवाले ऊर्जा स्रोतों में ऊर्जा स्रोतों की संरचना का परिवर्तन अनिवार्य किया गया है।

सौर फार्म

खासतौर से सौर ऊर्जा की आवश्यकता कृषि क्षेत्र के वृहद् अनुप्रयोगों में होती है, जहाँ

किसानों को बिजली की जरूरत विशेष रूप से दिन के समय ही पड़ती है। सौर ऊर्जा के लिए यह एक प्रमुख माँग हो सकती है। विद्युत् शक्ति के लिए हमारे किसानों की आज की सबसे बड़ी माँग सौर ऊर्जा को व्यापक स्तर पर किफायती बनाने की है।

पीने और खेती के लिए पानी की कमी सौर ऊर्जा के द्वारा व्यापक स्तर पर समुद्री जल के विलवणीकरण और मैदानी क्षेत्रों में पंप करके दूर की जा सकती है तथा इसमें जहाँ कहीं भी आवश्यकता है, जैव ईंधन की सहायता ली जा सकती है।

सौर ऊर्जा स्टेशनों की वर्तमान ऊँची लागत बहुत बड़े स्तर पर 100 मेगावाट के सौर फोटोवोल्टिक (वी.एल.एस.पी.वी.) ग्रिड लाक के द्वारा या सौर तापीय विद्युत् स्टेशनों के जरिए कम की जा सकती है। निकट भविष्य में नैनो तकनीकों के विकास ने सोलर बैटरी की क्षमता वर्तमान 15 प्रतिशत से 50 प्रतिशत के स्तर तक बढ़ाने का आश्वासन दिया है। यह सौर ऊर्जा उत्पादन की लागत को कम कर देगा। हमारी विज्ञान प्रयोगशालाओं को सी.एन.टी. आधारित फोटोवोल्टिक बैटरियों की उन्नत क्षमता के विकास के लिए अनुसंधान एवं विकास कार्यक्रम चलाने चाहिए।

हमें ग्रामीण और शहरी क्षेत्रों में इसके अनुप्रयोगों के लिए सौर ऊर्जा प्रणाली और तकनीकों के बड़े राष्ट्रीय कार्यक्रम आरंभ करने की आवश्यकता है। यह बड़े स्तर के केंद्रीय अनुप्रयोगों के साथ-साथ वर्तमान विकेंद्रित आवश्यकता के लिए भी होने चाहिए।

नाभिकीय ऊर्जा

यूरेनियम आधारित ईंधन के इस्तेमाल के द्वारा नाभिकीय ऊर्जा उत्पादन पर एक बल दिया गया है। यहाँ तक कि अपने देश के लिए पर्याप्त स्तर की ऊर्जा आत्मनिर्भरता को प्राप्त करने पर भी नाभिकीय ऊर्जा उत्पादन में दस गुना वृद्धि की आवश्यकता होगी। इसीलिए थोरियम के इस्तेमाल के द्वारा नाभिकीय ऊर्जा के विकास को बढ़ावा देना आवश्यक है, क्योंकि थोरियम हमारे देश में प्रचुर मात्रा में उपलब्ध है। चूँकि कच्चे माल के रूप में थोरियम हमारे देश में उपलब्ध है, इसलिए थोरियम आधारित रिएक्टरों की तकनीकों के विकास को गति प्रदान की जानी चाहिए। जब जीवाश्म ईंधन समाप्त हो जाएँगे, उस समय बढ़े स्तर की ऊर्जा जरूरतों के लिए अंतरराष्ट्रीय सहयोग के साथ नाभिकीय फ्यूजन अनुसंधान को बढ़ाना आवश्यक है।

नगरीय कचरे से ऊर्जा

किफायती रूप से ऊर्जा उत्पादन के क्षेत्र में हमें शहरी कचरे से पैदा की जानेवाली उपलब्ध तकनीकों की आवश्यकता है। आज भारत में इसके संयंत्र संचालन कर रहे हैं, जिनमें प्रत्येक की उत्पादन क्षमता 6.5 मेगावाट विद्युत् शक्ति की है। अध्ययनों से पता चलता है कि नगरीय कचरे से देश भर में 900 विद्युत् शक्ति संयंत्र स्थापित करने पर 5,800 मेगावाट

विद्युत् का उत्पादन किया जा सकता है। विद्युत् उत्पादन और स्वच्छ पर्यावरण का निर्माण इसके दोहरे लाभ हैं।

कम हानि-युक्त ऊर्जा प्रणाली

विद्युत् उत्पादन और बिना अवरोध के ऊर्जा स्टेशनों के कुशलतापूर्वक संचालन के अतिरिक्त ऊर्जा को कम-से-कम हानिकारक वितरण और प्रसारण समान रूप से ही आवश्यक है। वर्तमान समय में हमारे देश के विभिन्न क्षेत्रों में ऊर्जा के प्रसारण और वितरण में हानि कई कारणों से 30 से 40 प्रतिशत है। वार्षिक रूप से करीब 1,000 अरब यूनिट ऊर्जा के उत्पादन में से केवल 600 अरब यूनिट ही उपभोक्ताओं तक पहुँचती है। यह प्रसारण हानि और अस्पष्ट हानि का परिणाम है। हमें हानि के इस 30 से 40 प्रतिशत की विशेष निगरानी के द्वारा 15 प्रतिशत तक नीचे लाने की आवश्यकता है। साथ ही आधुनिक तकनीकों से इसकी कुशलता और ऊर्जा कारकों को बढ़ाना है। केवल इस कार्य से ही हम अतिरिक्त ऊर्जा उत्पादन क्षमता को स्थापित करने में लगनेवाले अतिरिक्त 70,000 करोड़ रुपए की बचत कर सकेंगे।

परिवहन क्षेत्र

परिवहन क्षेत्र ऊर्जा का सबसे तेजी से खपत बढ़ानेवाला क्षेत्र है। यह वार्षिक रूप से करीब 11.2 लाख टन तेल की खपत करता है और यह हमारे राष्ट्र की अर्थव्यवस्था एवं सुरक्षा के लिए विवेचनात्मक रूप से महत्त्वपूर्ण है। परिवहन क्षेत्र में तेल आयात का संपूर्ण विकल्प भारत के लिए सबसे कठिन और बड़ी चुनौती है।

जैव ईंधनों का उपयोग

हमारे पास करीब 6 करोड़ हेक्टेयर बेकार पड़ी हुई भूमि है, जिसमें 3 करोड़ हेक्टेयर ऊर्जा की खेती जैसे जैट्रोफा के लिए उपलब्ध है। एक बार उगाने के बाद इस फसल का जीवन 50 वर्षों का होता है। प्रति एकड़ भूमि पर करीब 2 टन बायो डीजल 20 रुपए प्रति लीटर के हिसाब से उत्पन्न होगा। बायो डीजल कार्बन-रहित होता है और इस कृषि उद्योग से कई कीमती उप-उत्पाद भी उत्पन्न होते हैं। उन्नत स्तर की कुशलता के साथ आंतरिक दहन इंजन में जैव ईंधन जलाने के लिए एक गहन अनुसंधान की आवश्यकता है और इसमें एक अति आवश्यक अनुसंधान और विकास कार्यक्रम की भी जरूरत है। भारत के पास करीब 6 करोड़ टन बायो ईंधन प्रति वर्ष उत्पादन करने की संभाव्यता है। अत: यह ऊर्जा में आत्मनिर्भरता के लक्ष्य को प्राप्त करने में महत्त्वपूर्ण सहयोग कर रहा है। भारतीय रेलवे दो यात्री ट्रेनें (तंजावुर से नागौर तक) और छह ट्रेनें डीजल बहुल इकाइयों (तिरुचिरापल्ली से लालगुडी, डिंडीगुल और करूर स्टेशनों तक) की चलाकर पहले ही एक महत्त्वपूर्ण कदम उठा चुका है, जिसमें जैव ईंधन के 5

प्रतिशत मिश्रण इसके अपने संयंत्र से ही प्राप्त किए गए हैं। साथ ही इन्होंने रेलवे की भूमि पर 75 लाख जैट्रोफा के पौधे लगाए गए हैं, जिनसे इस साल से उत्पादन की आशा है। यह अन्य संगठनों के अनुसरण के लिए एक महत्त्वपूर्ण उदाहरण है।

समान रूप से हमारे देश के कई राज्यों में ऊर्जा की खेती हो रही है। सबसे अधिक आवश्यकता एक श्रृंखला की है, जिसमें खेती, फसल कटाई, तेल निकासी, मिश्रण और बाजार व्यवस्था हो। रोजगार देने के अलावा जैव ईंधन में हमारे देश को ऊर्जा के क्षेत्र में आत्मनिर्भर बनाने की ओर ले जाने की महत्त्वपूर्ण संभावना है।

अन्य विवेचनात्मक विकल्प विद्युत्-चलित यानों के हैं, जैसे—हाइड्रोजन आधारित यान, रेलवे और शहरी परिवहन का विद्युतीकरण।

निष्कर्ष

हमारे दुनिया भर के उत्पादन और गैस व तेल की खोज की वृद्धि से वर्ष 2020 तक राष्ट्र को सामूहिक ऊर्जा सुरक्षा प्राप्त कर लेनी चाहिए। वर्ष 2030 तक भारत को सौर ऊर्जा और अक्षय ऊर्जा के अन्य रूपों से ऊर्जा के क्षेत्र में आत्मनिर्भरता प्राप्त करनी चाहिए तथा जैट्रोफा जैसी व्यापक स्तर पर ऊर्जा की खेती से जैव ईंधन के उत्पादन में वृद्धि तथा जलीय व नाभिकीय ऊर्जा के उपयोग को अधिकतम बनाना होगा।

हमें एक वर्ष के भीतर ही ऊर्जा आत्मनिर्भरता के लिए अक्षय ऊर्जा की एक विस्तृत नीति विकसित करने की आवश्यकता है। इसे वायु, सौर, तापीय, बायोमास और समुद्री संसाधनों से संबंधित सभी स्रोतों को अपनाना चाहिए। राष्ट्र को थोरियम आधारित रिएक्टरों को स्थापित करने की तरफ भी कार्य करना होगा। थोरियम आधारित रिएक्टरों की तकनीक और अनुसंधान नाभिकीय ऊर्जा उत्पादन और राष्ट्र की दीर्घकालीन ऊर्जा सुरक्षा में आत्मनिर्भरता की आवश्यकताओं में से एक है।

हमें वर्तमान प्रायोगिक संयंत्र के स्तर से अगले तीन वर्षों में एकीकृत गैसीकरण और संयुक्त चक्रीय मार्ग का इस्तेमाल करते हुए 500 मेगावाट क्षमतावाले ऊर्जा संयंत्र का संचालन करना होगा।

अनुसंधान और विकास प्रयोगशालाओं, शैक्षणिक संस्थानों एवं यान उद्योगों को साथ मिलाकर समयबद्ध तरीके से देश में परिवहन यानों के लिए पूर्णरूपेण ईंधन बनाने में जैव ईंधन अनुसंधान को बढ़ावा देना चाहिए। विभिन्न मंत्रालयों और उद्योगों को सम्मिलित करते हुए इस एकीकृत कार्यक्रम को मिशन के रूप में ले जाना होगा। अनुसंधान, विकास, उत्पादन से विपणन तक जैव ईंधन की एक विस्तृत नीति निर्माण की आवश्यकता है।

ऊर्जा आत्मनिर्भरता के लिए ऊर्जा सुरक्षा वाकई संभव है और यह राष्ट्र की क्षमता के अंतर्गत है। भारत के पास जानकारी और प्राकृतिक संसाधन मौजूद हैं। हमें लक्ष्य को समय सीमा के अंतर्गत प्राप्त करने के लिए योजनाबद्ध एकीकृत मिशन की आवश्यकता

है। आइए, राष्ट्र के लिए स्वत: दक्ष पर्यावरण अनुकूल ऊर्जा की आत्मनिर्भरता के लिए सब मिलकर कार्य करें।

□

बिजली

विभिन्न ऊर्जा स्रोतों को देखते हुए हमने बिजली प्राप्त करने के कई तरीकों पर चर्चा की है। बिजली आधुनिक सभ्यता की कुंजी है। यह कल्पना से परे होगा कि आधुनिक संचालन प्रणाली बिना बिजली के चल सकती है। यदि भारत अपने सभी नागरिकों को आधुनिक जानकारी का लाभ प्रदान करना चाहता है और प्रत्येक व्यक्ति को बेहतर जीवन जीने के लिए नए अवसर प्रदान करना चाहता है तब चारों तरफ बिजली की उपलब्धता अति आवश्यक है।

हालाँकि उपयोगिता क्षेत्र के पास उच्च गुणवत्ता की अनवरत ऊर्जा आपूर्ति की जिम्मेदारी रहती है, फिर भी इसे उपभोक्ताओं को वैश्विक ऊष्मता को कम करने के प्रयास में कम खपत करने के लिए भी ध्यानपूर्वक प्रोत्साहित करना चाहिए और पृथ्वी के ऊर्जा ईंधन के बहुमूल्य संसाधनों को बचाना चाहिए। इस उद्देश्य की पूर्ति के लिए नए तरीकों के फ्रिज, बिजली के उपकरण, हवा ठंडी व गरम करने की प्रणालियाँ, वाशिंग मशीन आदि, जो कम बिजली की खपतवाले हों, बनाए जा रहे हैं। आजकल नए तरीकों के लाइट इमिटिंग डायोड (एल.ई.डी.) का निर्माण बृहत् स्तर पर प्रयोगार्थ हो रहा है, जो कि बहुत ही कम बिजली की खपत (5 वाट तक) पर बल्ब या ट्यूबलाइट की भाँति प्रकाश दे सकते हैं। इसी तरह के उत्पादों का विकास इक्कीसवीं सदी की एक बड़ी वैज्ञानिक व सामाजिक चुनौती है।

ऊर्जा और बिजली के कई पहलुओं पर डॉ. कलाम के विचार उनके अभिभाषण का हिस्सा रहे हैं। 7 सितंबर, 2003 को कलपक्कम में इंडियन न्यूक्लियर सोसाइटी के चौदहवें वार्षिक सम्मेलन के उद्घाटन भाषण के उनके कुछ अंश प्रस्तुत हैं।

□

कृषि, ऊर्जा (तापीय, जल विद्युत् और गैर-पारंपरिक ऊर्जा), आई.सी.टी., औद्योगिक और शिक्षा क्षेत्र, अंतरिक्ष, नाभिकीय, रक्षा तकनीकी, रसायन औषधीय, ढाँचागत उद्योग, तेल निकास एवं रिफाइनिंग व तकनीकी विशेषताओं में प्राप्त अपने लाभ को हमें सुदृढ़ता प्रदान करनी चाहिए।

जब हम ऊर्जा और जल के सभी क्षेत्रों में अपनी शक्ति इकट्ठा कर रहे होते हैं तब वे सभी विद्यमान विकास की सक्रियता के प्रारंभिक निवेश हैं। पिछले पाँच दशकों में हमने बहुत से महत्त्वपूर्ण क्षेत्रों में सुदृढ़ता प्राप्त की है, जिनमें नाभिकीय ऊर्जा की तरफ प्रेरित करती नाभिकीय तकनीकों का विकास भी शामिल है। हमने 90 प्रतिशत क्षमता के साथ नाभिकीय ऊर्जा संयंत्र चलाने का उत्तम स्तर भी प्राप्त किया है। योग्यता आकलन के अर्थ

में हम उपलब्धता, विश्वसनीयता, सुरक्षित संचालन और ऊर्जा संयंत्र के कार्य पर आधारित रहे हैं।

मिशन की कल्पना-दृष्टि

हमें देश को आत्मनिर्भर विकास के मार्ग पर ले जाने के लिए क्षेत्रों के अनुसार विशेष एकीकृत मिशनों को विकसित और बनाने की जरूरत है। ये मिशन समय सीमा के भीतर ही भारत के विकास को पूरा करने में बल प्रदान करेंगे। वे राष्ट्रीय ढाँचे के विकास और विभिन्न तरीकों के उद्योगों के निर्माण के द्वारा युवाओं के लिए बड़े स्तर पर रोजगार भी प्रदान करेंगे। इस सभा में मैं ऊर्जा और जल जैसे दो महत्त्वपूर्ण मिशन पर कार्य करना चाहूँगा।

ऊर्जा मिशन

जैसा कि आप जानते ही हैं, सन् 2020 तक विकसित भारत की वर्तमान क्षमता 1,00,000 मेगावाट से बढ़कर तीन गुनी हो जाएगी। इसे तीन विभिन्न स्रोतों—हाइडिल क्षमता, नाभिकीय शक्ति और गैर-पारंपरिक ऊर्जा स्रोतों (जिसमें सौर प्रमुख है)—से प्राप्त करना है। नदियों को आपस में जोड़ने के द्वारा उत्पन्न हाइडिल क्षमता से 34,000 मेगावाट ऊर्जा की आशा की जाती है। 800 से 1,000 मेगावाट क्षमतावाले बड़े स्तर के 100 सौर फार्मों की संख्या से करीब 1,00,000 मेगावाट विद्युत् का सहयोग प्राप्त हो सकता है। 50,000 मेगावाट विद्युत् का लक्ष्य नाभिकीय ऊर्जा से रखना चाहिए तथा बाकी बची हुई ऊर्जा पारंपरिक तापीय संयंत्रों से प्राप्त करनी चाहिए। वर्तमान चौदह रिएक्टरों की नाभिकीय ऊर्जा की क्षमता 2,720 मेगावाट है, जो सन् 2010 तक नौ रिएक्टरों के पूरे होने तक, जो कि अभी प्रक्रिया में हैं, क्षमता 7,420 मेगावाट तक हो जाएगी। वर्तमान योजना के अनुसार सन् 2020 तक बी.ए.आर.सी. की अनुमानित क्षमता 20,000 मेगावाट तक हो जाएगी। अत: अभी से इस क्षमता को अकेले 30,000 मेगावाट तक बढ़ाने की योजना है। यूरेनियम के हमारे सीमित संसाधन प्रेशराइज्ड हैवी वाटर रिएक्टर्स (पी.एच.डब्ल्यू.आर.) के वर्तमान उत्पादन के द्वारा करीब 15,000 मेगावाट के ऊर्जा उत्पादन का सहयोग कर सकते हैं, जिसमें हमारे यूरेनियम संसाधनों का 1 प्रतिशत से कम खपत होगा। नि:शेष रूप में बचे हुए यूरेनियम के साथ पी.यू.-239 के दूसरे स्तर के फास्ट ब्रीडर रिएक्टर्स (एफ.बी.आर.) का पुनश्चक्रण हमें हमारे सीमित यूरेनियम संचय के करीब 130 गुना ऊर्जा की संभाव्यता प्रदान करेगा। अंतत: हमें अपनी ऊर्जा सुरक्षा के लिए वापस बेकार थोरियम संसाधन (जो कि विश्व के कुल थोरियम संसाधन का एक-तिहाई है) पर आना पड़ेगा। इसके लिए हमें स्थापित नाभिकीय क्षमता के उचित विकास स्तर पर एक-दूसरे स्तर के एफ.बी.आर. के ब्लैंकेट जोन में थोरियम को प्रस्तुत करना पड़ेगा। यह हमें हमारी नाभिकीय शक्ति कार्यक्रम के तीसरे स्तर में इस्तेमाल के लिए यू-233 (थोरियम से) की सूची बनाने लायक

बनाएगा जो कि अभी टी.एच.-यू 233 एम.ओ.एक्स. ईंधन के मूल रूप से इस्तेमाल करते हुए फास्ट ब्रीडर रिएक्टर पर आधारित है।

भारत के पास थोरियम यू-233 ईंधन चक्र में प्रायोगिक स्तर का अनुभव है, जिसमें अनुसंधान रिएक्टर 'कामिनी' के निर्माण का अनुभव शामिल है। हम संयंत्र के स्तर पर थोरियम यू-233 ईंधन चक्र के प्रारंभिक एवं अंतिम स्तर पर सभी तकनीकों में महारत हासिल करने की आवश्यकता है, जिससे हम थोरियम के उपयोग में शामिल सभी तकनीकी समस्याओं का निवारण कर सकें। हमें तत्काल ही 1,000 मेगावाट क्षमतावाला प्रथम थोरियम ईंधन आधारित आधुनिक हैवी वाटर रिएक्टर के निर्माण की योजना बनानी चाहिए।

□

जल

पहले हम यह कार्य कर चुके हैं कि कैसे जल हमारे जीवन का सार है और पृथ्वी पर हमारे उपयोग के लायक जल कितनी सीमित मात्रा में उपलब्ध है। हमारे सामने जल संरक्षण जहाँ कहीं भी संभव हो, इसके इस्तेमाल में कमी और जल के पुनश्चक्रण एवं पुनः प्रयोग की चुनौतियाँ हैं।

हमारे देश में करीब 85 प्रतिशत जल का इस्तेमाल कृषि क्षेत्र में होता है। उद्योगों में 10 प्रतिशत और घरेलू इस्तेमाल में सिर्फ 5 प्रतिशत ही खपत होता है। कृषि में हमारे जल का इस्तेमाल बहुत ही बरबादी से होता है। हम अभी भी बाढ़वाले तरीकों का प्रयोग करते हैं, जो कि सदियों पहले इस्तेमाल होता था। हम इस्तेमाल किए गए कृषि जल को इसके रसायनों और कार्बनिक तत्त्वों के साथ बेकार रूप में फेंक देते हैं, जो बदले में तालाबों, झीलों और नदियों को प्रदूषित करता है। इस्तेमाल किए गए कृषि जल को पुनश्चक्रण के द्वारा इसके हानिकारक रसायनों और कार्बनिक तत्त्वों को दूर करने के बाद पुनः इस्तेमाल करना अति आवश्यक है। शहरी गंदे जल को पुनश्चक्रण संयंत्रों के द्वारा स्वच्छ और पुनः उपयोग किया जाता है, परंतु हमारे पास अभी भी ऐसी सुविधाएँ कृषि क्षेत्र के लिए नहीं हैं। लोगों की राय को पुनश्चक्रण और पुनः उपयोग के विज्ञान के आधार पर आकार देने की आवश्यकता है। सभी के लिए स्वच्छ जल की उपलब्धता बहुत से रोगों के फैलाव को काफी कम करेगा या समाप्त कर देगा।

जल के पुनश्चक्रण और पुनः प्रयोग के साथ ही कृषि क्षेत्र में जल की खपत को कम करना अति महत्त्वपूर्ण है। पुरातन बहाव-युक्त तरीके के इस्तेमाल के बजाय हमें टपक और छिड़काववाली सिंचाई की पद्धति अपनानी चाहिए। जल के इस्तेमाल का सबसे उपयोगी तरीका बूँद टपकानेवाला होता है। पूरे खेत में कुछ चुनी हुई जगहों पर छेद बनाकर एक ट्यूब पूरे खेत में फैला दिया जाता है। यह छेद पौधों के निचले हिस्से पर धीमे-धीमे पानी छोड़ते हैं। इस प्रकार पौधों को दिन भर में काफी पानी मिल जाता

है। यह सारी प्रक्रिया एक छोटे से कंप्यूटर से नियंत्रित की जा सकती है, जो पमय-समय पर जल को खोलेगा और बंद करेगा तथा इस प्रकार जल के इस्तेमाल को नियंत्रित करेगा। मानसून की अनिश्चितता और कृषि उत्पादन के लिए बूँद टपकानेवाली सिंचाई पर निर्भर नहीं रहा जा सकता।

भारत में फैले वर्षावाले खुले कृषि मैदानों, जिनमें ज्यादातर गरीब और छोटे किसान काम करते हैं तथा वे पानी के पंप के लिए खर्च करने के लायक भी नहीं होते हैं तथा आधुनिक तकनीक जैसे बूँद टपकानेवाली सिंचाई भी इस्तेमाल नहीं की जाती है। इसमें शुरुआत सरकार को करनी चाहिए। ऐसे क्षेत्र, जहाँ सरकार ने अच्छे सिंचाई के साधन और नहरें तथा बाँध बनाए हैं, जैसे—पंजाब और हरियाणा, वहाँ जल काफी सस्ता और उपलब्ध है। हमें भारत के अन्य भागों में, जो वर्षा पर आश्रित हैं तथा मानसून की अनिश्चितता से कष्ट पाते हैं, वहाँ आधुनिक वैज्ञानिक सिंचाई के साथ बनाने चाहिए। यदि हम ऐसा करने में सक्षम होते हैं तब भारत जल संकट और मानसून पर निर्भर कृषि से मुक्त होगा।

डॉ. कलाम ने अकसर बाढ़ और सूखे से बचाव के लिए नदियों को आपस में जोड़ने पर बल दिया है। यह हमें अधिक कुशलतापूर्वक सिंचाई प्रणाली और जल तक आसान पहुँच की ओर ले जाएगा। इन्होंने सन् 2005 में स्वतंत्रता दिवस पर अपने अभिभाषण में इस परियोजना को दरशाया था।

□

बारिश और बाढ़ देश के कई हिस्सों में होनेवाली वार्षिक घटनाएँ हैं। केवल बाढ़ और सूखे के समय नदियों को आपस में जोड़ने की सोचने के बजाय यही वह समय है जब इस कार्यक्रम को बहुत ही आवश्यक होने की समझ के साथ लागू कर सकते हैं। हमें इस महत्त्वपूर्ण परियोजना के लागू होने के रास्ते में आनेवाली कई बाधाओं को पार करने का प्रयास करना है। मैं महसूस करता हूँ कि यह देश को बाढ़ और सूखे के अंतहीन चक्र से मुक्त करने की एक प्रतिबद्धता है।

□

उद्योग और घरेलू क्षेत्रों के लिए जल के पुनश्चक्रण और पुनः प्रयोग के अन्य पहलू भी बहुत महत्त्वपूर्ण हैं; परंतु प्रदूषण-मुक्त पर्यावरण के लिए इनकी आवश्यकता बहुत अधिक है।

7 सितंबर, 2003 को कलपक्कम में डॉ. कलाम का अभिभाषण भविष्य के परिप्रेक्ष्य में जल संरक्षण और प्रबंधन की महत्ता को दरशाता है।

□

जल का वैश्विक संकट

आज विश्व की 6 अरब जनसंख्या में से केवल 3 अरब लोगों के पास सीमित या

शायद संतोषजनक जल की आपूर्ति है। यह अनुमानित है कि 33 प्रतिशत विश्व की जनसंख्या के पास स्वच्छता के प्रबंध नहीं हैं और 17 प्रतिशत के पास सुरक्षित जल भी नहीं है। सन् 2025 तक विश्व की जनसंख्या 8 अरब तक बढ़ जाएगी, परंतु केवल 1 अरब लोगों के पास ही पर्याप्त मात्रा में जल होगा। 2 अरब (25 प्रतिशत) लोगों के पास सुरक्षित जल नहीं होगा। 5 अरब (62 प्रतिशत) के पास स्वच्छता के प्रबंध नहीं होंगे। हमें सामूहिक रूप से इस समस्या का समाधान ढूँढ़ना चाहिए।

□

दूसरी आवश्यक चीजों, जैसे—आहार और ऊर्जा की तरह नहीं बल्कि पृथ्वी पर जितना पानी है उससे अधिक उत्पन्न करने की कोई गुंजाइश नहीं है। इसीलिए हमें पानी के इस्तेमाल, अपने विद्यमान संसाधनों को संरक्षण का प्रयास, जैसे—बारिश के पानी को रोकना, जल के बहुत से उद्‌देश्यों के लिए इसका पुनश्चक्रण एक पुन: उपयोग, बेकार जल के प्रबंधन में सुधार, बेकार जल के प्रतिशत में कमी, जो कि हम फेंकते हैं आदि पर विशेष ध्यान देने की आवश्यकता है। इसको प्राप्त करने के लिए वैज्ञानिकों, अभियंताओं और सरकारी लोगों से अधिक नागरिक समाज के सहयोग व हस्तक्षेप की जरूरत है।

□

स्वास्थ्य

हम अब तक मानव शरीर के बाहर की चीजों को देख चुके हैं, परंतु हमें अपनी दृष्टि इसके भीतर की तरफ भी मोड़नी होगी। प्रकृति में उपलब्ध सभी संसाधनों और तकनीक के लाभ का आनंद केवल हम तभी प्राप्त कर सकते हैं जब हमारे पास एक अच्छा स्वास्थ्य हो।

विस्तृत रूप में भारतीयों का स्वास्थ्य पिछले छह दशकों में आशातीत रूप से सुधरा है। सन् 1940 में एक भारतीय की औसत अनुमानित आयु करीब 30 वर्ष थी; अब यह करीब 66 वर्ष है। वास्तविकता यह है कि हमारे पास करीब 11 करोड़ वरिष्ठ नागरिक (66 वर्ष की आयु से अधिक) हैं, जो करीब पूरे स्वास्थ्य परिस्थिति के परिमाण को बता रहे हैं। इस उपलब्धि का कारण आहार सुरक्षा, सभी को उपलब्ध प्रारंभिक स्वास्थ्य चिकित्सा की खास मात्रा, चिकित्सकीय खोजों के उपकरणों में आधुनिकता और सबसे महत्त्वपूर्ण रूप से औषधीय क्षेत्र में हाल ही के विकास, जिन्होंने महत्त्वपूर्ण औषधियाँ सभी के लिए उपलब्ध और सुलभ कराई हैं।

औषधि के क्षेत्र में भारत की एक गर्व की परंपरा रही है। महान् वैद्य चरक और अपने समय के महान शल्य चिकित्सक सुश्रुत विश्व में अपने समकालीन व्यक्तियों से काफी आगे थे। औषधीय पौधों का भारतीय ज्ञान कई अन्य देशों में फैला। आयुर्वेद एक भली-भाँति स्थापित विज्ञान था और यह कई सहस्राब्दियों तक विद्यमान रहा। साथ-ही-साथ यहाँ एक चिकित्सा का सिद्ध विद्यालय भी था। मुगल यूनानी चिकित्सा के साथ आए। इसके साथ-साथ गाँवों में और कबीलों में देशी इलाज भी थे। इनमें से कुछ तो अभी भी मौजूद हैं। डॉ. कलाम के बड़े भाई मुहम्मद मुथु मीरा मराईकयार (जो अब करीब 94 वर्ष के हैं) रामेश्वरम में रहते हैं और इन्हें देशी औषधियों की संपन्न विरासत की गहरी जानकारी है, जिसका पेशा उनके पूर्वजों द्वारा किया जाता रहा है। उनकी पुत्री डॉ. नाजिमा मराईकयार ने अपनी एक पुस्तक में अपनी पारिवारिक औषधीय जानकारियों के बारे में लिखा है। हमारी बहुत सी पारंपरिक औषधियों के बारे में अब सारी दुनिया

में वैज्ञानिक रुचि ले रहे हैं। वैकल्पिक स्वास्थ्य रक्षा की पद्धतियों, जैसे—आयुर्वेद, योग, यूनानी, सिद्ध और होमियोपैथी के विकास व संरक्षण के लिए 'आयुष' के नाम से एक पृथक् सरकारी मंत्रालय भी है।

आज का चिकित्सा विज्ञान बहुत से विशेष क्षेत्रों, जैसे—जीवन विज्ञान, जैव रसायन, जैव भौतिकी, जैव चिकित्सा अभियांत्रिकी और जैव तकनीकी का संयोजन है। हम अध्ययन के इन क्षेत्रों में विस्तार से नहीं जाएँगे; परंतु आज की स्वास्थ्य रक्षा में इनके व्यावहारिक उपयोग पर एक दृष्टि डालेंगे।

स्वास्थ्य रक्षा निवारक

हममें से अधिकतर लोग सोचते हैं कि स्वास्थ्य रक्षा का संबंध केवल तभी है जब हम बीमार पड़ते हैं; यहाँ बचाव का कोई बोध नहीं होता है। वास्तव में बहुत सी बीमारियों से हमारा बचाव हो सकता है, यदि हम अपने निजी स्वास्थ्य का ध्यान रखें और अपने स्थानीय पर्यावरण को स्वच्छ रखें तथा इसे कूड़े-करकट से मुक्त व जल को गड्ढों में न रोकें। स्वच्छ जल का प्रयोग एवं उपलब्धता, हानिकारक रसायनों, बैक्टीरिया और कार्बनिक तत्त्वों से मुक्ति भारत में बहुत सी बीमारियों के फैलाव को तेजी से कम कर देगा। उदाहरणस्वरूप बहुत से भारतीय, दस्त और आँतों की गंभीर बीमारियों से ग्रस्त रहते हैं। ये बीमारियाँ जल-जनित हैं और दूषित जल के प्रयोग का परिणाम हैं।

इसी प्रकार हममें से बहुत से लोग खाए जानेवाले भोजन की भी स्वच्छता का ध्यान नहीं रखते हैं। मांस और मछलियों के कई उत्पाद भली प्रकार से नहीं रखे जाते हैं। कभी-कभी तो पशु स्वयं ही रोगग्रस्त रहते हैं। बहुत सी सब्जियाँ उस भूमि पर उगाई जाती हैं, जहाँ स्वच्छता की बहुत ही खराब स्थिति होती है। वे भी बिना ठीक से धुलाई के इस्तेमाल की जाती हैं तथा कुछ बैक्टीरिया सब्जी के छिलकों में प्रवेश कर जाते हैं। सामान्यतया पुरानी भारतीय खाना बनाने की पद्धति खाने को बहुत अधिक पकाने और दूध को बहुत अधिक गरम करने की रही है, ताकि इसके हानिकारक बैक्टीरिया दूर हो सकें, परंतु यह आहार के महत्त्वपूर्ण पोषक तत्त्वों को भी दूर कर देता है। बेहतर स्वास्थ्य रक्षा का कुछ हिस्सा सार्वजनिक प्राधिकारियों द्वारा उपलब्ध आम सुविधाओं, जैसे—सार्वजनिक शौचालयों की स्वच्छता और कुछ हिस्सा हमारी स्वयं की शिक्षा एवं नागरिक समझ के साथ सजगता से आ सकता है।

पोषकता हमारे स्वास्थ्य का एक अन्य महत्त्वपूर्ण पहलू है। भारतीय महिलाओं की एक बड़ी संख्या (महिला जनसंख्या का करीब 40 प्रतिशत) खून की कमी से पीड़ित है यानी आयरन ऑक्साइड रखनेवाली कोशिकाएँ (रेड ब्लड सेल्स) की संख्या उनके खून में आवश्यकता से कम होती हैं। आयरन ऑक्साइड में ऑक्सीजन होती है, जिसे खून अरबों कोशिकाओं में शरीर को प्रदान करता है। जब लाल रक्त कोशिकाएँ

अपनी आवश्यकता से कम होती हैं तब कोशिकाओं की वृद्धि में कमी होती है। सामान्य रूप से अल्प रक्तता वाला व्यक्ति कमजोर होगा और बहुत से बैक्टीरिया व वायरल के आक्रमण से स्वयं ही [illegible]ा करने में अक्षम होगा। मानव शरीर को अंदर और बाहर बहुत से रोगाणुओं से लड़ना पड़ता है। शरीर के अंदर शत्रुओं को ढूँढ़ने और लड़ने के लिए प्रतिरोधी तंत्र होता है। परंतु यदि व्यक्ति खून की कमी का शिकार है तब उसकी प्रतिरोधी क्षमता कमजोर [illegible]गी। यदि व्यक्ति अच्छा पोषक आहार खाए तो रक्ताल्पता के बहुत से कारणों को दू[illegible] किया जा सकता है। आयरन लीवर और अस्थिमज्जा आदि से आसानी से प्राप्त किया जा सकता है। यह बहुत सी सब्जियों, जैसे—पालक और आलूबुखारा जैसे फलों से भी प्राप्त होता है। व्यक्ति के आहार में यह हो, यही काफी नहीं है। ये इस तरह से पकाए जाने चाहिए कि पकाने में ही इनके पोषक तत्त्व नष्ट न हो जाएँ।

भारतीयों को अच्छे पोषकीय प्रयोग और भोजन पकाने की विजन पद्धतियों से बहुत कुछ सीखने की जरूरत है। आधुनिक वैज्ञानिक जानकारियों को अपनाते हुए पारंपरिक आदतों को परिवर्तित करना चाहिए। हालाँकि पोषकता के बारे में पत्रिकाओं, अखबारों और इलेक्ट्रॉनिक मीडिया में बहुत कुछ लिखा गया है, फिर भी वैज्ञानिक वास्तविकताओं को काफी तोड़ा-मरोड़ा गया है। तत्पर निर्माताओं का व्यापारिक हित अपने उत्पादों के अतिशयोक्तिपूर्ण दावे करता है। जानकारी-युक्त विशेषज्ञों को इस विषय को साथ रखना चाहिए और सही सूचनाएँ देनी चाहिए।

हालाँकि रोग का पता लगाना और चिकित्सकीय ध्यान महत्त्वपूर्ण हैं, फिर भी हमें यह याद रखना चाहिए कि एक राष्ट्र के रूप में हम केवल तभी स्वस्थ रह सकते हैं जब हम बीमारियों से बचें और प्रत्येक व्यक्ति को स्वस्थ रखें। इसका उत्तरदायित्व हम सब पर है। हमें नियमित रूप से व्यायाम करना चाहिए और स्वास्थ्य के स्तर को प्राप्त करने के लिए स्वस्थ जीवनचर्या अपनानी चाहिए।*

निदान सुविधाएँ

निदान आधुनिक चिकित्सा प्रणाली का एक महत्त्वपूर्ण अंग है, जिसे आमतौर पर चिकित्सा जाँच कहते हैं। खून की जाँच और पेशाब-पाखाने की जाँच अकसर ही स्वास्थ्य की समस्या में निदान का प्रथम चरण होता है। इलेक्ट्रोकॉर्डियोग्राम (ई.सी.जी.) हृदय के कार्य और एक्स-रे हड्डियों की छोटी-से-छोटी टूट को भी दिखा देता है, परंतु

---

* हम पाठकों से आग्रह करना चाहेंगे कि वे इंडिया 2020 : ए विजन फॉर द न्यू मिलेनियम के स्वास्थ्य की देखभाल से संबंधित अध्याय को देखें, जिसमें भारत के कई स्वास्थ्य रक्षा पेशेवरों की सामूहिक जानकारी और ज्ञान को दरशाया गया है।

एक्स-रे शरीर के कोमल हिस्सों, जैसे—फेफड़े, लीवर, तिल्ली, अग्न्याशय, गुर्दे और मस्तिष्क के हिस्सों को नहीं दिखा सकता है। इनके लिए अल्ट्रासाउंड इमेजिंग पद्धति का इस्तेमाल होता है। हड्डियों के अंदर और मस्तिष्क की चोट के अध्ययन के लिए मैग्नेटिक रिसोनेंस इमेजिंग (एम.आर.आई.) स्कैनर का इस्तेमाल किया जाता है।

प्रयोगशाला जाँच पद्धति, अल्ट्रासाउंड और एक्स-रे अब काफी किफायती व सघन हो चुका है। यह ऐसे हो चुके हैं कि इन्हें एक साधारण बस में लगाया जा सकता है जिसके साथ एक जाँच टेबल और 15 कि.वा. का बिजली का जेनरेटर भी हो सकता है। यह सब चलित निदान केंद्र के अंग हैं, जो कि भारत के उन दूर-दराज क्षेत्रों के लिए महत्त्वपूर्ण हैं, जो अस्पतालों और चिकित्सा सेवाओं से वंचित हैं। विजन 2020 के अध्ययन के अनुसरण के हिस्से के रूप में टी.आई.एफ.ए.सी. ने एक चल निदान केंद्र की रचना की है, जो एक बस में लगा हुआ है तथा गाँवों में निरंतर पहुँचता है। 2020 के अध्ययन से यह पता चला कि दूर-दराज इलाकों में डॉक्टर और प्राथमिक स्वास्थ्य केंद्र इन मूल जाँच सुविधाओं के अभाव को महसूस करते थे। वाकई डॉक्टरों को और आगे भी इलाज करने में इसकी कमी असहाय कर देता था। राष्ट्रीय ग्रामीण स्वास्थ मिशन (एन.आर.एच.एम.) अब चल निदान इकाइयों की जरूरत को अपना चुका है और इसे हर जिले में लागू करने की जरूरत है, ताकि स्थानीय लोग आधुनिक चिकित्सा सेवा का लाभ प्राप्त कर सकें।

यद्यपि आधुनिक चिकित्सा जानकारी और क्षमताएँ काफी उन्नत हो चुकी हैं, फिर भी चिकित्सा विज्ञान अभी भी विकास कर रहा है और नए अनुसंधान निदान और इलाज को आसान भी बना रहा है। ब्राड बैंड संचार प्रणाली के इस्तेमाल से भविष्य में दूर-दराज इलाकों में चिकित्सा विशेषज्ञों की पहुँच संभव हो सकती है, जो कि ग्रामीण मरीज की एक शहर स्थित विशेषज्ञ को चिकित्सा प्रतिच्छाया और सूचना तत्काल प्रदान कर सकता है। इस प्रकार की टेली-मेडीसिन की सुविधाएँ प्रदान करने के लिए डॉ. कलाम को काफी आशाएँ हैं। उत्तराखंड में टी.आई.एफ.ए.सी. चल इकाई के पास कंप्यूटर और संचार के आवश्यक साधन हैं।

नैनो तकनीक और स्टेम सेल की खोज आनेवाले दशकों में बहुत सी नई चिकित्सकीय क्षमताओं को ला सकती है, जिनमें प्रमुख शुरुआती स्तर पर कैंसर का इलाज, धमनियों में रुकावट की सफाई, लीवर और मस्तिष्क की चोट में सुधार आदि है।

स्टेम सेल अनुसंधान : आनुवंशिक इंजीनियरिंग और न्यूरोसाइंस

हम सभी यह जानते हैं कि मानव शरीर अरबों कोशिकाओं से मिलकर बना है, परंतु सभी कोशिकाएँ समान नहीं हैं। जीवन के लंबे विकास के दौरान एक कोशकीय जीव से लेकर जटिल स्तनपायी मानव शरीर तक की कोशिकाओं ने बहुत से विशेष

अवयवों को हासिल किया है। उदाहरणस्वरूप हड्डियों और अस्थिमज्जा की कोशिकाएँ बाँहों की ऊपरी मांसपेशियों से बिलकुल ही अलग होती हैं और फिर चमड़ी की कोशिकाएँ भी अलग तरह की होती हैं। शरीर का जो हिस्सा मजबूती से काम करने के लिए है, उसे उसकी कोशिकाओं की संरचना करती है।

हमारे शरीर की कोशिकाएँ तब तक जीवित नहीं रहती हैं जब तक हम जीवित रहते हैं। उनका जीवन कम होता है; वे बढ़ती हैं, अपने कार्य करती हैं और मर जाती हैं, फिर से नई कोशिकाएँ उनका स्थान ले लेती हैं। कोशिकाओं का जीवनकाल कुछ दिनों से लेकर कुछ वर्षों तक का होता है। उनका परिवर्तन चक्र भी काफी भिन्न होता है। मस्तिष्क की कोशिकाएँ न्यूरॉन कहलाती हैं और वे बचपन में पूरे आकार में बढ़ती हैं तथा फिर उनमें सिर्फ क्षरण होता है, कोई प्रतिस्थापन नहीं होता है।

मानव जीवन (भ्रूण) के विकास के स्तर पर सभी कोशिकाएँ सामान्य उद्‌देश्य की कोशिकाओं के रूप में शुरू हो जाती हैं। इन्हें स्टेम सेल कहते हैं। जैसे-जैसे भ्रूण का विकास होता है, विशेषता आती जाती है। अधिकतर कोशिकाएँ, जिन्हें प्रतिबद्ध स्टेम कोशिकाएँ कहते हैं, वे शरीर के हिस्से बनाने के लिए एक खास तरीके से विकसित होती हैं, जुड़ती हैं और समान रूपी कोशिकाओं से स्थानापन्न होती हैं; परंतु कुछ स्टेम कोशिकाएँ अप्रतिबद्ध स्टेम कोशिकाओं के रूप में जानी जाती हैं तथा वे सामान्य कार्य के लिए होती हैं और शरीर के किसी भी भाग में प्रयुक्त हो सकती हैं।

यदि सभी उद्‌देश्यों में काम आनेवाली कोशिकाएँ बड़ी संख्या में पैदा की जाएँ और विकसित मानव के टूटे हुए अंग में प्रवेश करा दी जाएँ तब वे वहाँ रह सकती हैं और आगे विकसित होकर उस क्षेत्र की आवश्यकतावाले अवयव की कोशिकाओं के रूप में परिवर्तित हो सकती हैं। यही स्टेम सेल अनुसंधान का आधार है, जो कि आज विश्व की सबसे अधिक महत्त्वपूर्ण वैज्ञानिक सक्रियता के रूप में ली जा रही है।

दूसरा अति वचनबद्धतावाला क्षेत्र आनुवंशिकी इंजीनियरिंग का होता है। शरीर के विभिन्न अवयव किस प्रकार विकसित होंगे, इसकी महत्त्वपूर्ण सूचनाएँ जीन्स प्रदान करते हैं। जीन्स में दोष कुछ आनुवंशिक रोगों का कारण बनते हैं। यदि जीन्स की पुनः अभियांत्रिकी हो सकती तब मानवता का स्वास्थ नाटकीय ढंग से सुधर सकता; परंतु यही वह क्षेत्र है जिसे बहुत सावधानीपूर्वक निष्पादन करने की आवश्यकता है।

चिकित्सा अनुसंधान का अन्य उभरता हुआ क्षेत्र न्यूरोसाइंस है। पारंपरिक रूप से मानव की मानसिकता का अध्ययन उसके व्यवहार से पता लगता था; परंतु कई तरह के बायोमेडिकल स्कैनरों और सेंसरों की उपलब्धता से वे मस्तिष्क के न्यूरो संबंधी नक्शे बना और माप सकते हैं तथा बढ़ी हुई मानसिक क्रियाशीलता का वैज्ञानिक अवलोकन कर सकते हैं। ऐसे अनुसंधानों का उद्‌देश्य मस्तिष्क के भीतर घुसी हुई बहुत सी बीमारियों

जैसे अलजाइमर को ठीक करना है। इनका उद्देश्य बेहतर तरीके से समझना है कि मस्तिष्क किस प्रकार कार्य कर रहा है। भारत में बंगलुरु में एक संस्थान है तथा गुड़गाँव में भी एक समर्पित केंद्र है, जो इस क्षेत्र में अनुसंधान करता है।

भिन्न रूप से समर्थ व्यक्ति

हमारे द्वारा उन व्यक्तियों की विवेचना करते समय, जिन्हें ध्यान देने, बातचीत करने या समझने में उस सामान्य व्यक्ति की तुलना में समस्या आती है जिसका मानक समाज ने तय कर रखा है, अब 'विकलांग' शब्द का प्रयोग और अधिक नहीं किया जाता है। शारीरिक चुनौतीबद्ध, मानसिक चुनौतीबद्ध या दृष्टि में चुनौतीबद्धता आदि शब्दों का प्रयोग अब और नहीं किया जाता है। ऐसे व्यक्तियों के लिए सकारात्मक दृष्टिकोण की स्थिति रखते हुए नए शब्द 'भिन्न रूप से समर्थ व्यक्ति' का जन्म हुआ है।

भिन्न रूप से सक्षम व्यक्ति अकसर ही कई गुणों में असाधारण होते हैं। शायद वे 'सामान्य' लोगों से अधिक मात्रा में विवरण समाहित कर सकते हैं या उनमें असाधारण रूप से बेहतर स्मरण-शक्ति हो सकती है। डीस्लेक्सिया एक ऐसी ही भिन्न सामर्थ्य है, जिसने फिल्म 'तारे जमीं पर' के माध्यम से लोगों का ध्यान आकर्षित किया था। आत्म विमोह (आटीजम) एक ऐसी स्थिति है, जो लोगों को प्रभावित करती है। आनुवंशिक विज्ञान और न्यूरो विज्ञान में प्रगति भिन्न समर्थ व्यक्तियों के लिए नए रास्ते खोजनेवाली है।

कुछ बच्चे और उनके माता-पिता पैदाइशी कम सुनने, देखने एवं पोलियो के कारण हाथ-पैरों की विकृति की चुनौतियों का सामना करते हैं। इनमें से कुछ एक की तो आनुवंशिक विकृति है। भारत में ऐसे बच्चों की संख्या कई लाख है। स्वास्थ्य रक्षा की यह एक बहुत बड़ी चुनौती है।

□

डॉ. कलाम ने अपने अभिभाषणों में स्वास्थ्य सुरक्षा के बहुत से पहलुओं को छुआ है। 29 सितंबर, 2003 की नेशनल इंस्टीट्यूट ऑफ फार्मास्युटिकल एजुकेशन एंड रिसर्च (एन.आई.पी.ई.आर.), सासा, पंजाब में एक वार्त्ता के दौरान उन्होंने स्वास्थ्य की सावधानी पर विजन (कल्पना-दृष्टि) 2020 रिपोर्ट पर अपने वक्तव्य प्रस्तुत किए और हमारे सामने चुनौतियों को भी रखा।

□

'भारत में स्वास्थ्य की सावधानी' पर एक रिपोर्ट देश के प्रमुख चिकित्सकों और चिकित्सा विशेषज्ञों के एक समूह ने तैयार की है। यह पिछले दो दशकों में स्वास्थ्य की देखरेख और इसके संभावित समाधानों के लिए सामने आनेवाली विशेष समस्याओं को बताती है।

विशेषज्ञों के समूह ने तीन प्रमुख बीमारियों को चिह्नित किया है, जैसे—टी.बी., एच.आई.वी. और जल-जनित बीमारियाँ, जिनसे हमें अगले दशक में लड़ने की आवश्यकता है। अन्य बीमारियाँ, जिन पर हमें ध्यान देना चाहिए, वे हैं—हृदय वाहिका रोग, न्यूरो-मनोविकृति, गुर्दे संबंधी बीमारियाँ और अतिरक्तदाब, पेट संबंधी, नेत्र विकार, आनुवंशिक रोग, दुर्घटना या सदमा। हमें यह देखना चाहिए कि तकनीक के विकास ने किस प्रकार देश में स्वास्थ्य सुरक्षा तंत्र को सुधारा है। ऐसे प्रयास चिकित्सा तकनीक को किफायती बनाएँगे और हमारे देश के सभी नागरिकों तक इन उपकरणों की पहुँच को उपलब्ध कराएँगे। यह देश की प्रगति को एक मजबूत आधार देने में सहयोग करेगा तथा अच्छे शरीर और मस्तिष्क को कुछ भी समझने में सक्षम बनाएगा।

यह रिपोर्ट हमारे देश में स्वास्थ्य देखरेख समस्याओं के कई आयामों को लाती है। हमारी संपूर्ण जनसंख्या को प्रभावशाली एवं आर्थिक रूप से सह्य स्वास्थ्य देखरेख प्रदान करने की कल्पना-दृष्टि किसी व्यक्ति, संस्थान या संगठन की क्षमता से बहुत परे है। शीघ्रता से स्वास्थ्य सुरक्षा प्रदान करने का महत्त्वपूर्ण उपकरण तकनीक ही है और हमें इसका इस्तेमाल करना है। इस कल्पना-दृष्टि को बहु-संगठनीय मिशन बनना है तथा इसे हजारों उद्देश्यमूलक परियोजनाओं की उत्पत्ति की ओर ले जाना है। ये परियोजनाएँ न केवल सरकार द्वारा पोषित और सहयोग प्रदान की जाएँगी, बल्कि हमारे उद्योग और लोक-हितैषी संगठनों द्वारा भी की जाएँगी। ऐसे बहु-संगठनीय मिशन का अति महत्त्वपूर्ण अंग विकेंद्रीकृत नेतृत्व होते हुए भी आपस में जुड़ा रहेगा।

चिकित्सा विज्ञान और कई अन्य तकनीकों के अंतःपृष्ठता ने इलाज व अनुसंधान से संबंधित कई तकनीकों को उत्पन्न किया है तथा अनुसंधानकर्ताओं को विभिन्न उपकरणों के साथ आणविक स्तर तक विभिन्न शारीरिक संचालनों के कार्य के द्वार खोले हैं। जैव तकनीक और आणविक जीव-विज्ञान के विकास ने अब केवल विशेष गुणों के लिए ही औषधियों का निर्माण ही संभव नहीं किया है बल्कि उन क्षेत्रों में उन्हें भेजा भी है, जहाँ उनकी अति आवश्यकता है। नए छाया चित्र तकनीकों ने अब शारीरिक व जैविक स्तर पर विभिन्न अंगों के वास्तविक छाया चित्र प्राप्त करना संभव कर दिया है और इसलिए उचित इलाज संभव है। चिकित्सा अनुसंधान केवल उन जीन्स को ही पहचानने की क्षमता नहीं रखते हैं जिनके कारण बीमारी होती है, बल्कि जीन्स के इलाज से विकृति दूर करते हैं। स्टेम कोशिकाओं में हाल की उपलब्धियाँ रोगग्रस्त अवयवों की पुनःउत्पति की तरफ प्रेरित करनेवाली हैं।

हृदय रोग और आघात में जीन्स की भूमिका सार्वभौमिक रूप से स्वीकृत है। एपीओ-बी. जीन शरीर में कोलेस्ट्रॉल प्रबंधन के लिए जिम्मेदार है। आणविक जीव विज्ञान आगामी भविष्य में मनोरोग विज्ञान के पेशे में भी एक स्पष्ट प्रभाव डालेगा।

□

डॉ. कलाम ने 26 नवंबर, 2003 को नई दिल्ली में प्रोस्थोनडोनटिक्स पर विश्व कांग्रेस में दाँत की देख-रेख की आधुनिक सामग्रियों पर भी अपने विचार व्यक्त किए।

□

आधुनिक विकसित तत्त्वों, जैसे—यौगिकों, बहुलकों (पॉलीमर), चीनी मिट्टी (सिरामिक) और मजबूत रेशे-युक्त यौगिकों का दंत चिकित्सा के क्षेत्र में अपना एक स्थान है। लेजर तकनीकों के इस्तेमाल, नैनो तकनीक की उत्पत्ति, टेली रेडियोग्राफी, डिजिटल इमेजरी और प्रत्यक्ष वास्तविकता आदि के द्वारा उपयुक्त प्रोस्थोनडोनटिक्स चिकित्सा प्रदान करने के लिए पुनःस्थापना प्रक्रिया बनाई और क्रियाशील की गई। वैज्ञानिक आनुवंशिक इंजीनियरिंग से अंगों के पृथक् ऊतकों के विकास की तरफ स्टेम कोशिकाओं के इस्तेमाल के द्वारा कार्य कर रहे हैं। जब एक व्यक्ति के अपने स्वयं की स्टेम की कोशिकाओं के इस्तेमाल से मानव शरीर के किसी अंग का पुनर्स्थापन हो सकेगा, तब वह दिन दूर नहीं होगा जब हम दाँतों की पुनःस्थिति स्टेम कोशिकाओं के द्वारा देख सकेंगे, जो हड्डियों और ऊतकों के विकास के प्रोत्साहन से होगा। इस उपलब्धि के लिए तीव्र अनुसंधान की आवश्यकता है। बहुत जल्दी ही हम व्यक्ति के खो चुके दाँतों के स्थान पर वास्तविक दाँतों की पुनर्स्थापना या उनकी मरम्मत देखेंगे।

दंत केंद्रों खासतौर पर देश के विभिन्न हिस्सों में स्थित अनुसंधान केंद्रों, में एक सूत्रजाल की आवश्यकता है, जो चिकित्सकीय आँकड़ों के आधार को प्राप्त करेंगे, साथ ही यह अनुसंधान के लिए भी उपयोगी होंगे। इनकी उपलब्धता, सूचना और शैक्षणिक अनुसंधानों के लिए इंटरनेट पर भी हो सकती है, जो नई खोजों के मार्ग की तरफ भी ले जाएगा। इस प्रकार की आपसी संयुक्तता देश के विभिन्न क्षेत्रों में मौजूद दाँतों की समस्याओं के लिए अनुसंधान प्रदान करेगी। एक ही तरह की बीमारियों के लिए किसी खास सर्जन का चिकित्सकीय आँकड़ा आधार इलाज की उसी दिशा में दाँतों के दूसरे सर्जन को भी उपलब्ध होंगे। चिकित्सकों के अनुभवों द्वारा विशेष क्षेत्र में हुए अनुसंधानों के आँकड़ों का इस्तेमाल निवारक औषधि परामर्श देने या निवारक देखभाल के लिए किया जा सकता है। हमें भारतीय दंत समस्याओं, बीमारियों, उपचारों और समाधानों पर आँकड़े एक ही स्थान पर रखने होंगे। विशेष क्षेत्रों में पर्यावरण के कारण या जल के कारण उत्पन्न होनेवाली बीमारियों की भी यह पहचान करेंगे। यह जल के समुचित सुधार एवं समुदाय को बेहतर स्वास्थ्य भी प्रदान कर सकते हैं। दूर-दराज के ग्रामीण क्षेत्रों में दाँतों के इलाज के लिए टेली-मेडीसिन के उपयोग से चिकित्सक मरीज की जाँच कर लेते हैं, जिसमें वे डिजिटल सेंसरों के द्वारा इंट्रा-ओरल एक्स रे का इस्तेमाल करते हैं तथा पहले से मौजूद दाँत के अस्पतालों के माध्यम से परामर्श देते हैं, जिससे कि क्षेत्रीय केंद्रों को जानकारी भी प्राप्त होती है।

देश के विभिन्न भागों में बहुत से पारंपरिक वैद्य हैं, जो कि औषधीय पौधों से प्राप्त दाँतों की सुरक्षा के उत्पाद पाउडर के रूप में प्रदान कर रहे हैं। अभी भी गाँवों में बहुत से लोग इन उत्पादों का प्रयोग करते हैं और उनमें से कुछ तो दाँतों का अच्छा स्वास्थ्य भी बनाए रखते हैं। मेरे पिताजी 103 वर्ष की आयु तक जीवित रहे। 98 वर्ष की आयु तक उनके सभी दाँत ठीक थे। वह अपने पूरे जीवन काल में किसी भी दंत चिकित्सक के पास नहीं गए थे। बाद के वर्षों में मैंने महसूस किया था कि वे सुबह और सोने से पहले अपने दाँत नीम की दातुन से साफ करते थे। आधुनिक चिकित्सकीय उत्पादों के तेज व्यापार के कारण यह प्रक्रिया अब धीमे-धीमे लुप्त हो रही है। पारंपरिक वैद्यों के ज्ञान के आधार का प्रयोग करते हुए कुछ क्षेत्रों में योजनाबद्ध अनुसंधानों को ले जाने और विशिष्टता के कुछ क्षेत्रों को पहचानने की आवश्यकता है। गाँवों में दाँतों की देखभाल को प्रोत्साहन देने के लिए किफायती समाधान के रूप में नीम के पेड़ की चीज़ों के उपयोग का अध्ययन लागू करने की जरूरत है। नीम के अतिरिक्त अन्य तत्त्वों की क्षमता, जैसे लौंग और जड़ी-बूटियों का भी अध्ययन दाँतों के पेस्ट व पाउडर के लिए किया जा सकता है। हमें इनके अधिक विवेचनात्मक अध्ययन के लिए पारंपरिक जानकारी पर आधारित चीजों का प्रयोग भी करना होगा। यह कार्य विशेष समर्पित लोगों को सामूहिक रूप से एकत्रित करके और उनसे रचनात्मक चर्चा करके किया जा सकता है।

□

19 जून, 2003 को पीटरसन कैंसर सेंटर, चेन्नई के उद्घाटन समारोह में डॉ. कलाम ने कैंसर कैसे बढ़ता है और इससे कैसे लड़ा जा सकता है, विषय पर अपने विचार व्यक्त किए।

□

कई तरह के अन्य रोग, जो कि बाहरी कारकों, जैसे—संक्रमण, जीवन-पद्धति और अन्य पर्यावरणीय एवं शारीरिक तनावों से उत्पन्न होते है, कैंसर इनसे अलग कोशिकाओं के भीतर से ही प्रकट होता है। जीवन का सॉफ्टवेयर, जो कि डी.एन.ए. में अंत:स्थापित रहता है, विकसित हो जाता है और अपने चारों तरफ की कोशिकाओं के अनुरूप न होकर बढ़ना शुरू कर देता है। जीवन अपने ही खिलाफ मुड़ जाता है। जब यह बहुत ही जल्दी हो जाता है तब रोग को समझना मुश्किल होता है।

कुछ समय पहले मैं एक व्यक्ति से मिला था, जिसका पोता छह साल का था और उसे थैलीसीमिया के कारण समय-समय पर खून चढ़ाया जाता था। डॉक्टरों ने मुझे बताया था कि इसका स्थायी समाधान अस्थिमज्जा (बोन मैरो) का प्रतिरोपण है। बच्चे की अस्थिमज्जा उसके भाई-बहनों और माता-पिता से भी मेल नहीं खा रही थी। मुझे

बताया गया कि बिना मेल वाली अस्थिमज्जा का प्रतिरोपण अभी भारत में नहीं किया जाता और पश्चिम में भी यह अभी प्रयोग के स्तर पर ही किया गया है। मैं उस बच्चे से मिला, जो अपने अंदर लगे हुए टाइम बम से अनभिज्ञ था। मैंने उसके लिए प्रार्थना की, क्योंकि मैं उसके लिए केवल यही कर सकता था। आज कैंसर के विशेषज्ञों की इस सभा में विशेषज्ञों के सामने खड़े होकर मैं सोचता हूँ कि मुझे इन जैसे और अनिश्चित जीवन की छाया में जीनेवाले अन्य लोगों के लिए आपके साथ अपनी भावनाओं को बाँटना चाहिए। ऐसी परिस्थिति में डॉक्टरों की क्षमता बढ़ाने के लिए हम क्या कर सकते हैं? भारत में बी.एम.टी. के लिए 100 से भी कम बेड हैं। इसे बहुत से अस्पतालों में बढ़ाना चाहिए। अस्थिमज्जा के उत्पादन के लिए स्टेम कोशिकाएँ एक जीवित स्रोत हैं। अभी यह वाकई केवल अनुसंधान के स्तर पर ही है।

स्टेम कोशिका अनुसंधान

स्टेम कोशिकाओं पर अनुसंधान से नई जानकारियाँ बाहर के देशों में पैदा की जा रही हैं तथा भारत को इनपर ध्यान देने की जरूरत है। वास्तव में चिकित्सा-विज्ञान की एक पूर्ण शाखा के रूप में संपोषक औषधियाँ तेजी से स्थापित हो रही हैं। भ्रूण एक समरूप कोशिका के रूप में शुरू होता है और फिर बँटता, जुड़ता व विभिन्न मार्गों से होता हुआ शरीर के अंगों एवं विभिन्न ऊतकों का आकार ले लेता है। इस विभेदीकरण की क्रमबद्ध प्रकिया को, जो प्रणाली रेखांकित करती है वह प्रयोगशाला के स्तर पर तेजी से समझ ली जाती है। इस क्षेत्र में आधुनिक अनुसंधान उन ऊतकों की पुन: उत्पत्ति का वचन देता है जो कि चोट, आयु, रोग या आनुवंशिक विकृति के कारण सही ढंग से कार्य नहीं करते हैं। एक जापानी दल ने कोशिकाओं के निर्माण के लिए चूहे की भ्रूणीय कोशिका से सफलतापूर्वक स्टेम कोशिकाएँ बनाई हैं, जो कि इंसुलिन और ग्लूकोगोन निस्सरित करती है। यह दोनों हार्मोन सामान्यतया अग्न्याशय द्वारा बनाए जाते हैं। स्टेम कोशिकाओं से बड़ी मात्रा में कोशिकाओं की उत्पत्ति अभी देखना बाकी है। मुझे आशा है कि वह दिन दूर नहीं है कि जब वह छह साल का बच्चा, जिससे मैं मिल चुका था, वह स्टेम कोशिकाओं से बनी हुई पूर्ण उपयुक्त अस्थिमज्जा प्राप्त कर लेगा, जो उसे 60 वर्ष या और भी अधिक जीवित रखेगी। ऐसे मिशन के लिए बी.एम.टी. और स्टेम कोशिका का उत्पादन महत्त्वपूर्ण है। स्टेम कोशिकाओं के लिए अनुसंधान और बी.एम.टी. का विकास हमारी महत्त्वपूर्ण आवश्यकता है। यह अस्पताल, मरीजों के लिए अनुसंधान का लाभ लेने का एक स्थान हो सकता है।

एक नया दृष्टिकोण

कैंसर के इलाज के लिए एक नए दृष्टिकोण की जरूरत है। मैं एक ऐसे विजन

के साथ हिस्सेदारी चाहता हूँ, जिसमें 'मरीज सर्वोत्तम का हकदार' है। मैं अपने विचारों को चार क्षेत्रों में व्यवस्थित करना चाहूँगा, जो कि विभिन्न चिकित्सा विशेषज्ञों, चिकित्सा और अन्य अनुसंधान संस्थानों, उद्योगों एवं संगठनों के बीच सामूहिक कार्य की तरफ ले चले। कैंसर के प्रति सजगता और शुरुआती स्थिति में कैंसर के निदान को खोजने की आवश्यकता है। इलाज की प्रक्रिया आर्थिक रूप से सह्य और पहुँच के भीतर ही होनी चाहिए, ताकि मरीजों को इलाज के लिए कम-से-कम यात्रा करनी पड़े। कैंसर के साथ एक दीर्घकालीन बचाव पुनर्स्थापन उद्देश्य का प्रभावशाली ढंग से सामना करने के लिए चिकित्सकीय आँकड़ों का सूत्रजाल रखने की जरूरत है। अंत में मानव जीनोम की खोजों से व्यावहारिक चिकित्सकीय कार्यों को प्राप्त करने के लिए केंद्रित प्रयास की आवश्यकता है।

कैंसर के अस्पतालों और अनुसंधान संस्थानों में भविष्य के लक्ष्य तय किए जा सकते हैं। निदान और इलाज के परिणामों पर विवेचना व चर्चा की जानी चाहिए। एक ही तरह के कैंसर के बचाववाले संस्थानों के बीच सुधार परिणामों, इलाज के प्रत्युत्तर और निदान परिशुद्धता पर चर्चा आवश्यक है, तभी कैंसर के इलाज की राष्ट्रीय क्षमता का विकास होगा। नागरिक चिकित्सकों के प्रति कृतज्ञ होंगे।

कीमोथेरैपी की सार्थकता

कीमोथैरैपी भावी कैंसर की कोशिकाओं के साथ-साथ अकसर स्वस्थ कोशिकाओं को भी नष्ट कर देती है। हमारे देश की एक औद्योगिक फर्म ने सामान्य कोशिकाओं, अहितकर कोशिकाओं और पुष्टिकारकों के बीच अल्गोरिथम दरशानेवाले अंतर्संबंध विकसित किए हैं। अल्गोरिथम दवाइयों के फर्मोकेनेटिक्स पर भी ध्यान देती है। मरीज की आयु, ऊँचाई और वजन तथा घाव के आकार व प्रकार के साथ की जानकारी के साथ गणितीय नमूना औषधि नियमन के सर्वोत्तम परिणाम की रचना कर सकता है तथा परिणामत: पड़नेवाले प्रभावों को भी कम कर सकता है। घाव का आकार व प्रकार सीटी स्कैन और एम.आर.आई. से भी स्वत: ही दिखाया जा सकता है।

विज्ञान के कई क्षेत्रों में आधुनिकता का यह एक अच्छा उदाहरण है, जैसे—बायोमेडिकल इंजीनियरिंग, इमेज प्रक्रिया, नियंत्रण प्रणाली, गणितीय नमूना और औषधि विज्ञान कैंसर के मरीजों के बेहतर और प्रभावशाली इलाज के लिए यह किस प्रकार सहायता प्रदान कर सकता है।

□

डॉ. कलाम ने स्वास्थ्य रक्षा के दूसरे महत्त्वपूर्ण क्षेत्र मस्तिष्क अनुसंधान पर अपने विचार व्यक्त किए हैं। नेशनल ब्रेन रिसर्च सेंटर, मानेसर में 16 सितंबर, 2003 को डॉ. कलाम के अभिभाषण से उद्धृत अंश प्रस्तुत हैं।

□

इस सदी की समाप्ति तक विश्व की मशीनी समझदारी के साथ मानव विचार के मिलाप की ओर एक मजबूत रुझान बनेगी, जिसकी रचना मानव जाति ने शुरू में की थी। जब मानवों और कंप्यूटर के बीच कोई स्पष्ट अंतर नहीं होगा तब आणविक जीव-वैज्ञानिक व्यक्ति का मशीनों के ऊपर आधिपत्य बनाए रखने में किस प्रकार सहायक होंगे? कंप्यूटर हमें एक चुनौती देने जा रहे हैं। केवल जीव वैज्ञानिक और जैव तकनीकी ही नहीं बल्कि संपूर्ण वैज्ञानिक समुदाय की मानव-निर्मित कंप्यूटरों के ऊपर मानवता को रखने की बड़ी जिम्मेदारी है। दुर्भाग्य से मानव मस्तिष्क की क्रियाशीलता और कल्पना अवयवों का पूरी तरह से उपयोग और खोज नहीं हुई है। यहाँ तक कि जीन की संरचना के जटिल अनुक्रम एवं मानव के स्वास्थ्य और बीमारियों के साथ इसके संबंध को समझने के लिए मानव जीनोम के अनुसंधान में भी सॉफ्टवेयर का बहुत काम होता है। हमारे राष्ट्र की विस्तृत जातीय भिन्नता के कारण स्वास्थ्य देखरेख सेवा पर केंद्रित करने के लिए (फार्माकोजेनेटिक्स) वैयक्तिक औषधि के विशेष इस्तेमाल के साथ एक विशिष्ट आँकड़ा तैयार किया जा सकता है।

मैं यह समझता हूँ कि मस्तिष्क के एक उचित उद्दीपन (स्टिमुलेशन) के द्वारा हम खो चुके न्यूरॉन को फिर से उत्पन्न कर सकते हैं और मस्तिष्क के कार्य को बेहतर बना सकते हैं। चूहों के मस्तिष्क में स्वत: उद्दीपन प्रविष्ट कराने के द्वारा अधिक न्यूरॉन निर्मित किए गए और इन्होंने सीखने की क्षमता में वृद्धि की तथा चोटों को जल्दी ठीक किया। प्राकृतिक उद्दीपन के इस्तेमाल से पुष्ट वातावरण, न्यूरॉन उत्पन्न करने में भी सक्षम होता है। विद्युतीय उद्दीपन में मस्तिष्क में इलेक्ट्रोड के प्रवेश की जरूरत पड़ती है और यह बिलकुल ठीक स्थान पर होनी चाहिए। हमें मानव जाति के लिए इस इलाज का सहारा लेकर जातीय विषयों का समाधान करना चाहिए। मस्तिष्क की खास जगहों के निष्क्रिय न्यूरॉन के उद्दीपन के लिए हमें बिना आक्रामक गुणवाले इलेक्ट्रोमैग्नेटिक उद्दीपन के प्रयोग को खोजने की भी कोशिश करनी चाहिए। स्टेम कोशिकाओं के इस्तेमाल और न्यूरॉन के प्रत्यारोपण और नर्व के विकास के कारकों पर भी ध्यान देना चाहिए।

मिरगी के क्षेत्र में अनुसंधान

देश में मिरगी की घटनाओं की संख्या बहुत अधिक है। मिरगी का वर्तमान इलाज, चीर-फाड़ या वैयक्तिक औषधि के नियंत्रण और घटनाक्रम के प्रबंधन से मस्तिष्क के अति सक्रिय न्यूरॉन को शांत करता है। इसके दौरे के लिए जिम्मेदार उस खास बिंदु पर केंद्रित करने के लिए एम.आर.आई. या पोजीट्रान इमीशन टोमोग्राफी (पी.ई.टी.) के द्वारा प्राप्त न्यूरॉन के छायाचित्र से इसके स्थान को पहचानना क्या संभव है? नैनो तकनीक

में मस्तिष्क के अनुसंधानकर्ताओं के साथ वैज्ञानिक एक छोटे से उपकरण को विकसित करने का काम कर सकते हैं, जो उस केंद्रित बिंदु के पास मस्तिष्क में स्थापित किया जा सकता हो और यह अधिक तीव्रतावाली नुकसानदेह चोटों का प्रतिरोध करेगा तथा इन रोगियों के जीवन की गुणवत्ता को सुधारते हुए मस्तिष्क के कार्य को सामान्य मस्तिष्क के काफी पास तक ले जाएगा। क्या हम मिरगी पर केंद्रित करने के लिए विशेष नैनो जाँचकर्ताओं के लक्ष्य कर सकते हैं, जो इसी तरह के कार्य कर सकें? यह एक ऐसी चुनौती है, जिन पर यह केंद्र ध्यान दे सकता है।

व्यावहारिक और अभिरुचि पद्धतियों के परिणाम निकालना

मस्तिष्क के कार्य की जटिल प्रकृति अपने आप में ही कई समस्याओं को सँजोए रहती है, जिन्हें मानव के विकास के लिए पूरी तरह से समझना आवश्यक है। मानव मस्तिष्क की संरचना और कार्य का मापन मानव व्यवहार की वैज्ञानिक विवेचना के लिए सहायक होता है। श्रमसाध्य और तीव्र अनुसंधान की खोजों ने यदि मानव व्यवहार और उसकी प्रवृत्तियों की विवेचना संभव बना दिया और खासतौर से शुरुआती उम्र में व्यक्ति की अभिरुचि या रुझान का पता लगा दिया तब यह व्यक्ति के लिए उस क्षेत्र के चुनाव में सहायता प्रदान कर देगा, जिसमें व्यक्ति की संभाव्यता और प्रतिभा का अधिकतम उपयोग है। यह बच्चे में मौजूद नकारात्मक भावनाओं की शुरुआती पहचान और उसमें छुपी हुई विध्वंसक प्रवृत्तियों के व्यवहार को भी जाँचने में सहायक होगा, जिसको बहुत से चिकित्सकीय और मनोवैज्ञानिक इलाज प्रदान करके व्यवहार में लिया जा सकता है, साथ ही यह बच्चे के शारीरिक व मानसिक विकास के लिए अनुकूल वातावरण की सुनिश्चितता प्रदान करेगा। व्यक्ति की भावनात्मक समझदारी का ऐसा संतुलित और स्वस्थ विकास सचमुच एक प्रबुद्ध नागरिक के विकास की तरफ प्रेरित करेगा।

□

अब हम संवहन रोग पर आते हैं, जिस पर डॉ. कलाम ने 5 नवंबर, 2004 को बंगलुरु में एशियन वैस्कुलर सोसाइटी के इंटरनेशनल कांग्रेस के छठे अर्धवार्षिक सम्मेलन में अपने अभिभाषण में इस विषय पर विचार व्यक्त किए।

□

मैं समझता हूँ कि संवहन शल्य चिकित्सा का संबंध शरीर की सभी तरह की रक्त वाहिकाओं (धमनियों, नसों और लसिकाओं 'लिंफैंटिक्स') से है, सिवाय मस्तिष्क की वाहिकाओं को छोड़कर, जिन्हें न्यूरोसर्जन देखते हैं और उन वाहिकाओं को, जो हृदय के चारों तरफ रहती हैं तथा वे हृदय शल्य चिकित्सा के अंतर्गत आती हैं। हालाँकि हृदयवाहिका शल्यक्रिया (कार्डियोवस्कुलर सर्जरी) शब्द आमतौर पर पहले प्रयुक्त होता था अब धमनी शल्यक्रिया (वस्कुलर सर्जरी) एक अति विशिष्ट रूप में अलग से विकसित हुई

है। धमनी शल्य चिकित्सक केवल पृथक रूप से रक्त संवहन बीमारियों का ही इलाज करता है चाहे इसमें औषधीय इलाज हो, शल्यक्रिया हो या कम-से-कम आक्रामक अंतः हृदयवाली नई प्रक्रिया हो।

मैं मानव शरीर के कार्यों का अनुमान इसे धमनियों और नसों के सूत्रजाल से शरीर के सभी अवयवों से जुड़ा हुआ होने के कारण कर सकता हूँ। सभी अवयवों के सहज ढंग से कार्य करने के लिए इस संवहन सूत्रजाल का स्वस्थ होना आवश्यक है, जो संपूर्ण शरीर को स्वस्थ बनाता है। हम यह कैसे निश्चित हो सकते हैं कि सूत्रजाल दरार-विहीन है और पूरी तरह से काम कर रहा है। यह संवहन विशेषज्ञों के सामने एक बड़ी चुनौती मालूम पड़ती है।

विशेष रूप से भारतीय समुदाय में धमनी रोग तेजी से बढ़ रहा है। विशेषज्ञों के साथ चर्चा के बाद मेरे अनुसार, रोग के प्रबंधन के लिए बहुआयामी समाधान उपलब्ध हैं। औषधीय चिकित्सा के समाधान के लिए स्टैटिंस का इस्तेमाल करते हैं, जो कि लीवर के द्वारा कोलेस्ट्रॉल के उत्पादन से रक्त में कोलेस्ट्रॉल की मात्रा को कम कर देते हैं। अधिक कोलेस्ट्रॉल बनाने के लिए जिम्मेदार एंजाइम को लीवर में स्टैटिंस रोक देते हैं, फिर भी व्यक्ति को इसके पड़नेवाले दुष्प्रभाव पर ध्यान रखना चाहिए और मरीज का इलाज करते समय पर्याप्त सावधानी रखनी चाहिए, जैसे—एंजियोग्राफी और एंजियोप्लास्टी के द्वारा स्टैंट्स का इस्तेमाल। यदि धमनियों में गंभीर अवरोध है तब शल्य चिकित्सा का प्रयोग आवश्यक होगा। धमनी व्यतिक्रमों के लिए चिकित्सा अनुसंधान ने हाल ही के विकास ने कई नए अवसर खोल दिए हैं।

भविष्य में हृदय की बीमारियों के लिए स्टेम कोशिका चिकित्सा

विदेशों में स्टेम कोशिकाओं पर हुए अनुसंधान से नई जानकारियाँ प्राप्त हुई हैं और भारत ने इन पर ध्यान दिया है तथा इनका अध्ययन किया है। हजारों-हजार स्टेम कोशिकाओं को निकालते हुए वे अपरिपक्व कोशिकाएँ, जो करीब-करीब किसी भी तरह के ऊतकों में स्वतः ही परिवर्तित होने की क्षमता रखती हैं, इन्हें उस कष्ट प्राप्त करते हुए मरीज के हृदय में हृदय उद्दीपन के लिए प्रवेश कराकर हृदय को दुरुस्त करना एक संभावना है। एक घटनाक्रम में यह पता चला है कि चार महीनों के समय अंतराल में ही हृदय की पंपिंग क्षमता 25 से 40 प्रतिशत तक बढ़ गई। सन् 2003 में स्टेम कोशिकाओं की सफल पद्धति ने रक्त पंपिंग क्षमता को बढ़ाते हुए विश्व के कई देशों में मानक सफलता प्राप्त की है। रोग-ग्रस्त लोगों के हृदय के प्रभावशाली इलाज में यह एक बड़ी वचनबद्धता है। धमनी शल्य चिकित्सकों को यह देखना चाहिए कि क्या स्टेम कोशिकाएँ सभी तरह की धमनी की बीमारियों के इलाज में सहायक हो सकती हैं।

हृदय रोग की बढ़ती हुई घटनाओं से लड़ने के लिए शहरी लोगों के उचित खान-

पान और जीवनचर्या को प्रोत्साहित करने की आवश्यकता है। आनेवाले वर्षों में इनकी संख्या में कमी के लिए देश के अस्पतालों को अपने मरीजों को परिवार के वातावरण में परामर्श देने के सक्रिय कदम उठाने चाहिए। एक अन्य चीज पर और भी ध्यान दी गई है कि हृदय रोग विशेषज्ञों और शल्य चिकित्सकों के बीच हृदय रोगों का इलाज करने की प्रतिस्पर्धा हो गई है। इस बीमारी के नियमित प्रबंधन के रूप में शल्य चिकित्सा कराने के बजाय इसमें केवल कम-से-कम इलाज की जरूरत पड़े, यही आदर्श पेशा होना चाहिए।

यह भी ध्यान दिया गया है कि हृदय रोगों के लगातार बढ़ने का कारण अनियंत्रित मधुमेह और व्यायाम की कमी, धूम्रपान और दोषपूर्ण आहार है। ये सभी कारक एक उचित जीवन-पद्धति के द्वारा नियंत्रित किए जा सकते हैं।

☐

14 अगस्त, 2004 को वीडियो कॉन्फ्रेंस के द्वारा डॉ. कलाम ने आँखों की देखभाल पर अपने विचार व्यक्त किए—

☐

आपको याद होगा कि कुछ वर्षों पहले टेक्नोलॉजी विजन 2020 के एक हिस्से के रूप में स्वास्थ्य रक्षा तकनीक पर एक प्रलेख प्रस्तुत किया गया था। प्रो. एम.एस. वालीआथन के नेतृत्ववाले दल ने इस स्वास्थ्य रक्षा विजन प्रलेख को विकसित किया था। इस कार्य दल में नेत्रविज्ञान क्षेत्र के कई विशेषज्ञ शामिल थे। इस प्रलेख में कई महत्त्वपूर्ण विषयों को शामिल किया गया था। इसमें यह भी बताया गया था कि भारत की 1 अरब से ज्यादा की जनसंख्या में से 2 करोड़ लोग दृष्टि के मामले में विकलांग हैं और 2.5 करोड़ लोग आंशिक रूप से दृष्टिहीनता के शिकार हैं। जनसंख्या वृद्धि, जिसने थोड़ी आयु सीमा की भी वृद्धि की है, यह केवल अंधे लोगों और दृष्टि विकलांगता की तरफ की ही संख्या को बढ़ा रही है। अंधेपन का 80 प्रतिशत कारण मोतियाबिंद है। दूसरे कारणों की पहचान कॉर्निया, ग्लूकोमा, मधुमेह और रेटिना के खराब होने एवं विटामिन ए की कमी के रूप में की गई है। विशेषज्ञों के दल ने बचाव तकनीकें, निदान तकनीकें और सही इलाज की तकनीकों की पहचान की है। ग्लूकोमा के बाद और मोतियाबिंद के मरीजों के लिए स्लिट लैंप के साथ आई लेजर को विकसित करने का तथा विटामिन ए के व्यापक स्तर पर किफायती उत्पादन का एक बड़ा परामर्श दिया गया है। मधुमेह में आँखों से खून बहने के रेटिना के इलाज के लिए लेजर का प्रयोग हाल ही में जुड़ा है। इन सबसे ऊपर आँखों की देखभाल के लिए शिक्षित और प्रबंधित करने की तथा उपयुक्त आँखों के दानकर्ताओं की संख्या में वृद्धि के लिए मानवों की भावनाओं को जाग्रत करने की भी जरूरत है।

दृष्टि की पुनः प्राप्ति के लिए स्टेम कोशिकाओं का उपयोग

स्टेम कोशिकाओं की विशेषताओं के साथ प्रजनकों के गुणों और हाल ही की उनकी पहचान ने नए मार्ग खोल दिए हैं, जो विशेष कोशिकाओं की संख्या के नष्ट होने के कारण होनेवाले त्रुटिपूर्ण कार्य के इलाज के लिए लाभप्रद हो सकते हैं। विकृत कमजोर दृष्टि का कारण स्ट्रोमल और न्यूरोनल का खराब होना है, जिसका संबंध कई नेत्र रोगों के साथ है, जैसे—कोर्निया रेटिनिट्स पिग्मेंटोसा (आर.पी.), आयु संबंधी चित्तीदार (Macular) अपविकास (ए.एम.डी.) और ग्लूकोमा का विकार। नेत्रों की कोशिकाओं की वृद्धि करने या नष्ट हो चुकी सतही कोशिकाओं को बचाने या और आगे के विकार से रेटिना की कोशिकाओं की सुरक्षा के द्वारा स्टेम कोशिकाएँ उन मरीजों की आँखों को दृष्टि प्रदान करने में सहायक हो सकती हैं, जिन्हें ये रोग हुए हैं। स्टेम कोशिकाओं का इस्तेमाल आँखों के विकार-युक्त रोगों के लिए दो भिन्न परंतु आवश्यक तरीकों से किया जा सकता है।

1. कोशिका प्रतिस्थापन चिकित्सा

कोशिकाओं के प्रतिस्थापन के लिए स्टेम कोशिका प्रजनकों के सुघट्यता के द्वारा कोशिका प्रतिस्थापन चिकित्सा काम करती है तथा यह चोट या रोगों से नष्ट हुए ऊतकों को भी ठीक करती है।

2. एक्स-वीवो जीन चिकित्सा

रेटिनिटिस पिगमेंटोसा (आर.पी.), आयु संबंधी मांसपेशी विकार (ए.एम.डी.) और ग्लूकोमा की आखिरी स्थिति में रेटिना की कोशिकाओं की कमी को बचाने के लिए एक्स-वीवो जीन चिकित्सा का इस्तेमाल न्यूरो सुरक्षा रणनीति के रूप में किया जा सकता है।

□

1 सितंबर, 2006 को साउथ ईस्ट एशिया ग्लूकोमा कॉन्फ्रेंस पर ग्लूकोमा से लड़ने के लिए किए जानेवाले प्रयास पर बोलते हुए डॉ. कलाम ने कहा—

□

ग्लूकोमा आँखों में धीमे से आ जानेवाला रोग है और इसका रोग चिह्न अंत:नेत्र दबाव का उठना है। यह अनुमान किया जाता है कि संपूर्ण विश्व में 6.5 करोड़ लोगों से अधिक लोग ग्लूकोमा से प्रभावित हैं। इसके लक्षण देर में प्रकट होते हैं और इसीलिए इससे पीड़ित लोगों में से केवल आधे ही लोगों को इसका पता चल पाता है। ग्लूकोमा के दो विकसित रूप होते हैं—ओपेन एंगिल ग्लूकोमा और नैरो एंगिल ग्लुकोमा। भारत, सिंगापुर, चीन के अध्ययन से पता चला है कि एशिया में नैरो एंगिलवाले ग्लूकोमा से

पीड़ित लोगों की संख्या अधिक है, बजाय उन लोगों के जो कि ओपेन एंगिलवाले ग्लूकोमा से पीड़ित हैं। विजन 2020 पहल के द्वारा दृष्टि के अधिकार में ग्लूकोमा को एक प्राथमिक नेत्र रोग का दर्जा दिया गया है तथा अंधेपन के बोझ को कम करने के लिए इसके आवश्यक उपायों को भी करने की आवश्यकता है।

ग्लूकोमा का इलाज शुरुआती जाँच से ही शुरू हो जाता है। हालाँकि इलाज की जाँच व निगरानी का पारंपरिक तरीका अंत:नेत्र दबाव के मापन के द्वारा ही था, परंतु ग्लूकोमा पर आधुनिक अनुसंधान करनेवालों ने महसूस किया कि दृष्टि के क्षेत्र को चिह्नित करके शुरुआती विकारों, जो कि ऑप्टिक नर्व हेड के चारों तरफ के रेटिनल न्यूराल ऊतक में होते हैं, इन्हें दिखाया जा सकता है। ग्लूकोमा में रेटिनल नर्व फाइबर के परिवर्तनों और क्षेत्र के सही व पुन: उत्पत्ति के मापन के लिए अब कई तरह के उपकरण उपलब्ध हैं। इस तरह के मापन उपकरणों से आँखों का इलाज करनेवाले केंद्रों को सुसज्जित करना आवश्यक है और यह कार्य खासतौर से चल केंद्रों में होना चाहिए, ताकि वे ग्रामीण क्षेत्रों में लोगों को छाँट सकें।

इलाज की पद्धतियाँ

शुरूआती ओपन एंगिल ग्लूकोमा का इलाज अधिकतर औषधियों से ही किया जाता था। शुरुआती नैरो एंगिल ग्लूकोमा का इलाज लेजर इरिडिटोमी से होता था। ओपन और नैरो दोनों तरह के ग्लूकोमा का इलाज अब शल्य चिकित्सा से ही होता है। पिछले कुछ वर्षों से ग्लूकोमा के इलाज में एक महत्त्वपूर्ण परिवर्तन आया है, जिसकी वजह अति अंत:नेत्र दबाव को कम करनेवाले अभिकारकों की उपलब्धता है, जिसका दिन में एक या दोबारा ही इस्तेमाल किया जाता है, ताकि मरीजों की शिकायतें कम हों। फिर भी मैं समझता हूँ कि ड्राप्स की कीमतों को कम करने के लिए यहाँ एकत्रित विशेषज्ञों को दवा कंपनियों के साथ हिस्सेदारी करके रणनीति बनानी चाहिए।

चुनौतियाँ

ग्लूकोमा के प्रबंधन में उचित समय पर उचित निदान एक चुनौती है। चूँकि नैरो एंगिल ग्लूकोमा एशिया में बहुत ही अधिक फैला हुआ है, इसलिए इसके शुरुआती स्तर को पहचानने में गोनीओस्कोपी जैसी साधारण जाँच जो कि एंटीरियर चेंबर एंगिल कि स्थिति का अनुमान लगाती है, जो काफी आगे तक का रास्ता तय करेगी। यह काफी महत्त्वपूर्ण है क्योंकि एक साधारण और किफायती लेजर चिकित्सा जैसे कि इरिडिटोमी ग्लूकोमा को ठीक कर सकती है। मेरे डॉक्टर मित्र कहते हैं कि डॉक्टर कभी-कभी अंत:नेत्र के दबाव का घंटों के आधार पर निरीक्षण करना चाहते हैं, परंतु इसे पारंपरिक रूप से करना कठिनाई युक्त है। क्या एक उपकरण या खोज संभव है, जिसे अंदर प्रविष्ट

कराया जा सके? यहाँ एक चुनौती है 'जो जैव-चिकित्सकीय इंजीनियरों को आकर्षित करती है और विशेषज्ञों के लिए यह अधिक उपयोगी होगी. मुझे पूर्ण विश्वास है कि गोनीओस्कोपी का सीखना सभी आँखों के विशेषज्ञों के लिए, चाहे वे अति विशेषतावाले हैं तथा इसे नेत्र विज्ञान के पाठ्यक्रम का हिस्सा होना चाहिए।

भविष्य की दिशा

ग्लूकोमा के कारण ही रेटिनल न्यूरोनल गड़बड़ियाँ होती हैं। भविष्य की ग्लूकोमा चिकित्सा, रेटिनल गैंगलिआन कोशिकाओं और अक्षतंतु (एक्सॉन) के विलंब या प्रतिलोम ह्रास एवं बचाव के लिए निर्देशित होनी चाहिए। ग्लूकोमा की वजह से विशेष कोशिकाओं की संख्या की हानि से उत्पन्न दोषपूर्ण कार्य के इलाज के लिए स्टेम कोशिका के गुणों के साथ प्रजनकों की विशेषता और उनकी हाल की ही पहचान ने नए मार्ग खोल दिए हैं, जो कि लाभप्रद भी हो सकते हैं। नष्ट हो चुकी कोशिकाओं की रक्षा या उनकी संख्या वृद्धि के द्वारा स्टेम कोशिकाएँ उन मरीजों को, जिन्हें ग्लूकोमा हो चुका है, उनकी आँखों की रोशनी बढ़ाने में सहायक हो सकते हैं। स्टेम कोशिकाओं का इस्तेमाल ग्लूकोमा की अंतिम स्थिति के लिए भी किया जा सकता है। हमारे नेत्र विज्ञानीक में से कुछ लोग पहले से ही स्टेम कोशिका चिकित्सा के क्षेत्र में कार्य कर रहे हैं। जीन चिकित्सा का उपयोग या तो अंत:नेत्र दबाव को कम करने में या रेटिनल गैंगलिआव सेल की सुरक्षा के लिए होता है। यह कार्य आनुवंशिक मैटेरियल को उनमें स्थानांतरित करने के द्वारा लक्ष्य कोशिकाओं पर पुनः इस्तेमाल किए जाते हैं, ताकि वे भौतिक रूप से अंत:नेत्र दबाव को कम करें। दूसरा महत्त्वपूर्ण इलाज आँखों के पृष्ठ भाग के लिए है, जिसमें लघु आणविक थरप्युटिक एजेंट्स को उद्देश्यात्मक रूप से भेजने के लिए नैनो तकनीक का इस्तेमाल हो सकता है।

□

1 फरवरी, 2007 को हैदराबाद में ऑल इंडिया ऑप्थेल्मोलॉजिकल सोसाइटी की पैंसठवीं वार्षिक सभा में डॉ. कलाम ने अपने अभिभाषण में महत्त्वपूर्ण बिंदुओं पर प्रकाश डाला।

□

"मेरे विचार से आँखों की समस्याओं का पता लगाने का सबसे अच्छा समय जीवन की शुरुआत में ही होता है। स्कूल इसके लिए सबसे अच्छा स्थान है। अध्यापकों को आँखों की दृष्टि मापने में प्रशिक्षित होना चाहिए, ताकि वे आँखों के डॉक्टरों की सहायता तुरंत प्राप्त कर सकें। ऑल इंडिया ऑप्थोमोलॉजिकल सोसाइटी के सदस्य अपने जिले में शिक्षकों को प्रशिक्षित करने का एक प्रशिक्षण कार्यक्रम रख सकते हैं। जो कि बच्चों की प्रत्येक वर्ष समय-समय पर जाँच कर सकें और यदि किसी

बच्चे को देखने में तकलीफ हो तो इन विशेषज्ञों की सहायता प्राप्त कर सकें। वे एन.एस.एस. स्वयंसेवकों, एन.सी.सी. कैडेटों और स्काउट तथा गाइडों को भी अपने क्षेत्रों में प्रशिक्षित कर सकते हैं, जो अपने क्षेत्रों में नेत्र चिकित्सकों के एंबेसडर भी बन सकते हैं।''

□

बहरेपन के विषय पर 5 नवंबर, 2005 को तीसरे कॉक्लिअर इंप्लांट ग्रुप ऑफ इंडिया कॉन्फ्रेंस, नई दिल्ली में डॉ. कलाम ने अपने विचार व्यक्त किए।

□

जब मैं कुछ वर्षों पहले कोयंबटूर में विक्रम अस्पताल पहुँचा तब मैंने महसूस किया कि कॉक्लिअर इंप्लांट नामक उपकरण के लगाने से गूँगे और बहरे बच्चों में उनकी सुनने की क्षमता को वापस लाने का तकनीकी सहयोग संभव है। डॉ. अरुणा विश्वनाथन और उनके दल ने इस उपकरण को लगाने की पूरी प्रक्रिया और इसके बाद बच्चों के प्रशिक्षण की भी पूरी पद्धति मुझे दिखाई। मैंने चार साल के गूँगे और बहरे बच्चों को देखा था। उपकरण को लगाने और एक महीने के प्रशिक्षण के बाद वे कुछ शब्द स्पष्ट बोले। छह महीने के कंप्यूटर सहायता-युक्त प्रशिक्षण के बाद मैंने उन बच्चों को सामान्य रूप से बोलते हुए सुना। दिल को छू देनेवाले इस दृश्य ने मुझे झकझोर दिया। मैंने महसूस किया कि मुझे कॉक्लिअर उपकरण की लागत को कम करने के लिए काम करना चाहिए, ताकि भारत और भारत के बाहर के हजारों-हजार बच्चे इस उपकरण की कीमत को बरदाश्त कर सकें और एक सामान्य जीवन जी सकें। आज इसीलिए मैं आपके पास हूँ।

श्रवणहीनता का स्तर

हाल के आँकड़ों के अनुसार, भारत में स्पष्ट श्रवण असमर्थता के लोगों की संख्या करीब 10 लाख है। साथ-ही-साथ 12 लाख लोग गंभीर श्रवण रोग से पीड़ित हैं तथा 9 लाख लोगों को कम सुनाई पड़ता है और 71 लाख लोगों को सुनने में काफी कम असमर्थता का रोग है। चिकित्सा समुदाय, सामाजिक संगठनों और व्यावसायिक घरानों के सरकारी सहयोग से एक महत्त्वपूर्ण कार्य यह है कि करीब 1 करोड़ लोगों की सुनने की असमर्थता को ठीक किया जाए। गंभीर, साधारण और कम स्तर के श्रवण असमर्थकों को पारंपरिक एवं डिजिटल सुननेवाले उपकरणों के इस्तेमाल से ठीक किया जा सकता है। देश भर से बहुत से ई.एन.टी. विशेषज्ञ इसे एक खास हद तक कर भी रहे हैं, परंतु इसे ग्रामीण क्षेत्रों में भी ले जाने की आवश्यकता है, जहाँ लोग इस असमर्थता को चुपचाप भोग रहे हैं। क्या हम उनके कष्ट को दूर कर सकते हैं?

कॉक्लिअर उपकरण

गंभीर श्रवण दोष के संबंध में इलाज केवल कुछ एक चिकित्सा संस्थानों में ही हो सकता है, क्योंकि इसमें एक खास उपकरण की आवश्यकता पड़ती है, जिसे कॉक्लिअर इंप्लांट कहते हैं, जिसकी चर्चा हम पहले ही कर चुके हैं। जब बच्चे में सुनने की क्षमता नहीं होती है तब वह गूँगेपन की ओर बढ़ जाता है। कॉक्लिअर उपकरण, जो कि कंप्यूटर की सहायता-युक्त प्रशिक्षण के साथ गूँगे-बहरे लोगों को उनकी सुनने/बोलने की सामान्य क्षमता के काफी पास तक ला देता है। मूल रूप से यह कान के भीतरी खराब हिस्से को एक इलेक्ट्रॉनिक प्रणाली के द्वारा प्रतिस्थापित करते हुए इसके बगल से निकल जाता है, जिसमें एक बाहरी माइक्रोफोन, एक बोलने की प्रक्रिया का सरकिट, एक ट्रांसमीटर और एक रिसीवर लगा होता है। रिसीवर कान के नीचे लगा दिया जाता है। रिसीवर में एक इलेक्ट्रोड रहता है, जो कान के कॉक्लिअर भाग में घुसा होता है। स्पीच प्रोसेसर प्रक्रिया आडियो संकेतों को अंदर भेजती है और इन्हें विद्युतीय संकेतों में विभिन्न चैनलों में परिवर्तित कर देती है। ट्रांसमीटर इन संकेतों को लगे हुए उपकरण के बहुत से इलेक्ट्रोड चैनलों को प्रेषित करता है, जो कि कर्णावर्त्त के विभिन्न बिंदुओं पर प्रेषित होता है।

आधुनिक कॉक्लिअर इंप्लांट तकनीक ने आधुनिक रूपरेखा बनाई है तथा यह हाल ही में भारत में प्रस्तुत की गई है और यह शल्य चिकित्सा के दौरान छोटे व कोमल कर्णावर्त्तों की सुरक्षा के लिए खासतौर से बनाई गई है। यह किसी अवशिष्ट सुनने को संरक्षित करने में सहायता प्रदान करती है। इसके मुड़े हुए आकार सुननेवाली तंत्रिका पर अधिक केंद्रित उत्तेजना भी प्रदान करते हैं, ताकि बेहतर गुणवत्ता प्राप्त हो सके। कॉक्लिअर उपकरण में और भी अनुसंधानों को इसकी रूपरेखा और उत्पादन की तरफ प्रेरित करना चाहिए, ताकि उपकरण को कम-से-कम आक्रमण पद्धतियों की आवश्यकता हो।

कॉक्लिअर उपकरणों के भारतीय अनुभव

सुनाई देने में आनेवाली गंभीर बीमारियों की चिकित्सा के लिए कॉक्लिअर उपकरणों को लगाने की शुरुआत भारत में सन् 1995 में हुई। शुरुआत में हर साल करीब पाँच से दस मरीजों की ही चिकित्सा होती थी। आज बहुत से संस्थानों के द्वारा सजगता पैदा करने के कारण हम प्रतिवर्ष 150 उपकरण लगा लेते हैं। मुझे यह जानकर प्रसन्नता है कि ऐसे 150 लगाए गए उपकरणों में से करीब 75 उपकरण सेना के अस्पतालों ने ही लगाए हैं। पिछले एक दशक में हमने कुल मिलाकर 750 लोगों को उपकरण लगाए हैं। इसका अर्थ यह हुआ कि हमने देश के कुल प्रभावित लोगों के .075 प्रतिशत तक अपनी सेवा प्रदान की है। अंतरराष्ट्रीय निर्माताओं के द्वारा प्रस्तुत किए गए कॉक्लिअर उपकरणों में लगातार सुधार हो रहा है तथा इन उपकरणों की लागत भी बढ़ रही है। इस गंभीर बीमारी से पीड़ित सभी लोगों तक हम किस प्रकार पहुँच सकते हैं, यह इस सभा को

बताना है। केवल तभी हम सभी लोगों के लिए बोलने और सुनने की क्षमता प्रदान करने का लक्ष्य प्राप्त कर सकेंगे।

☐

सभी नागरिकों तक इस तरह के उपकरणों की पहुँच को बनाने के लिए डॉ. कलाम ने कई तरह के मिशनों का परामर्श दिया है। इसे प्राप्त करने के लिए कुछ शुरुआती निवेश और सबसे ऊपर अच्छे कार्यक्रम प्रबंधन की आवश्यकता है।

अब अंत में, स्व परायणता (ऑटीजम) एक स्नायु-तंत्रिका की स्थिति है, जो बच्चों के मस्तिष्क के सामान्य कार्यकलाप को नुकसान पहुँचाती है और यह इनके माता-पिता के साथ-साथ चिकित्सकों को भी सही ढंग से इसे देखने में एक चुनौती प्रस्तुत करती है। 13 सितंबर, 2006 को डॉ. कलाम ने इंटरनेशनल कॉन्फ्रेंस ऑन ऑटीजम के उद्‌घाटन समारोह में नई दिल्ली में इस विषय पर अपने विचार व्यक्त किए।

☐

मैं मानसिक रूप से विकलांग बच्चों की समस्याओं का अध्ययन करता रहा हूँ। ऐसे कई तरह के रूप हैं, जिनका मानसिक रूप से विकलांग लोग सामना करते रहते हैं। इनमें से कुछ निम्न है—

क. ध्यान देने की कमी और व्यवहारभंग जनित व्यतिक्रम

ख. स्व परायणता (ऑटीजम)

ग. सीखने और संवाद में व्यतिक्रम

घ. मन:स्थिति व्यतिक्रम

ङ. विखंडित मनस्कता (स्किड्‌जोफर्निया)

च. मानसिक पक्षाघात

छ. पदार्थ-दुरुपयोग (सब्सटेंस एब्यूज)

इन भिन्न-भिन्न रूपों के बीच अध्ययन और अनुसंधान से एक आम सेतु बन सकता है। आज की चर्चा का विषय स्व परायणता (ऑटीजम) है।

स्व परायणता (ऑटीजम) और उम्मीद का कारण

स्व परायणता असमर्थता का एक जटिल विकसित रूप है, जो कि खासतौर से जीवन के प्रथम तीन वर्षों में ही दिखाई पड़ती है। यह स्नायुतंत्रीय व्यतिक्रम का परिणाम है, जो मस्तिष्क के कार्यकलाप को प्रभावित करती है तथा स्व परायणता मस्तिष्क के सामान्य विकास को प्रभावित करती है तथा सामाजिक मेलजोल और संवाद कुशलता के क्षेत्र का कई स्तरों पर ह्रास करती है। स्व परायणता के रोग में बड़ों या बच्चों दोनों को ही भाषागत या सांकेतिक संवाद समस्याओं में एवं सामाजिक मेलजोल व खेलने तथा आनंद की क्रियाशीलता में एक खास तरह की परेशानी होती है। इनका इलाज कई

तरह से होना चाहिए जिसमें शारीरिक, मानसिक, सामाजिक देखभाल के साथ दयालुता का वातावरण भी होना चाहिए।

आज एक बच्चा, जो प्रभावशाली इलाज या शिक्षा प्राप्त करता है, उसे उसके या उसकी सीखने की विलक्षण क्षमता का इस्तेमाल करने की पूरी आशा है। यहाँ तक कि वे जो गंभीर रूप से मानसिक विकलांग हैं, वे भी अकसर अपनी स्वयं की सहायता करने के लायक हो जाते हैं, जैसे—खाना बनाना, कपड़े पहनना, कपड़े धोना और पैसे के इस्तेमाल आदि में । ऐसे बच्चों के लिए बड़ी आत्मनिर्भरता और स्वयं की देखभाल प्रमुख प्रशिक्षण लक्ष्य हो सकता है। दूसरे युवा अन्य मौलिक शैक्षणिक योग्यताएँ, जैसे—पढ़ना, लिखना और साधारण गणित भी सीख सकते हैं। बहुत से तो हाई स्कूल और कुछ तो कॉलेज की डिग्री भी प्राप्त कर सकते हैं। दूसरों की तरह ही उनकी निजी रुचियाँ उन्हें सीखने की मजबूत प्रेरणा प्रदान करती हैं। ऐसी आवश्यकताओं के लिए हम कैसे प्रेरणा प्रदान कर सकते हैं? इसमें प्रेम के साथ शिक्षा की आवश्यकता है।

स्पष्टतया, बच्चे की आत्मनिर्भरता और सफलता के लिए वे उसके दीर्घकालीन संभाव्यता के विकास का एक महत्त्वपूर्ण कारक आरंभिक योगदान है। जितनी जल्दी बच्चा सहायता प्राप्त करेगा उतने ही सीखने के अवसर निर्मित हो सकेंगे। साथ ही, चूँकि छोटे बच्चे का मस्तिष्क अभी बनता रहता है, इसलिए, वैज्ञानिकों को यह विश्वास है कि शुरुआती दखल बच्चे की पूरी संभाव्यता को विकसित होने का एक बेहतर अवसर प्रदान करेगी। भारत में कुछ संस्थान बच्चों के साथ-साथ वयस्कों के भी विकास की सुविधाएँ प्रदान करते हैं।

विकासात्मक दृष्टिकोण

पेशेवर लोगों ने यह पता लगा लिया है कि स्व परायणता (ऑटीजम) वाले बच्चे उस वातावरण में अधिक अच्छी तरह से सीख सकते हैं, जो कि उनकी स्वयं की योग्यता और रुचि से निर्मित होता है और साथ-ही-साथ उनकी खास जरूरतों को भी समाहित किए रहता है। विकासात्मक दृष्टिकोण को लागू करते हुए कार्यक्रम प्रोत्साहन के उचित स्तर के साथ-साथ एक निरंतरता और संरचना प्रदान करते हैं। उदाहरण के लिए, प्रत्येक दिन की क्रियाशीलता का अनुमानित नियमन बच्चों में स्व परायणता को अपनाने एवं अपने जीवन को व्यवस्थित करने में सहायता करता है। प्रत्येक क्रियाशीलता के लिए कक्षा के किसी खास क्षेत्र का इस्तेमाल विद्यार्थी की सहायता उन चीजों से परिचित होने में करता है, जिन्हें उनसे करने की उम्मीद की जाती है। वे बच्चे जिसके साथ संवेदी समस्याएँ हैं तथा वे क्रियाएँ जो कि बच्चे में खास तरह की उत्तेजना का संवेदन और असंवेदन करती हैं, वे विशेष तौर से सहायक हो सकती हैं।

स्व परायणता बच्चों का प्रबंधन

एक बार जब स्व परायणता (ऑटीजम) का पता चल जाता है तब मरीजों को उनके व्यवहार और कुशलताओं को सुधारने के लिए उचित प्रशिक्षण देना आवश्यक है। शिक्षकों और माता-पिता को भी प्रशिक्षित करनेवाले संस्थानों के निर्माण की जरूरत है। अकसर ही नहीं, परंतु एक स्व परायणता व्यक्ति को निजी देखरेख और निजी प्रशिक्षण की जरूरत होती है, जिसमें मरीज-शिक्षक के समानुपातिक संबंध की आवश्यकता कम हो सकती है। चूँकि अधिकतर स्व परायणता बच्चे बोलने की शक्ति खो देते हैं, इसलिए भली प्रकार से सुसज्जित वाणी इलाज के केंद्रों को उनके बोलने और संवाद की योग्यता बढ़ाने की जरूरत होती है। निरंतर प्रशिक्षण और देखरेख के बावजूद भी स्व परायणता बच्चे पूरी तरह से आत्मनिर्भर नहीं हो सकते हैं। इसीलिए इनके लिए जीवनपर्यंत उचित भोजन और आवासयुक्त सुविधाओं वाले देखरेख केंद्रों की आवश्यकता है। जीवनपर्यंत देखरेख, सुविधाओं और प्रशिक्षण केंद्रों को बनाने के प्रयासों की जरूरत है। पूर्ण प्रशिक्षित शिक्षकों के साथ देश भर के अलग-अलग हिस्सों में स्कूलों की भी आवश्यकता है। वर्तमान समय में ऐसी सुविधाएँ केवल बड़े शहरों तक ही सीमित हैं। इसके लिए शारीरिक, मनोवैज्ञानिक और सामाजिक देखभालवाले बहुआयामी इलाज होने चाहिए।

स्व परायणता की तरह का मानवीय क्षमता का व्यतिक्रम दूसरों के ऊपर निर्भरता को बढ़ाता है और व्यक्ति की स्वाभिमान को कम करता है। स्व परायणता से प्रभावित बच्चों में समानता का भाव लाने का प्रयास अनुसंधानकर्ताओं को करना चाहिए। बचाव, शुरुआती जाँच और कुछ विशेष कुशलताओं के प्रशिक्षण को प्राप्त करके तथा प्रभावित बच्चों के मस्तिष्क को क्रियात्मक प्रयासों में लिप्त करके उन्हें सामान्य जीवन की तरफ प्रेरित करना होगा। स्व परायणता के इलाज के लिए इसके कारणों के अनुसंधान आधारित समाधान-प्राप्ति, निदान और हस्तक्षेपों की जरूरत के लिए यह अंतरराष्ट्रीय सभा का आयोजन एक महत्त्वपूर्ण कदम है।

□

उपसंहार

संप्रेषित विज्ञान

पिछले नौ अध्यायों में हम विज्ञान और तकनीक के विभिन्न पहलुओं से होकर तेजी से गुजर रहे हैं, जो 21वीं सदी में हमारे लिए अति महत्त्वपूर्ण साबित होंगे, साथ ही हमने तकनीकी जानकारी के साथ-साथ सामाजिक और आर्थिक परिप्रेक्ष्य में भी इन्हें समझने की कोशिश की है। जिन चीजों के बारे में हमने चर्चा की है, आप में से कुछ लोग उन चीजों के बारे में थोड़ा-बहुत परिचित होंगे, परंतु शायद आपने उसी तरह से उन विचारों के बारे में नहीं सोचा होगा और कुछ लोगों के लिए तो यह बिलकुल नया होगा तथा इसने उनके विचारों के लिए उन्हें आहार भी दे दिया।

विज्ञान के बारे में लिखना आसान नहीं है। वैज्ञानिक घटनाक्रमों की यथार्थ विवेचना में अकसर जटिल गणितीय सूत्रों या अनुसंधान किए गए तथ्यों की लंबी सारणीबद्धता के सहयोग की आवश्यकता पड़ती है। यह उन लोगों के लिए उबाऊ या डरानेवाला हो सकता है, जो विज्ञान की पद्धतियों से पूरी तरह से परिचित नहीं होते हैं। दूसरी तरफ यदि प्रदान करनेवाली सूचनाएँ अति सरल बना दी जाती हैं तो जिन्होंने विज्ञान पढ़ा है और जो नए विकासों के बारे में अधिक आधुनिक जानकारियाँ प्राप्त करना चाहते हैं वे निराश हो सकते हैं। इसलिए हमने संतुलन बनाने की कोशिश की है, जिसमें बिना बहुत अधिक तकनीक में गए ही अधिक सूचनाएँ प्रदान की जाएँ, ताकि एक साधारण व्यक्ति भी इसे समझ सके।

विज्ञान के लेखन का एक और पक्ष यह है कि इसके लेखन में सूचनाओं की विशुद्धता होनी चाहिए। आजकल एच.1 एन.1 वायरस से लेकर चंद्रयान मिशन तक के किसी भी वैज्ञानिक विषय को वेब पर तुरंत देख पाना संभव हो गया है। दुर्भाग्य से नेट पर जो बहुत कुछ उपलब्ध होता है वह वैज्ञानिक रूप से सही नहीं होता है (हालाँकि उनमें से ज्यादातर वैज्ञानिक शब्दजाल ही होते हैं)। कुछ वैज्ञानिक क्षेत्र, जिनका अभी भी उदय ही हो रहा है और वे पूरी तरह से निष्कर्ष पर नहीं पहुँचे हैं, फिर भी कुछ वैज्ञानिक अपने स्वयं के सिद्धांत को एक सच्चाई की तरह प्रचारित कर देते हैं। यह एक तरह से सच्चाई को विकृत करना

है; परंतु सबसे बड़ा खतरा उन लोगों से है, जो चुनी हुई वैज्ञानिक खोजों को सनसनी बना देते हैं और बिना किसी मूल आधार या किसी बड़े दृश्य को समझे ही किसी निष्कर्ष पर पहुँच जाते हैं। इस तरह के कामों में मीडिया विशेष दोषी होता है।

बीसवीं सदी में वैज्ञानिक संप्रेषण की चुनौतियों पर अपने पहले के लेखन में वाई.एस. राजन ने इन विषयों को प्रस्तुत किया है। इनके उद्धृत अंश आगे प्रस्तुत हैं। डॉ. कलाम ने वैज्ञानिक संप्रेषण के विषय को अपनी चर्चा में प्रस्तुत किया है। डॉ. कलाम स्वयं भी विज्ञान के अच्छे संप्रेषक हैं, जिनके भाषण हमेशा विज्ञान की संभावनाओं से जीवंत रहते हैं और वे अपनी सरल वैज्ञानिक अनुरूपता के द्वारा लोगों के प्रतिदिन के मामलों को वैज्ञानिक ढंग से उन्हें सोचने के काबिल बना देते हैं।

इस पुस्तक के द्वारा हमारा प्रयास पाठकों में वैज्ञानिक खोज और जिज्ञासा जाग्रत् करने की है। जब आप अपने पेय में काफी बर्फ डाल देते हैं, यहाँ तक कि गिलास के किनारों से ऊपर भी, तब बर्फ के पिघलने पर तरल पदार्थ बाहर क्यों नहीं गिर जाता है? पानी को उबालते समय इतने अधिक बुलबुले क्यों उठते हैं? 20 लीटर मिनरल वाटर का जार एक छोटे से बरतन में औंधे मुँह बैठाने पर उसका पानी बाहर क्यों नहीं बहता है? हम आपसे चाहेंगे कि आप अपने चारों तरफ होनेवाली सभी रोचक घटनाक्रमों के वैज्ञानिक उत्तरों को खोजें।

वैज्ञानिक उपलब्धियों के बारे में प्रश्न करना या वैज्ञानिक खोजों की आवश्यकता के लिए भी प्रश्न करना आजकल फैशन हो गया है। भारत के ग्रामीण क्षेत्रों में जब लाखों भारतीय कष्ट भोग रहे हैं, तब भारत को चंद्रयान मिशन पर इतना धन क्यों बरबाद करना चाहिए? चंद्रमा पर जाने में हमारे लिए अच्छा क्या है? यदि विज्ञान के प्रति आपकी समर्पण और अभिरुचि है तब आप इस तरह के विज्ञान विरोधी और प्रतिक्रियात्मक घटनाओं का सभी आँकड़ों के साथ विरोध करने में आनंद प्राप्त करेंगे। भारत सरकार और विभिन्न राज्य सरकारें प्रत्येक वर्ष ग्रामीण विकास पर वाकई कितना खर्च करती हैं? चंद्रयान पर हुए खर्च से आप इस आँकड़े की तुलना किस प्रकार कर सकते हैं? क्या चंद्रयान परियोजना या नाभिकीय कार्य, जो कि काफी संसाधनों को बचाते हैं, ग्रामीण विकास के लिए उपलब्ध हैं? आपके पास सभी प्रश्नों के उत्तर नहीं हो सकते हैं, फिर भी प्रश्न पूछना महत्त्वपूर्ण है।

इस तरह से आप विज्ञान को अपने जीवन का एक हिस्सा बना सकते हैं और ज्ञान जो दुनिया आपके लिए खोलता है उसका आप आनंद ले सकते हैं, चाहे आप पेशेवर प्रशिक्षित वैज्ञानिक, तकनीकी विशेषज्ञ या चिकित्सक भले ही न हों। सारी दुनिया में वैज्ञानिक संप्रेषकों की एक पूरी शृंखला है। आप भी उनमें से एक कड़ी बन सकते हैं

और दुनिया से जुड़ सकते हैं।

इक्कीसवीं सदी के लिए विज्ञान संप्रेषण विषय पर वाई.एस. राजन की पुस्तक 'इंपॉवरिंग इंडियंस विद इकोनॉमिक, बिजनेस एंड टेक्नोलॉजी स्ट्रेंथ्स फॉर द ट्वेंटी फर्स्ट सेंचुरी' के कुछ उद्धृत अंश यहाँ प्रस्तुत हैं—

मानवता एक तेजी से परिवर्तित होते हुए समय में है। विज्ञान और तकनीक एवं सामाजिक विज्ञान के कई रूपों तथा इसके अनुप्रयोगों ने मानव समाज को इतना परिवर्तित कर दिया है, जैसा कि इतिहास में पहले कभी नहीं जाना गया। यदि यह सौ सालों पहले भी हुआ होता तो भी संभवत: ऐसा कथन शायद सच ही मालूम पड़ता, परंतु इस समय में एक पीढ़ी बहुत से परिवर्तनों को देखती है और दुनिया में कई जगहों पर होते बहुत से परिवर्तनों से प्रभावित भी होती है। यह परिवर्तन आपस में एक-दूसरे से परस्पर क्रिया करते हैं और बदले में नए परिवर्तनों को प्रोत्साहित करते हैं। इन परिवर्तनों के कारण लोगों का जीवन निरंतर प्रभावित होता रहता है, यह लाभप्रद या इसके विपरीत दोनों भी होता है। एक तरफ तो मानवता का भविष्य बहुत ही चमकदार दीखता है और दूसरी तरफ बहुत ही धुँधला।

मानवता जिन समस्याओं का सामना कर रही है, वे सिर्फ असमानता, रोजगार की असुरक्षा, स्थानीय पर्यावरणीय प्रदूषण या तनाव आधारित नए तरीके की बीमारियों के कारण ही नहीं हैं। यहाँ कई मूल रूप से पारिस्थितिक कारण हैं और अगर उन पर समय पर ही नहीं ध्यान दिया गया तब वे पूरी पृथ्वी को ही खतरे में डाल सकते हैं। इसमें कई भयावह और अपरिवर्तनीय परिवर्तन हो सकते हैं।

समाजों (या राष्ट्रों) के अंदर और इनके बीच भी तनावों का एक नए रूप में उदय हो रहा है। यह नकारना मुश्किल होगा कि इनमें से कुछ मीडिया क़ी शैतानी या गैर-जिम्मेदारी या भू-राजनीतिज्ञों के कारण ही हैं। समाज या मानव की आत्मा पर लगे घाव खुले हुए हैं और कई सदियों पूर्व हुए कुछ भयावह अन्यायों को उद्धृत करते हैं। आधुनिक तकनीकी जुगत के इस्तेमाल से सूचनाएँ तेजी से फैली हैं। इनमें बहुत कुछ तो इस बहाने के साथ 'न्यायोचित' ठहराया जा सकता है कि इतिहास हमेशा विजेताओं द्वारा लिखा जाता है। सेना के सामान्य उद्यमों के साथ ही हथियारों का व्यापार, नशीली दवाओं का व्यापार, आतंकवादी प्रशिक्षण और आतंकवादी विरोधी-प्रशिक्षण आदि का कई देशों की अर्थव्यवस्था के महत्त्वपूर्ण हिस्से के रूप में उदय हो चुका है तथा इनका संबंध लाभ, रोजगार, राजनीतिक शक्ति और प्रभुता से है। दूसरी तरफ प्रकृति के बारे में मानव ज्ञान की आधुनिकता कई विशेष क्षेत्रों में प्रगति कर चुकी है; परंतु इतनी अधिक प्रगति के साथ-साथ अति विशिष्ट वैज्ञानिक खोजों की सीमाबद्धता और इन आधी बँटी हुई अति विशिष्टताओं से उठते हुए खतरों की संभावना

की समझ की भी आवश्यकता है। हमें प्राचीन ज्ञान प्रणाली को समझने की खोज भी करनी चाहिए, जिनका कभी अंधविश्वासों के नाम पर उपहास किया गया था। बहुत से ऐसे वैज्ञानिक हैं, जो इस निष्कर्ष पर आ चुके हैं कि सिर्फ 'विज्ञान' पर निर्भरता ही भविष्य में पृथ्वी को बचा नहीं सकती है। इसीलिए हम एक चौराहे पर हैं अत: मानव इतिहास के इस समय में 'विज्ञान के संप्रेषण' के मूल आधार पर प्रश्न करने की आवश्यकता है।

□

विज्ञान की पद्धतियाँ भली-भाँति समझी जा चुकी हैं और इस व्यवस्था में आत्मसात् भी कर ली गई हैं। अवलोकन, आँकड़ों का एकत्रीकरण, विश्लेषण, परिकल्पनाएँ, परिकल्पनाओं का परिवर्तन या निरस्तीकरण, पुराने सिद्धांतों को स्थानापन्न करना, कुछ समय पश्चात् नई खोजें आदि-आदि जानकारियों की खोज की एक अंतहीन प्रक्रिया है। इसमें केवल एक व्यक्ति ही नहीं है, जो कि पूर्ण शृंखला को समेटे रहता है। इन शृंखलाओं के बहुत ही सँकरे क्षेत्रों में अकसर ही कई सौ पूर्ण शिक्षित व्यक्ति काम करते रहते हैं। यहाँ तक कि तथ्य के बाद की भी बहुत ही कम लोगों के पास पूरी तसवीर होती है। इसके साथ ही बीसवीं सदी की शुरुआत में गणित के साथ भौतिकी ने मिलकर विज्ञान की नई पद्धतियों की तरफ प्रेरित किया था। ये सोचे गए प्रयोग और गणितीय समीकरण हैं। इन समीकरणों के समाधानों ने कण के अस्तित्व की 'भविष्यवाणी' की या एक इलेक्ट्रॉन कैसे 'गति' करता है, इसका मार्ग दिखाया। इस प्रकार एक वैज्ञानिक सहयोग के रूप में एक परिकल्पना का बनना शुरू हुआ और वास्तविक प्रयोग के द्वारा मानकीकरण के लिए इसने कई वर्षों तक इंतजार किया और जब सामाजिक समूह ने इसे स्वीकृत किया तब यह उस काल तक भी विज्ञान के ही रूप की तरह रहता है। यह पद्धति अन्य क्षेत्रों में भी फैली। अर्थशास्त्री कहते हैं कि सामाजिक विज्ञान में भी इस तरह के मानकीकरण का कोई तरीका नहीं है, जैसे कि भौतिकी और रसायन विज्ञान में होता है।

□

वे जो लोग शक्ति-संपन्न हैं (जैसे—राजनीति, प्रशासन, सेना, न्याय या व्यापार आदि में) और वे जो निर्णयों को प्रभावित करते हैं जैसे मीडिया के लोग, अर्थशास्त्री या विभिन्न क्षेत्रों के परामर्शदाता आदि, इनमें से अधिकतर लोग विज्ञान की किसी भी शाखा में भली प्रकार दक्ष नहीं होते हैं और न ही वे प्रगति की निरंतरता बना पाते हैं। लोगों का यह समूह बड़ा ही निर्णायक होता है, क्योंकि उनके कार्य अकसर ही लाखों लोगों के भाग्य का और मानवता का या भविष्य का निर्धारण कर देते हैं। उनके पास वास्तविक समस्याएँ होती हैं, क्योंकि अति विशेषज्ञों का एक समूह वैज्ञानिक पद्धतियों पर आधारित एक दिशा की तरफ

खींचता है और दूसरा दूसरी दिशा में। उत्तर देने के लिए यह एक आसान प्रश्न नहीं है। वास्तविकता में अधिकतर विज्ञान संप्रेषक असंख्य धारणाओं के मध्य अपनी स्वयं की एक स्थिति बना लेते हैं और उनका संप्रेषण वैज्ञानिक शैली में करते हैं। बहुत ही कम लोग 'धारणाओं' के अलग रूपों को वैज्ञानिक रूप से देखते हुए विभिन्न अति विशिष्ट विषयों के क्षेत्रों या उसी विषय क्षेत्र के अंतर्गत व्यक्त करेंगे। यह भी सच है कि निर्णय लेनेवाले वास्तविक स्थिति की जटिलता को नहीं समझना चाहते हैं और एक पारिभाषिक विकल्प या एक निष्कर्ष ही चाहते हैं। 'क्या आप मुझे निष्कर्ष बता सकते हैं—केवल एक ही।' या जब वैज्ञानिक 'एक तरफ की' या 'दूसरे तरफ की' विस्तृत विवेचना करते हैं तब वे एक तरफ के वैज्ञानिक की तरफ देखने लगते हैं। जिस समय वैज्ञानिक उद्यम, धन और शक्ति की तरफ प्रेरित होते हैं, तब बहुत से लोग 'एक तरफ के वैज्ञानिकों' को ही चाहते हैं। इसके विपरीत, वे विज्ञान के जिन विभिन्न पहलुओं के बारे में कहते हैं, उसका उनके सँकरे कार्यक्षेत्र से संबंधित होना आवश्यक नहीं है और उन क्षेत्रों से भी नहीं है जहाँ विज्ञान का पक्ष कमजोर है; परंतु वे जनता और शक्ति-संपन्न लोगों के द्वारा अंतिम निर्णय के रूप में लिए जाते हैं। उनमें से सभी को यह विश्वास रहता है कि उनका यह एक 'वैज्ञानिक' निष्कर्ष है।

विज्ञान संप्रेषण के और भी कई रूप हैं। विज्ञान पर कल्पना साहित्य और कई तरह के लोकप्रिय लेखन भी हुए हैं। उन्होंने अपनी सामाजिक उपयोगिता भी निभाई है, हालाँकि वे हमेशा वैज्ञानिक रूप से पूरी तरह सही नहीं होते। स्वास्थ्य के खतरों के बारे में भी लिखा गया है, जो कि अकसर ही परस्पर विरोधी होते हैं, हालाँकि उनमें से अधिकतर वैज्ञानिक अध्ययन का उद्धरण देते हैं। उदाहरण के लिए, धूम्रपान के बारे में रिपोर्ट, तंबाकू, शराब या विटामिनों के प्रभाव व्यक्ति को आश्चर्य में डाल सकते हैं कि सच्चाई क्या है ? आप बाँधों और नाभिकीय शक्ति के अनुरूप और विरोध में भी चर्चा सुन सकते हैं। बहुत पर्यावरणीय विषयों पर एकपक्षीय चर्चाएँ भी की जाती हैं। यहाँ तक कि ग्लोबल वार्मिंग जैसे विषय पर भी कई मत हैं।

□

ये जटिलताएँ और वास्तविक जीवन की जो परिस्थितियाँ निदृष्ट की गई हैं वे विज्ञान का संप्रेषण, विज्ञान के सँकरे परिप्रेक्ष्य बनाम 'अविज्ञान' के रूप में उन्हें अब और सहन नहीं किया जा सकता है। ऐसा इसलिए है, क्योंकि यह कुछ संप्रेषक समूहों की प्रकृति रही है।

इस विषय पर 'करेंट साइंस' में प्रकाशित सरगेई कपित्सा के व्याख्यात्मक लेख के उद्धृत अंश पर एक निगाह डालना लाभप्रद होगा।

विज्ञान की दार्शनिकता की बारीकी पर गए बिना ही व्यक्ति की जानकारी और जो वह विश्वास करता है, इसके बीच का अंतर काफी स्पष्ट है। एक चीज व्यक्ति को हमेशा अपने मस्तिष्क में रखना चाहिए कि विज्ञान की लोकप्रियता का संदेश अधिकतर संप्रेषक के विश्वास पर ही लिया जाता है। एक अनाड़ी वही विश्वास करता है, जो उसे बताया जाता है, क्योंकि सबूत उसकी अपनी शिक्षा से ही प्राप्त होगा। अतः विज्ञान के संदेश में विश्वास हेतु संदेश देनेवाले की बड़ी जिम्मेदारी है। दूसरी तरफ मीडिया की पीछे पड़नेवाली शक्ति, खासतौर से दूरदर्शन, बहुत महत्त्वपूर्ण है और इसकी क्षमता का दुरुपयोग समाज की नैतिकता के लिए अति महत्त्वपूर्ण है।

विज्ञान के संप्रेषण का एक अन्य पहलू और है कि इसे समाज व लोगों को उन्हें बेहतर जीवन जीने में सहायता प्रदान करनेवाले के रूप में इसे उन्हें देना पड़ता है।

□

व्यक्ति के विश्वास पर हमला करना हमेशा लाभप्रद नहीं हो सकता है, जब तक कि वे सामाजिक रूप से खतरनाक न हों। यह ज्ञान-शास्त्र की विडंबना ही है कि जितना अधिक हम विज्ञान तथा अनुभवसिद्ध आँकड़ों में आगे बढ़ते हैं, उतना ही अधिक हम स्थिति को जानते हैं तथा साथ-ही-साथ और भी अनुत्तरित प्रश्न उत्पन्न हो जाते हैं। चाहे किसी भी परिस्थिति में मानव खुश व सुरक्षित रहना चाहता है और अपने जवाबों के लिए अनंत काल तक इंतजार नहीं कर सकता है। वे अपनी एक धारणा बनाते हैं और उनके साथ रहते हैं। ये धारणाएँ सामान्यतया उनके जीवन-मूल्यों का एक हिस्सा कहलाती हैं। जिस तरह से दुनिया बढ़ रही है, इसमें अपने जीवन-मूल्यों को विकसित करना बहुत अधिक महत्त्वपूर्ण है और किसी मानवीय प्रयास, जैसे—विज्ञान, धर्म, राजनीति, संस्कृति आदि की 'विशुद्धता' पर निर्भर होने के बजाय यही दुनिया और मानवता को बचाएगी। इसलिए ऐसा लगता है कि 'विज्ञान संप्रेषण' अकेला ही नहीं खड़ा हो सकता है। परिवहन और संचार की आधुनिकता की वजह से बने संपर्क भी मानव विकार और भावनाओं की भाँति हैं तथा यह पहले से न घटित हुई स्थिति और न ही पूर्व वापसी के रूप में अंतर्संबंधित रहते हैं। इसलिए प्रशंसकों की भूमिका और साथ ही विज्ञान संप्रेषकों को भी इस नई वास्तविकता का सामना करने के लिए परिवर्तित होना पड़ेगा। हमारे पास यह उत्तर नहीं है कि इसे कैसा होना चाहिए। संभवतः यह एक विकसित होता हुआ ही

होगा। यह वैसा ही होना चाहिए, जिसमें यह कई मानवीय ज्ञान के रूपों को बर्दाश्त करे, चाहे वे जिस प्रकार से भी प्रतिपादित किए गए हों। यह वैज्ञानिक पद्धतियों की अनुसंधान वाली प्रकृति को छोड़ने का प्रश्न नहीं है, बल्कि इसे इस रूप में स्वीकार करना है कि यह मानवीय प्रयासों के विभिन्न रूपों के जटिल जाल का एक हिस्सा है। यदि ऐसा नहीं है तब इसमें एक वास्तविक खतरा है कि विज्ञान मानवीय समाजों से अस्वीकृत किया जा सकता है और यह एक दु:खद स्थिति होगी।

डॉ. कलाम ने अपने आपको बहुत से लोगों के मस्तिष्क में एक विज्ञानवेत्ता के प्रतीक के रूप में स्थापित किया है। 'विजन 2020 : विज्ञान संप्रेषण में चुनौतियाँ' विषय पर नई दिल्ली में नेशनल कॉन्फ्रेंस के उद्घाटन समारोह में 26 नवंबर, 2006 को वे एक भारतीय वैज्ञानिक के बारे में बोले, जिन्होंने अपने जीवन का अधिकतर समय लोगों को, खासतौर से बच्चों को विज्ञान के बारे में बताते हुए व्यतीत किया। वह वैज्ञानिक प्रो. यशपाल हैं और डॉ. कलाम का यह अभिभाषण प्रो. यशपाल के इक्यासीवें जन्म-दिवस पर आयोजित समारोह के अवसर पर था।

प्रो. यशपाल और विज्ञान

प्रो. यशपाल ने भारतीय विज्ञान, वैज्ञानिक अनुप्रयोगों और विज्ञान के प्रसार में बहुत अधिक सहयोग किया है। जब भी मैं प्रो. यशपाल को देखता हूँ, मेरे सामने हमेशा तीन घटनाएँ आ जाती हैं। पहली घटना है जब मैं अंतरिक्ष वैज्ञानिकों के साथ काम कर रहा था तब प्रो. यशपाल समय-समय पर टी.ई.आर.एल.एस. आया करते थे और उस नाजुक पे लोड को उस धक्के से सुरक्षित करने के उपयोगी परामर्श देते थे, जो कि रॉकेट के उड़ान भरते समय और उड़ान प्रक्रिया में उत्पन्न होता था। उनके परामर्श काफी उपयोगी थे और मैं उन्हें फोन किया करता था कि अनुनादी रॉकेट के पे लोड और उड़ान में समाकलन के दौरान किस प्रकार उनके परामर्श ने अपना पूरा कार्य किया। दूसरी घटना सन् 1980 में हुई, जब मैं श्रीहरिकोटा में एस.एल.वी.-3 के प्रक्षेपण में व्यस्त था। प्रो. यशपाल कीटोन प्रयोग के साथ व्यस्त थे, जो कि संचार माध्यम धरातल के लिए एक दाँतेदार बैलून है। इसमें बहुत से तकनीकी अनुसंधान शामिल थे। उस समय यह विचार बिलकुल ही नया था, आज विश्व के अनेक हिस्सों में यह एक संचालन प्रणाली बन चुका है। खासतौर से पहाड़ी क्षेत्रों और रक्षा के क्षेत्रों में। तीसरी घटना थी, जब प्रो. यशपाल ने हमारे दल को बहुत से काम करते हुए देखा था और परामर्श दिया था कि मुझे एस.आई.टी.ई. प्रयोग के लिए एक चिकेन मेश एंटीना बनाना चाहिए। इस काम को इस देश के दो और इंजीनियरिंग समूहों से प्रतिस्पर्धा करनी थी। उन्होंने बड़े ही स्पष्ट निर्देश दिए और यह इच्छा व्यक्त की थी कि एंटीना किफायती

होना चाहिए और तीन महीने के भीतर ही बनना और मिल जाना चाहिए। और यह कर दिखाया गया था। चिकेन मेश एंटीना से भारत के दूर-दराज के गाँवों में संचार उपग्रहों से शिक्षा के कार्यक्रमों का प्रसारण करना था।

जब वे स्पेस एप्लीकेशन सेंटर के निदेशक थे और बाद में यू.एन.आई.एस.पी.ए.सी.ई. के मुख्य सचिव और यू.जी.सी. के अध्यक्ष या जो भी कार्य उन्होंने अपने हाथों में लिया, उनका मिशन था बच्चों और युवाओं, खासतौर से ग्रामीण बच्चों में उचित शिक्षा और कुशलता को पहुँचाना। एन.सी.ई.आर.टी. ने प्रो. यशपाल के नेतृत्व में राष्ट्रीय पाठ्यचर्चा की रूपरेखा बनाई और 'करते हुए सीखने' की भावना के अनुप्रयोगों से सभी स्तरों में क्रियाशील शिक्षा के प्रसार के लिए सी.बी.एस.सी. के पाठ्यक्रमों में परिवर्तन किया। बच्चों के विज्ञान कांग्रेस में वे सबसे ज्यादा चाहे जानेवाले व्यक्ति थे और बच्चों ने उनसे बहुत बड़ी संख्या में उत्तर भी प्राप्त किए। बच्चों के प्रश्नों का उत्तर देने का उनका विलक्षण तरीका है। वे उनके साथ निरंतर समक्रियात्मक रहते हैं और चर्चा के माध्यम से ही उन्हें उत्तर समझने देते हैं। यह बहुत ही सुंदर दृश्य होता है।

अस्सी साल, इसका क्या अर्थ है? वाकई आज सूर्य के चारों तरफ के अस्सी परिक्रमा-पथ को पूरा करने के बाद प्रो. यशपाल इक्यासीवें परिक्रमा-पथ में प्रवेश कर रहे हैं तथा उनके और भी बहुत से परिक्रमा-पथ आने वाले हैं। उनके खुशहाल परिवार के साथ उनके यह अस्सी वर्ष वाकई ईश्वर का आशीर्वाद है और मैं इस अवसर पर उनके और उनके परिवार की मंगल कामना करता हूँ।

विज्ञान संप्रेषण : भूत, वर्तमान और भविष्य

पुराने दिनों में सीमित क्षेत्रों में विज्ञान के विकास की वजह से विज्ञान संप्रेषण ने कम शिक्षा प्राप्तकर्ताओं के सामान्य ज्ञान के स्तरों और संचार माध्यमों की अनुपस्थिति की चुनौतियाँ प्रस्तुत की थीं। आज प्रो. यशपाल के जैसे कल्पना-दृष्टिवाले व्यक्ति के प्रयास को धन्यवाद देता हूँ, जिनके कारण मैं अपने देश की सामाजिक विभिन्नतावाली संस्कृति के समाज को भेदते हुए विज्ञान के चिह्न देख रहा हूँ, जिसने हमारे रोजमर्रा के जीवन के हर पहलू को स्पर्श किया है। इधर के वर्षों में वैज्ञानिक और विज्ञान संप्रेषकों की संख्या बहुत बढ़ी है। सरकार, एन.जी.ओ. और व्यक्तियों के इन क्रिया-कलापों के एक विस्तृत प्रतिबिंब के रूप में विज्ञान को लोकप्रिय बनाने, प्रशिक्षण कार्यक्रम, व्याख्यानों, छात्रवृत्तियों और अच्छे कार्यों की एक पहचान बनाने की एक प्रेरणा रही है। खासतौर से एक कार्यक्रम जिसका शीर्षक 'ए जर्नी थ्रू द वर्ल्ड ऑफ साइंस—टर्निंग पॉइंट' के नाम से था। यह कार्यक्रम प्रो. यशपाल और उनके दल के द्वारा दूरदर्शन पर दिखाया गया और इसने वाकई सन् 1990 में युवाओं की कल्पना

को प्रकाशमान कर दिया था। मीडिया के विविध रूपों जैसे—प्रिंट, श्रव्य और दृश्य, लोकरीति, सी.डी. के द्वारा जिसमें इंटरनेट भी शामिल है, से यह प्रयास काफी फैल गया था। मैंने स्वयं ही कुछ एक वार्षिक चिल्ड्रेन साइंस कांग्रेस को संबोधित किया है और जिसमें विज्ञान संप्रेषण कैलेंडर को रेखांकित किया है। कलकत्ता का नेशनल काउंसिल ऑफ म्यूजियम इक्कीस साइंस म्यूजिमों के साथ मिलकर काम कर रहा है। भारत में भी पाँच विज्ञानवाले शहर हैं। भारतीय विज्ञान संप्रेषक इन तक सहायता पहुँचाने के लिए कई तरह के संप्रेषण के तरीके इस्तेमाल कर चुके हैं। संप्रेषण, सूचना, डिजिटल और वीडियो तकनीकें बहुत फैल चुकी हैं। टी.वी. और वैश्विक संचार ने शिक्षित व विज्ञान के समकालीन विकासों और तकनीकों एवं उनके अनुप्रयोगों को सीखनेवाले दोनों ही तरह के लोगों को पहले कभी न प्राप्त हुए तरीके के अवसर प्रदान किए हैं।

विज्ञान संप्रेषण की भविष्य की चुनौतियों के बहुत से आयाम हैं। विज्ञान की कीमत लोगों तक पहुँचनी चाहिए और उनके रोजमर्रा के जीवन में विज्ञान की भूमिकाओं से उन्हें परिचित कराना भी जरूरी है। युवाओं को विज्ञान में कुछ जानने के लिए प्रेरित करना चाहिए। उनके भीतर तक घुसा हुआ डर कि 'विज्ञान एक कठिन विषय है' को विज्ञान संप्रेषकों द्वारा बच्चों के मस्तिष्क से आसानी से समझने के द्वारा रोचक और क्रियाशील प्रस्तुतीकरण से दूर कर देना चाहिए। एक क्षेत्र में हुए अनुसंधान, खोजों और विकास को अन्य क्षेत्रों में भी बताना चाहिए, ताकि तकनीकों के मिलने से नए मूल्यवान् उत्पादों की उत्पत्ति हो सके तथा एक व्यवस्थित वैज्ञानिक दृष्टिकोण विकसित हो सके। हम पहले से ही सूचना, संचार, जैव तकनीक और नैनो साइंस के एकीकरण से साक्षी रहे हैं। एक नया विज्ञान, जिसे प्रज्ञा जैव विज्ञान कहते हैं, यह मानव को रोग-मुक्त, प्रसन्न, अधिक बुद्धिमान, अधिक जीवन-युक्त एवं उन्नत मानवीय क्षमताओंवाला बनने की तरफ ले जाने वाला है। बायो-नैनो सूचना तकनीकें नैनो रोबोट को विकास की ओर ले जा सकती हैं। मेरे विशेषज्ञ मित्रों के अनुसार नैनो रोबोट को जब मरीज के शरीर में प्रवेश करा दिया जाता है तब वे उस विशेष रूप से प्रभावित क्षेत्र को ढूँढ़ लेते हैं और वहाँ तक उसका इलाज भी पहुँचा देते हैं और चूँकि यह डी.एन.ए. आधारित उत्पाद होते हैं, इसलिए स्वत: पच भी जाते हैं। इनके और भी बहुत से अनुप्रयोग हैं।

विज्ञान की तरफ युवाओं को प्रेरित करना

स्कूल के बच्चों, उनके माता-पिता, शिक्षकों और शिक्षाविदों से मेरी बहुत सी मुलाकातों में मुझे हमेशा बताया गया कि हमारी मौजूदा शिक्षा पद्धति क्रियाशीलता पर बल देने के बजाय याद करने के द्वारा सीखने की तरफ प्रेरित करती है। दूसरी तरफ विज्ञान और तकनीक का सार दो अति मौलिक प्रेरणाओं खोजने की इच्छा और अनुसंधान

की इच्छा में जड़ी हुई है। यह महत्त्वपूर्ण है कि हमारी शिक्षा-पद्धति इन दोनों प्रेरणाओं को पोषित और पल्लवित करती है।

□

विज्ञान संप्रेषक जो कहते हैं उससे केवल सामान्य जन ही नहीं जानकारी प्राप्त करेंगे, यहाँ तक कि वैज्ञानिक एवं तकनीकी जानकार, जो कि अपने स्वयं के ही क्षेत्र में आधुनिक जानकारी के साथ विशेष कुशलता प्राप्त करना चाहते हैं, उन्हें विज्ञान के दूसरे क्षेत्रों में हुए विकासों के बारे में जानना पड़ता है और वे ऐसा सिर्फ विज्ञान संप्रेषण की चर्चाओं के द्वारा आसानी से जान सकते हैं। साथ ही न कि पहले की भाँति, आज सूचना का विस्फोट आसानी से सूचनाओं की बरसात करा देता है, परंतु अकसर वे वैज्ञानिक सूचनाओं से अप्रमाणित ही रहती हैं। वैज्ञानिक और शैक्षणिक समुदाय को व्यक्तियों का एक सम्मानित संगठन बनाना चाहिए, जो एक विश्वसनीय वैज्ञानिक संप्रेषण हो और विज्ञान के प्रसार और आगे की खोज के लिए सही सूचनाएँ प्रदान करे।

आइए, जानें कि नोबेल पुरस्कार प्राप्तकर्ता प्रो. मुरे गेल मान ने अपनी पुस्तक 'द क्वार्क ऐंड द जगुआर : एडवेंचर्स इन द सिंपल एंड द कॉम्प्लेक्स' में उत्पन्न होती वास्तविकताओं के बारे में क्या कहा है।

दुर्भाग्य से एक बड़े हिस्से में सूचना विस्फोट अ-सूचना विस्फोट है। हम सभी को एक बड़ी मात्रा में सामग्रियों का विवरण दिया जाता है, जिसमें आँकड़े, विचार और निष्कर्ष शामिल रहते हैं; परंतु इनमें से अधिकतर मिथ्या और गलत ढंग से समझे हुए या सिर्फ भ्रमपूर्ण रहते हैं। इसमें और अधिक बुद्धिमत्तापूर्ण व्याख्या और समीक्षा की अति आवश्यकता है। हमें इस अति सक्रिय कार्य को एक बड़ी प्रतिष्ठा के साथ संलग्न करना चाहिए और गंभीर समीक्षा-युक्त लेखों तथा किताबों के लेखन, जो अवास्तविकता से वास्तविकता के बीच का अंतर स्पष्ट करें और जो वास्तविक मालूम पड़ता है उसे तर्कसंगत सफलतायुक्त सिद्धांतों व अन्य योजनाओं के रूप में सुव्यवस्थित और संक्षिप्त रूप से प्रस्तुत करें। एक विद्वान् एक नए अनुसंधान परिणाम को विज्ञान या छात्रवृत्ति में जानकारी की सीमा पर प्रकाशित करता है, परिणामतः वह महिला या पुरुष, प्रोफेसर या प्रोन्नति के रूप में इनाम पा जाते हैं और यह भी हो सकता है कि वह परिणाम बाद में पूरी तरह से गलत साबित हों। फिर भी, जो हो चुका है उसके अर्थ को स्पष्ट करना (या जो पढ़ने लायक नहीं है उसमें से पढ़ने लायक को चुनना) एक शैक्षणिक जीवन को आधुनिक बनाने से कम नहीं है। जब पुरस्कार के ढाँचे को इसलिए परिवर्तित कर दिया जाता है कि सूचनाओं को ढूँढ़ने के साथ-साथ इसकी उपलब्धता कैरियर का पक्ष ले तब मानवता इसके बिना ही ठीक रहेगी…परंतु हम विचारों

की छिद्रान्वेषण जाँच का समाधान कैसे प्राप्त करेंगे ? जिसमें सहन-शक्ति के साथ त्रुटियों की छपाई और पहचान भी शामिल हो—साथ ही जातीय विविधता का संरक्षण और गुणगान भी हो।''' फिर भी समस्या काफी गहराई तक जाती है। विचारों और व्यवहार की स्थानीय पद्धतियाँ केवल नुकसानदेह त्रुटियों और ध्वंसात्मक विशेषतावाद से ही नहीं बल्कि खासतौर से उन लोगों के उत्पीड़न और सताए जाने से भी जुड़ी रहती हैं, जो कि वैज्ञानिक और धर्मनिरपेक्ष संस्कृति को इसकी तर्कसंगतता व मानव के अधिकारों पर बल देने के साथ ही दुनिया भर में फैलाने को अपनाते हैं और फिर भी यह उस संस्कृति के अधीन हैं, जिसमें व्यक्ति अकसर लोगों को एक सिद्धांत के तहत सांस्कृतिक विविधता का संरक्षण करते हुए पाता है। चाहे जैसे भी, मानव जाति को सांस्कृतिक परंपराओं की महान् विविधता के इस्तेमाल और इसके समाधान के रास्ते ढूँढ़ने होंगे तथा असहमति, दमन एवं रूढ़िवादिता के खतरों से अभी भी इनका विरोध करना होगा, जिनको कि उनमें से कुछ परंपराएँ समय-समय पर प्रस्तुत करती रहती हैं।

आप जिस भी तरीके से देखना चाहें, भविष्य हमेशा चुनौतियों और अवसरों से भरा हुआ है। यह आप पर निर्भर करता है कि आप अपने चारों तरफ की दुनिया को जानें और एक भारतीय वैज्ञानिक के रूप में अपने ज्ञान को दूसरों तक फैलाएँ।